Chemische Technologie der Emailrohmaterialien

Für den Fabrikanten, Emailchemiker Emailtechniker usw.

Von

Dr.-Ing. Julius Grünwald

gew. Fabrikdirektor, berat. Ingenieur
für die Eisenemailindustrie

Zweite
verbesserte und erweiterte Auflage

Mit 25 Textabbildungen

Berlin
Verlag von Julius Springer
1922

müht, dieses Gebiet in gedrängter, möglichst volkstümlicher Weise und an der Hand der neuesten Forschungen zu bearbeiten. Das sehr zerstreut vorhandene interessante Material wurde gesammelt und durch eigene Erfahrungen ergänzt.

Jeder Praktiker kennt den Wissenshunger, den Drang nach Belehrung und Aufklärung, welcher in den Kreisen unserer zahlreichen, nicht chemisch gebildeten Emailfachleute herrscht. Der Verfasser würde glücklich sein, mit dieser Arbeit der Industrie einen Dienst geleistet zu haben und hofft, daß vorliegendes Werk dieselbe Verbreitung und Zustimmung in Fachkreisen finden wird, wie sein in den wichtigsten Kultursprachen erschienenes Handbuch „Theorie und Praxis der Blech- und Gußemailfabrikation“[1]).

Da fast alle Emailrohmaterialien auch in der rein keramischen Industrie oft analoge Verwendung finden, so dürfte auch für den Keramiker das Buch als Nachschlagewerk von einigem Interesse sein.

Ich übergebe demnach das Buch der nachsichtigen Beurteilung meiner Fachgenossen mit dem Wunsche, daß es ihnen von einigem Werte werden sollte.

Lafeschotte (Doubs), im Juli 1911.

Dr. Julius Grünwald.

Vorwort zur zweiten Auflage.

Seit zwei Jahren ist die erste Auflage vollständig erschöpft, so daß kein einziges Exemplar im Buchhandel erhältlich war.

Diesen Umstand glaube ich als besten Beweis für die Zweckmäßigkeit des Buches und für dessen Verbreitung annehmen zu dürfen. Zahlreiche Zuschriften aus Fachkreisen bestärkten mich darin, um so mehr als auch die im Verlage von Chas. Griffin in London W.C. erschienene englische Ausgabe (Chemical Technology of Enamel Raw-Materials) in kurzer Zeit in zweiter Auflage herausgegeben wurde.

[1]) Verlag Fr. Stoll, Leipzig 1908.

Aus der Praxis für die Praxis geschrieben, glaube ich über die den Emailfachmann interessierenden Rohmaterialien das Wichtigste gesagt zu haben.

Minder wichtige, selten oder überhaupt nicht verwendete Rohmaterialien (wie Pegmatit, Dolomit, Glimmer usw.) wurden mit Absicht übergangen.

Seit dem Erscheinen der ersten Auflage ist in der einschlägigen Literatur wenig Neues hinzugekommen.

Eine Ausnahme bilden zwei amerikanische Arbeiten von J. B. Shaw und Homer F. Staley, erschienen in den „Technologic Papers of the Bureau of Standard" No. 142 (20. Dez. 1919) und No. 165 (22. Juli 1920). Beide Autoren, welche nach einiger Praxis in der Emailindustrie hervorragende Stellungen im Patentamte der Vereinigten Staaten einnehmen, geben in den zitierten Arbeiten einen Auszug aus der Emailrohmaterialienkunde und der Emailfabrikation. Insoweit in diesen Arbeiten Ansichten und Fortschritte zum Ausdruck kamen, die mir nützlich und wissenswert erschienen, habe ich mich verpflichtet gefühlt, dieselben der erweiterten zweiten Auflage einzuverleiben.

So übergebe ich nunmehr die erweiterte zweite Auflage meines Buches den Fachkreisen und hoffe, daß sie ihnen in dieser teilweise umgearbeiteten Form von Nutzen sein werde, damit die Eisenemailindustrie jene weitere große Entwicklung nehmen möge, die ihr gebührt, und welche nur durch die Kriegsereignisse unterbrochen worden ist.

Wien, im November 1921.

Briefadresse:
Wien 34, Fach 33.

Dr.-Ing. Julius Grünwald.

Inhaltsverzeichnis.

I. Der Feldspat.

Die Feldspate bilden eine eigene umfangreiche Gruppe der Silikate. Die eigentlichen Feldspate werden in mineralogischer Hinsicht eingeteilt in:

A. Monokliner Feldspat oder Orthoklas oder eigentlicher Kalifeldspat, dessen chemische Formel ist $K_2Al_2Si_6O_{16}$.

B. Trikline Feldspate; sie zerfallen in:

1. Mikroklin, in chemischer Hinsicht identisch mit dem Orthoklas.

2. Plagioklase (Klinoklase) und zwar:

a) Albit oder Natronfeldspat, dessen chemische Formel ist $Na_2Al_2Si_6O_{16}$.

Orthoklas, Mikroklin und Albit sind daher Alkalifeldspate (nämlich Kali- oder Natronfeldspat).

b) Anorthit, auch Kalkfeldspat genannt $= CaAl_2Si_2O_8$. Albit und Anorthit sind isomorph, d. h. sie besitzen bei ungleicher chemischer Zusammensetzung gleiche Kristallformen. Es gibt auch trikline Kalknatronfeldspate, die jedoch für uns von untergeordneter Bedeutung sind.

Der Orthoklas kristallisiert im monoklinen Systeme (drei ungleiche kristallographische Achsen, von denen sich zwei unter einem schiefen Winkel schneiden, während die dritte auf diesen beiden senkrecht steht). Der Orthoklas zeigt Neigung zur Zwillingsbildung. Die Kristalle sind einzeln oder drüsenförmig ausgebildet, sind nach zwei Richtungen spaltbar, zeigen muscheligen, oft fettig glänzenden Bruch von rein weißer, manchmal gelblicher, rötlicher (von geringen Mengen Eisenoxyd herrührend) oder lichtgrauer Farbe. Die Härte ist gleich 6[1]). Molekulargewicht 559.

Sein spezifisches Gewicht schwankt zwischen 2,54—2,58 Seine chemische Zusammensetzung ist entsprechend der Formel

$$K_2Al_2Si_6O_{16} = K_2O + Al_2O_3 + 6\,SiO_2$$

gleich:	64,72 %	Kieselsäure	(SiO_2)
	18,35 %	Tonerde	(Al_2O_3)
	16,94 %	Kali	(K_2O)

In der Regel enthält der Orthoklas 2—3 % Natron (Na_2O), manchmal sogar bis 8 %. Die häufige Anwesenheit von geringen Mengen Kalk (CaO), Magnesia (MgO), Eisenoxyd (Fe_2O_3) und Wasser rührt von fremden Einschlüssen oder Verunreinigungen durch aufgewachsene Mineralien her. Seltener ist ein geringer Bariumgehalt nachzuweisen (Bariumfeldspat-Celsiau). Der Orthoklas schmilzt vor dem Lötrohre schwierig zu einem milchigweiß getrübten Glase. Sein Schmelzpunkt dürfte etwas über 1180—1200° liegen.

Von heißer Salzsäure (HCl) wird derselbe wenig angegriffen, dafür von Flußsäure (HF) leicht zersetzt.

In fein gemahlenem Zustande zeigt er im Wasser aufgeschlämmt deutlich alkalische Reaktion. Orthoklas findet sich als wesentlicher Gemengteil vieler älterer Eruptivgesteine in Karlsbad, Ellbogen, Petschau in Böhmen, Bischofsgrün im Fichtelgebirge, Hirschberg und Striegau in Schlesien, Baveno am Lago maggiore, Valfloriani in Fleims, Insel Elba, Areudal, Alabaschka am Ural usw. Das Konstitutionsschema des Orthoklas ist nach Tschermak[2]):

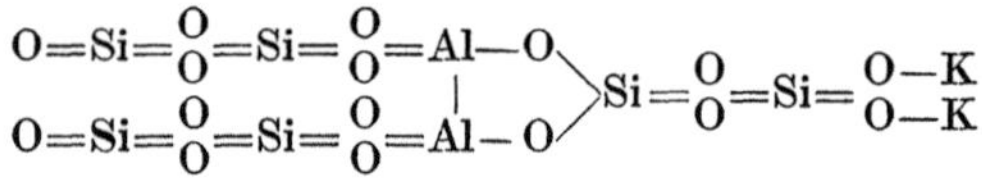

Mikroklin.

Mikroklin ist identisch in chemischer Beziehung mit Orthoklas (Kalifeldspat). Die Kristalle desselben zeigen häufig höchst feine, regelmäßige Lamellen.

[1]) Siehe am Schlusse des Buches Härteskala.

[2]) Mineral-Mittlg. 1871. 2. Heft.

Plagioklase.

Zu den eigentlichen triklinen Plagioklasen gehören:

1. Das Natrontonerdedesilikat oder Albit = $Na_2Al_2Si_6$ oder Natronfeldspat genannt und
2. Der Kalkfeldspat oder Anorthit = $Ca_2Al_4Si_4O_{16}$ und endlich
3. Die Kalknatronfeldspate und Natronkalkfeldspate.

Tschermak zeigte, daß nur der Albit und Anorthalsit selbständig zu betrachten sind und sämtliche übrige trikline Feldspate mit Natrium und Kalzium als isomorphe Gemische dieser beiden Endglieder in verschiedenen Verhältnissen aufzufassen sind.

Das trikline Kristallsystem ist dadurch gekennzeichnet, daß drei untereinander schiefwinklige und ungleiche Kristallachsen vorhanden sind.

1. Albit.

Dieser trikline Plagioklas oder der eigentliche Natronfeldspat ist für die Emailfabrikation von untergeordneter Bedeutung. In der Regel kristallisiert er in Zwillingsformen. Der gewöhnliche weiße Albit oder Periklin findet sich als individualisierte Masse, als körnige, schalige und strahlige Aggregate, ist spaltbar. Die Spaltflächen zeigen Streifenbildung. Die Härte ist gleich 6—6,5, das spezifische Gewicht 2,61—2,64, Molekulargewicht 527.

Die Farbe ist weiß, lichtrot, gelb, grün und sogar braun. Er zeigt Glasglanz, ist trübe und kantendurchscheinend[1]).

Die chemische Zusammensetzung des reinen Albits ist:

$$Na_2Al_2O_{16} = Na_2O + Al_2O_3 + 6\,SiO_2.$$

68,84 %	SiO_2	(Kieselsäure)
19,40 %	Al_2O_3	(Tonerde)
11,97 %	Na_2O	(Natriumoxyd)

Meistens enthält er etwas Kalk von beigemischtem Anorthit (Kalkfeldspat) herrührend (im Mittel 2 % CaO) und etwas Kali Ganz rein findet sich der Albit sozusagen niemals. Der uns besonders interessierende Natronfeldspat als Periklin findet sich aufgewachsen auf Klüften von Alpinen.

In Chloritschiefern in Penig und Siebenlehn in Sachsen, Hirschberg in Schlesien, Zöptau in Mähren, St. Gotthard, Thusis, Piz

[1]) Schmelzpunkt 1135—1225° C (Doelter).

Valatsch am Scopi, Weidalpe im Salzburger Habachtal, Pfunders in den Alpen, auf Elba und in mächtigen Lagern in Norwegen und Schweden. Er färbt die Flamme deutlich gelb (infolge des hohen Natrongehaltes) und zeigt ebenfalls alkalische Eigenschaften.

Die schematische Konstitutionsformel des Albits ist:

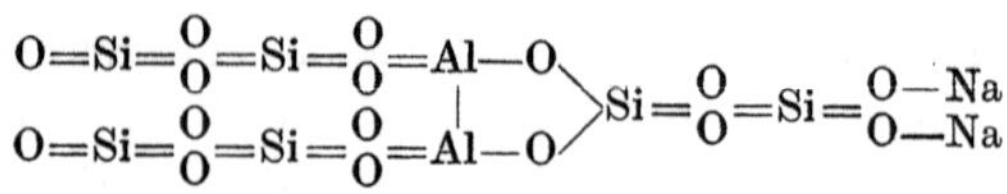

2. Anorthit.

Er stellt eine trikline Abart des Plagioklas dar, nämlich den Kalkfeldspat. Er besitzt für die Emailfabrikation keine Bedeutung. Seine chemische Formel ist

$$Ca_2Al_4Si_4O_{16} = 2\,CaO + 2\,Al_2O_3 + 4\,SiO_2$$

und enthält:

43,28 %	SiO_2	(Kieselsäure)
36,62 %	Al_2O_3	(Tonerde)
20,10 %	CaO	(Kalk)[1]

Vorkommen: Auf Korsika, Gabbro bei Harzburg, Neurode in Schlesien, Hammerfest und Radmansö in Schweden, Yamoska in Kanada, im Andesit des Aranger Berges in Siebenbürgen, ferner in Commentry in Frankreich.

Der Anorthit ist der basischeste aller Feldspate und hat die schematische Konstitutionsformel:

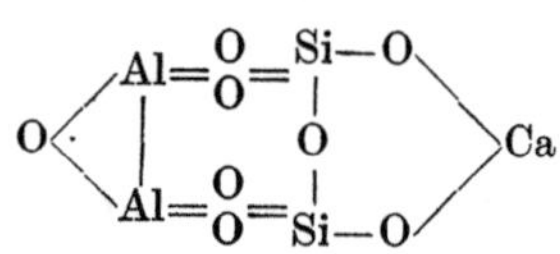

3. Kalknatronfeldspat und Natronkalkfeldspat oder Oligoklas.

Dieser trikline aus Albit und Anorthit zusammengesetzte Feldspat[2]) spielt in der Emailherstellung keine Rolle. Härte und spezifisches Gewicht wie bei den vorhergehenden Spaten,

[1]) Schmelzpunkt 1250—1350° C (Doelter).
Isomorphe Mischung vom Schmelzpunkt 1200—1240° C (E. Dittler).

von grau- oder gelblich-weißer Farbe und mit einem zwischen 62—65% Kieselsäure schwankenden Gehalte, ist er leichter schmelzbar als Orthoklas, schwerer schmelzbar als Albit. Er wird von Säuren wenig zersetzt, jedoch um so leichter, je reicher er an Kalk ist.

Er bildet einen sehr verbreiteten Gemengteil der Massengesteine, namentlich der Quarz und Orthoklas führenden, und insbesondere im Gneise. Fundorte sind Arendal und Tvedestrand in Norwegen, Pargas und Kimito in Finnland.

Allgemeines.

Bei der Verwendung eines Feldspates zur Emailbereitung ist es in erster Linie richtig, zu wissen, wie groß der Kieselsäure-, Alkali- und Tonerdegehalt ist.

In runden Zahlen kann man die Zusammensetzung eines guten Kalifeldspates annehmen mit:

65 %	Kieselsäure	(SiO_2)
18 %	Tonerde	(Al_2O_3)
16,5%	Kali	(K_2O)

Die Natronfeldspate sind selten und treten daher weniger in die Fabrikation ein. Häufig ist ein kleiner Teil des Kaliums im Kalifeldspat durch Natron ersetzt.

Bei der Verwendung von Natronfeldspat an Stelle von Kalifeldspat muß in Betracht gezogen werden, daß die Schmelzwirkung des Natriums sich zu der des Kaliums wie ihre Äquivalentzahlen verhält. Demnach werden etwa 40 Natron denselben Einfluß auf die Schmelzwirkung ausüben wie 60 Kali. Die zumeist vorhandenen mehr oder weniger bedeutenden Verunreinigungen von Eisenoxyd (Fe_2O_3), Magnesia (MgO) und Kalk (CaO) sind ebenfalls von Einfluß auf die leichtere Schmelzbarkeit des Spates.

Dabei darf der Eisenoxydgehalt gewisse enge Grenzen (höchstens 0,6%) nicht überschreiten, da sonst Mißfärbung (rötlichgelber Stich) bei der Herstellung von weißen Emails eintreten kann.

Daher sind stark rötlich gefärbte Spate auszuschließen. Eine graue bis gelbliche Färbung, häufig herrührend von organischen

Beimengungen, schadet nicht, wie am besten aus einem Röstversuche hervorgeht, nach welchem derartig gefärbte Spate in der Regel weißgebrannt erscheinen.

Hingegen sind wesentliche Beimengungen von Quarz, Glimmer, Ton und anderen Begleitmineralien schädlich. Die Spate von Bergen in Norwegen zeigen oft alle möglichen Farbtöne, von Fleischrot, Grau, Bläulich, Apfelgrün bis Weiß; die Spate von Arendal in Norwegen dunkelrauchgraue und jene von Bischofteinitz in Böhmen rein weiße Färbung. Alle diese Nuancen verschwinden beim Rösten oder beim Schmelzen im Email, um in der Regel einer rein milchweißen Färbung Platz zu machen.

Amorphe Feldspate oder feldspathaltige Gesteine, die also nicht die mattglänzenden Spaltflächen zeigen, sind von der Benützung auszuschließen.

Nachstehend einige Analysen von Feldspaten und Pegmatiten:

	Feldspate								Pegmatit				
	Norwegen	Norwegischer Albit	Norwegischer Orthoklas	Bischofteinitz	Halle	Fichtelgebirge	Quabenstein (Bay.)	Chanteloups (Frankreich)	Chinastone Cornwall	St. Yrieux	Regensburg	Limoges	St. Austell
Kieselsäure SiO_2 . . .	64,44	66,27	66,59	63,11	62,76	70,10	61,37	64,00	74,34	74,3	87,78	74,38	74,[illegible]
Tonerde Al_2O_3 . .	18,75	18,92	18,25	19,76	19,20	17,16	20,23	20,56	18,40	18,3	7,36	15,21	16,[illegible]
Kalk und Magnesia $CaO+MgO$	0,27	0,73	0,91	2,27	0,64	1,43	0,55	0,38	0,24	0,6	0,29	1,38	1,[illegible]
Kali K_2O . .	13,82	1,34	12,43	14,57	14,90	1,52	15,75	14,99	6,00	6,5	1,60	3,96	3,[illegible]
Natron Na_2O	2,40	11,67	1,08	—	—	8,65	—	—	—	—	1,00	4,85	3,[illegible]
Eisenoxyd Fe_2O_3 . . .	0,65	1,14	0,58	0,45	—	0,91	0,45	—	—	—	0,84	0,56	0,[illegible]
Wasser- und Glühverlust	—	—	—	—	1,70	—	1,31	—	0,96	0,3	1,34	0,42	0,[illegible]

Amerikanische Feldspate.

	Kanadischer Kalifeldspat Marke T	Connecticut-Kalifeldspat Marke U	Maryland-Natronfeldspat Marke V
Kali K_2O	13,70%	9,46%	0,20%
Natron Na_2O	2,02 „	4,21 „	8,03 „
Kalk CaO	0,23 „	0,16 „	0,49 „
Magnesia MgO . . .	0,10 „	0,30 „	2,46 „
Tonerde Al_2O_3 . . .	19,20 „	16,43 „	22,11 „
Eisenoxyd Fe_2O_3 . .	0,23 „	0,63 „	0,62 „
Kieselsäure SiO_2 . . .	64,30 „	68,79 „	66,08 „

Der Pegmatit, eine aus Feldspat und Quarz gemengte Gebirgsart, ist für die Emailfabrikation nicht zu empfehlen, oder nur mit großer Vorsicht, unter entsprechender Verminderung des Quarzgehaltes des Emails, oder auch durch Benützung geringerer Feldspatmengen und Ersatz des Natrons durch Soda.

Glinka hat für Orthoklas folgende interessante Strukturformel aufgestellt:

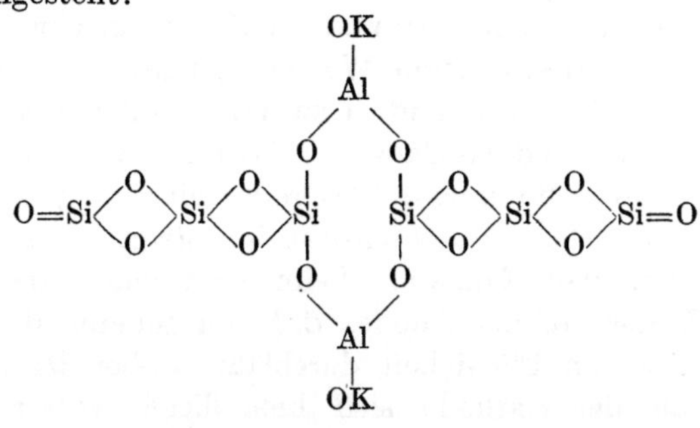

Z. B. 100 kg Pegmatit mit 74,3% SiO_2 und 6% Alkali entsprechen bezüglich des Kieselsäuregehaltes ca. 114 kg Kalifeldspat (65% SiO_2). In 114 kg dieses Kalifeldspates wären ca. 6,9 kg Kali enthalten. 100 kg Pegmatit enthalten jedoch nur 6% Kali, daher müßten demselben noch 2% Kali in Form von Pottasche zugesetzt werden.

(1 kg Pottasche = 0,68 kg Kali [K_2O] daher sind 2 kg Kali in 2,9 kg Pottasche enthalten.) England exportiert jährlich über 35000 t Pegmatit.

Über die überaus interessante und für uns wichtige Frage der Bildung des Tones bzw. Kaolins aus Feldspat wird im Kapitel über Tone ausführlich gesprochen.

Hier seien nur einiger Arbeiten über die relativ leichte Feldspatzersetzung durch Kohlensäure und auch nur durch Wasser gedacht, die uns zeigen, wie leicht dadurch oder durch längeres Naßmahlen Alkali teilweise dem Feldspat entzogen werden kann.

Es ist Tatsache[1]), daß einige natürliche Silikate leicht durch Säuren zersetzt werden, daß aber andere das gegenteilige Verhalten zeigen. Z. B. wird Glas, welches auch nur in einem gewissen Gleichgewichtszustande dieselben Basen, wie die meisten Gesteine, an Kieselsäure gebunden, enthält, viel schneller durch Wasser als durch Säuren zersetzt. Es scheint, als ob viele gesteinsbildende Mineralien sich ebenso verhalten. Es wurden Laboratoriumsversuche gemacht, um die Kaolinisierung des Feldspates hervorzurufen. Ein fein gemahlener Feldspat (durch ein 200-Maschen-Sieb gesiebt) wird mit destilliertem Wasser zu einem dünnen Brei angerührt, worauf dieser in einen porösen, unglasierten Topf gebracht wird. Nun wird eine gewöhnliche Bogenlampenkohle eingeführt und das Ganze in einen größeren Glaszylinder mit destilliertem Wasser gestellt.

Zwischen poröser Zelle und Glaswand wird die zweite Kohlenelektrode gebracht und das Ganze einem Strome von etwa 110 Volt ausgesetzt, wobei die innere Elektrode mit dem positiven Pol verbunden ist. Die Stromintensität übersteigt bei etwa 200 g Feldspat selten 0,05 Ampere. Beim Durchgange des Stromes fällt das Wasser an der Anode, d. h. im Inneren des porösen Zylinders, der nun Flüssigkeit durchläßt, wobei das außerhalb der Zelle an der Kathode sich befindliche Wasser sich auf Kosten des Kalis im Orthoklas mit Alkali anreichert. Die Reaktion ist jedoch nicht von langer Dauer. War die Feldspatprobe trocken gemahlen, so läßt sich ihr nicht mehr als 0,03 % Alkali entziehen; war sie jedoch naß gemahlen, so ist die zersetzende Wirkung des Wassers eine größere und der Alkaliverlust beträgt zwischen 0,3—0,4 %. Diese Methode wurde bei den neueren Versuchen etwas modifiziert; der in Mühlen gemahlene

[1]) Transact. of the Amer. Ceram. Soc. Vol. VIII 1906. Ref. Chem. Ztg. 1907. 43. S. 581.

Orthoklas wurde so lange elektrolysiert, bis die Abgabe von Alkali ganz klein geworden war; dann wurde die Paste aus dem porösen Zylinder herausgenommen, wieder einige Stunden gemahlen und neuerlich elektrolysiert. Bei Verwendung eines Feldspates mit 11,4% Alkali war es möglich, 3,6% Alkali, d. h. ungefähr ein Drittel des Gesamtgehaltes, auszuziehen und zwar nach 14maligem Mahlen.

Durch Fortsetzung dieses Verfahrens ließ sich die vollständige Kaolinisierung des Feldspates durchführen.

Der Verfasser dieser hier zitierten Abhandlung gelangt zu folgenden Schlüssen:

1. Wenn Feldspat mit Wasser gemahlen wird, so beginnt sofort eine durch das Wasser hervorgerufene Zersetzung des Materials, wie man sich leicht durch Zusatz von Phenolphtaleïn (Reagenz auf Alkali) überzeugen kann.

2. Diese Zersetzung geht nicht weit; es lassen sich nicht mehr als 0,03% Alkali nachweisen.

3. Durch Elektrolyse lassen sich bis 0,4% Alkali ausziehen.

4. Sobald 0,4% Alkali herausgelöst sind, tritt eine Verlangsamung des Prozesses ein, ohne daß er doch ganz aufhört.

5. Durch abwechselndes Mahlen und Elektrolysieren war es möglich, 4% von den 11% der ursprünglichen, löslichen Basen auszuziehen.

6. Es besteht kein Grund, anzunehmen, daß der Prozeß nicht bis zur vollständigen Überführung des Feldspates in Kaolin fortgesetzt werden kann. In neuester Zeit wurde dieses Thema in höchst anziehender Weise von Funk[1]) wieder aufgenommen. Er fand, daß sich nach 12stündigem Naßmahlen von Feldspat 0,4% des gesamten vorhandenen Alkalis herauslöse, also mehr als Cushmann gefunden hat (nämlich nur 0,03%, siehe oben). Nach Doubrée[2]) lösen sich nach 192 Mahlstunden sogar 2,8% des vorhandenen Alkalis in Wasser auf. Läßt man sehr fein gemahlenen Feldspat in Wasser liegen, so setzen sich die feinsten Teilchen nur schwer ab. Erst nach Monaten zeigt sich in den obersten Schichten der Flüssigkeit eine gelblichbraune Lösung, die allmählich heller wird und in den obersten

[1]) Dr. W. Funk-Meißen, Krit. Studien über die Zersetzung des Feldspates. Sprechsaal 1910. Nr. 2 und 3.

[2]) Bischof, Die feuerfesten Tone. S. 15.

Partien in eine schwach opaliserende, kolloidale Lösung übergeht, die man unverändert durch die dichtesten Filter filtrieren kann. In dieser Lösung konnten 0,1—0,2% des im Feldspate vorhandenen Gesamtalkalis titrimetrisch nachgewiesen werden.

Der geschmolzene Feldspat wird von Wasser oder Kohlensäure bzw. von beiden zusammen ebenfalls nach längerer Einwirkung angegriffen, ja sogar rascher als im rohen Zustande. Durch Wasser und Kohlensäure wurden 1,1% Alkali gelöst.

Kieselsäure und Tonerde ($SiO_2 + Al_2O_3$) wurden nur in äußerst geringer Menge auch nach 192stündigem Naßmahlen herausgelöst. Doubrée gibt deren Mengen mit 0,002% SiO_2 und 0,003% Al_2O_3 an. Bei den Versuchen wurde destilliertes, kohlensäurefreies Wasser verwendet.

Schon Cushmann hob hervor, daß sich nicht alles aus dem Feldspate herauslösbare Alkali auch wirklich in Lösung befinde.

Nachstehende Tabelle gibt eine Übersicht der nach 14maligem Mahlen entzogenen Mengen von Alkali:

Gemahlener Orthoklas	Mahldauer in Stunden	Gesamtmenge des ausgezogenen Alkali in % K_2O berechnet	
		Probe-Nr. 1242	Probe-Nr. 1300
Gemahlene Probe, gesiebt durch 200-Maschen-Sieb .	—	0,15	0,14
Trocken gemahlen	2	0,19	0,22
Naß gemahlen . .	2	0,41	0,15
„	2	0,13	0,14
„	$6^1/_2$	0,23	0,26
„	$6^1/_2$	0,19	0,21
„	$6^1/_2$	0,16	0,17
„	$6^1/_2$	0,18	0,25
„	2	0,12	0,15
„	12	0,45	0,35
„	24	0,46	0,41
„	12	0,43	0,27
„	24	0,39	0,45
„	24	0,40	0,40
„	—	3,89	3,57

Der Feldspat in der Emailfabrikation.

Welche bedeutende Mengen von Feldspat in der keramischen Industrie überhaupt angewendet werden, geht aus nachfolgenden Ziffern hervor.

Die Einfuhr Deutschlands darin betrug im Jahre 1908 gegen 424916000 kg, davon kamen aus Norwegen 19667000 kg, also fast die Hälfte der Einfuhr, aus Österreich-Ungarn 4272900 kg, aus Schweden 18130500 kg.

Ausfuhr von norwegischem Feldspat nach Deutschland. Das norwegische Generalkonsulat in Berlin berichtete an seine Regierung:

Der Bedarf der deutschen Porzellanfabriken in Feldspat beginnt jetzt nach einer längeren Niedergangszeit zu steigen, aber da die deutschen Importeure noch große, unverkaufte Lager vom vorigen Jahre her liegen haben, sind die Preise noch nicht gestiegen; die billigen Angebote von norwegischem Ofotenspat, der in ziemlich bedeutenden Mengen nach Deutschland geliefert wird, haben das Preisniveau auch gedrückt. Die Importeure sind z. Z. kaum gewillt, mehr als 24—24,50 Mk. cif Stettin für prima Ware zu zahlen. Übrigens wird der nordische Export dadurch erschwert, daß in Deutschland selbst, besonders in Bayern und Böhmen, neue bedeutende Lagerstätten gefunden sind, die jetzt ausgebeutet werden, ein ziemlich gutes Material liefern und überdies nahe an den Hauptsitzen der keramischen Industrie, Oberfranken, Sachsen und Thüringen, liegen.

Die meisten Porzellanfabriken in Deutschland mahlen ihren Feldspat selbst, da sie das Material im rohen Zustand sehen wollen. Für gemahlenen Feldspat werden 12—15 Mk. mehr bezahlt als für rohen.

Deutschlands Gesamteinfuhr von Feldspat betrug 1908: 42492 t, 1909: 41369 t, im Werte von 1487000 Mk., bzw. 1488000 Mk. Davon kamen aus

	1909	1908
Norwegen	20476 t	19667 t
Österreich-Ungarn . .	4877 t	4273 t
Schweden	15811 t	18131 t

Deutschlands Ausfuhr von Feldspat betrug im Jahre 1908: 9420 t, im Jahre 1909: 10682, hauptsächlich nach Österreich-Ungarn.

Die Ausfuhr Deutschlands an Feldspat betrug in derselben Zeitepoche 9419500 kg, von denen 5891600 kg nach Österreich-Ungarn gingen.

Österreich-Ungarn führten im Jahre 1908 gegen 8147100 kg Feldspat ein und 4303200 kg Feldspat aus.

Der Feldspat bildet im Email das Hauptgerüst, als kieselsäurebildend, als silikatebildend, als auch wegen seines beträchtlichen Flußmittelgehaltes, das Alkali, und wegen der Tonerde, welche die Opazität des Emails günstig beeinflußt.

Wenn der Feldspat als solcher erst über 1200° C schmelzbar ist, so wird diese Temperatur in den Siemenswannenschmelzöfen stets erreicht. Der geschmolzene Feldspat zeigt milchigweiße Beschaffenheit.

Die 40—50% der Kieselsäure, welche unsere gewöhnlichen Emails enthalten, werden von dem Feldspat, je nachdem Quarz in die Mischung kommt oder nicht, zum größten Teile geliefert.

In der Mehrzahl der Emailvorschriften werden als Kieselsäure abgebendes Material nicht nur Feldspat, sondern auch der billige Quarz (nebst den relativ geringen Mengen aus dem Tone des Mühlzusatzes) verwendet.

In der nachstehenden kleinen Tabelle wird das ungefähre Verhältnis von Feldspat zu Quarz mitgeteilt, wie dies in erprobten erstklassigen Emailvorschriften in der Regel vorhanden ist.

Beispiele der möglichen und üblichen Verhältnisse von Feldspat: Quarz.

Verhältnis von Feldspat: Quarz in Prozenten in der Rohmischung von

Grund	Gew. Weiß	Weiches Weiß	Säuref. Weiß	Weiß für Guß	Puder-Weiß	Blau
25 : 21	15 : 30	25 : 9	6 : 47	39 : 0	26 : 0	29 : 18
26 : 18	26 : 19		13 : 36	31 : 19		34 : 20
28 : 16	20 : 28		17 : 40	26 : 13		38 : 23
31 : 21	27 : 14			42 : 0		44 : 0
40 : 1	30 : 8			46 : 0		57 : 8
40 : 3	34 : 19					
	39 : 0					

Selbstverständlich stellen diese Verhältnisse keine Grenzwerte dar, sondern die in den gangbarsten und bewährten Emailrezepten üblichen, variablen Zahlen.

Nachdem wir den Kieselsäuregehalt des reinen Quarzes in der Praxis mit rund 100%, den eines vorzüglichen Feldspates mit etwa 65% annehmen können, so entsprechen bezüglich der Vertretbarkeit der Kieselsäure des Feldspates durch Kieselsäure aus Quarz 100 kg Feldspat = 65 kg Quarz, oder 100 kg Quarz = 154 kg Feldspat.

Dabei wurde natürlich abgesehen von dem Gehalte an Tonerde und Alkali des Feldspates, die gegebenenfalls auf Grund der angegebenen durchschnittlichen Zusammensetzung desselben durch Alkali (Soda, Pottasche usw.) und Ton (Tonerde und Kieselsäure) entsprechend zu ergänzen wären.

Beispiel einer solchen Berechnung:

Es läge der theoretische Fall eines Emailrezeptes vor, in welchem in der Rohmischung enthalten seien 30 kg Feldspat und 8 kg Quarz.

Es sollen nunmehr in der Vorschrift der Feldspat wegfallen und durch Quarz ersetzt werden. Es fragt sich nunmehr, wieviel Quarz, Ton und Alkali muß man in die neue Vorschrift aufnehmen:

30 kg Feldspat entsprechen zufolge seiner früher angegebenen prozentualen Zusammensetzung aus:

$$\frac{64{,}4 \times 30}{100} = 19{,}32 \text{ kg Quarz}$$

30 kg Feldspat enthalten:

$$\frac{18{,}8 \times 30}{100} = 5{,}64 \text{ kg Tonerde } (Al_2O_3)$$

$$\frac{13{,}82 \times 30}{100} = 4{,}15 \text{ kg Kali } (K_2O)$$

$$\frac{2{,}40 \times 30}{100} = 0{,}72 \text{ kg Natron } (Na_2O)$$

Die Tonerde wird durch entsprechende Menge Ton ersetzt. 100 kg Ton seien zusammengesetzt (siehe Ton) aus:

46,6 % Kieselsäure SiO_2
38,7 % Tonerde Al_2O_3
14,3 % Wasser usw.

Um die 5,64 kg Tonerde des Feldspates durch Ton zu ersetzen, muß man demnach $\frac{5{,}64 \times 100}{38{,}7} = 14{,}4$ kg dieses Tones zusetzen.

Dadurch würden wir jedoch gleichzeitig etwas Kieselsäure von dem Tone herrührend zuviel in die Mischung bekommen. Daher müssen wir berechnen, wieviel Kilogramm Kieselsäure in den 14,4 kg Ton enthalten sind, und den Quarzgehalt (SiO_2) um diese Menge Kieselsäure vermindern:

100 kg Ton enthalten in unserem Falle 46,6 kg Kieselsäure; 14,4 kg Ton enthalten in unserem Falle daher 6,71 kg Kieselsäure.

Daher dürfen wir nur $19{,}32 - 6{,}71 = 12{,}61$ kg Quarz nehmen.

Endlich handelt es sich darum, die 4,15 kg Kali und 0,72 kg Natron in den 30 kg Feldspat durch Pottasche (K_2CO_3) oder Kalisalpeter (KNO_3) bzw. durch Soda (Na_2CO_3) oder Natronsalpeter ($NaNO_3$) zu ersetzen. In den meisten Fällen wird man sich für Pottasche oder Soda entscheiden.

100 kg Pottasche (K_2CO_3) enthalten etwa 90 % reines Kaliumkarbonat, daher $0{,}682 \times 90 = 61{,}38$ kg Kali (K_2O).

Um die 4,15 kg Kali der 30 kg Feldspat daher durch Pottasche zu ersetzen, müssen wir $\frac{4{,}15 \times 100}{61{,}4} = 6{,}75$ kg Pottasche nehmen.

Endlich wissen wir, daß 100 kg kalzin. Soda (Na_2CO_3) (siehe Soda) = 58,5 kg Natron (Na_2O) enthalten; um nun die 0,72 kg Natron der 30 kg Feldspat entsprechend durch Soda zu ersetzen, müßten $\frac{0{,}72 \times 100}{58{,}5} = 1{,}2$ kg Soda in das Gemisch aufgenommen werden.

Zusammengefaßt ergibt sich:

30 kg Feldspat könnten in der Formel ersetzt werden durch:

12,61	kg	Quarz
14,4	„	Ton
0,75	„	Pottasche
1,20	„	Soda

Dabei muß allerdings betont werden, daß es im allgemeinen nicht ratsam ist, Feldspatkieselsäure durch Quarzkieselsäure oder Tonkieselsäure, wenn auch in der stöchiometrischen Menge, ohne weiteres zu ersetzen. Vom chemischen Standpunkte aus kommt es ja gewiß auf dasselbe hinaus. Die Praxis lehrt jedoch, daß zwei Emails von gleicher chemischer Zusammensetzung verschiedene Eigenschaften zeigen können, je nach der Art der Kieselsäure = Tonerde = und alkaliliefernden Rohmaterialien, die man verwendet hat. Die chemische Analyse eines Emails ergäbe z. B. 40% Kieselsäure (SiO_2), 19% Alkali, 10% Tonerde usw., so könnte man versuchen, dieses Email auf verschiedene Weise zu erhalten. In dem einen Falle würde man die Kieselsäure in Form von Quarz und Ton einführen, das Alkali in Form von kohlensaurem oder salpetersaurem Alkali, in einem zweiten Versuche könnte man von entsprechenden Mengen Feldspat, Ton und Karbonaten ausgehen. In beiden Fällen würde man zwar zu chemisch analog zusammengesetzten Emails gelangen, die in der Praxis jedoch wesentlich verschiedene physikalische Eigenschaften, wie Ausdehnung, Opazität, Schmelzpunkt usw. zeigen würden. Der Verfasser[1] hat über dieses interessante Thema seinerzeit an anderer Stelle berichtet.

Früher wurde der Feldspat in Stücken bezogen, geröstet, mit Wasser abgeschreckt und in den Emaillierwerken selbst durch Walzen- und Trommelmühlen fein gemahlen.

Zweifellos hat dieses Verfahren, das nur noch vereinzelt in Gebrauch ist, viel für sich. Einerseits könnte der Fachmann schon aus dem Aussehen, Struktur und Farbe des Stückenfeldspates auf dessen Reinheit und Wert ziemlich annähernd schließen. Durch das Rösten würden mannigfache Verunreinigungen organischer Natur, von den Schiffsböden oder den Waggons herrührend, verbrannt werden.

Allmählich jedoch ist man zu dem Bezug von in Säcken gefüllten, fein gemahlenen Feldspat übergegangen, wobei nicht nur der Lieferant (der dadurch die in früheren Zeiten zurückgewiesenen kleinen Feldspattrümmerchen mit vermahlen kann und auch beim Verladen Ersparnisse an Arbeitslöhnen hat), sondern auch der Emailleur gewinnt.

Die stetig zunehmende Produktion an emaillierter Ware, bei häufiger zunehmender Beschränktheit an Lagerplätzen, Röstöfen usw., überhaupt die wachsende Erkenntnis die wichtigsten Rohmaterialien möglichst gebrauchsfertig zu beziehen, haben bewirkt, daß man nunmehr meist gemahlenen Feldspat bezieht.

---

[1]) J. Grünwald, Beitrag zur chem. Technologie der Emailindustrie. Österr. Chem. Ztg. 1908.

Allerdings setzt ein solcher Bezug einen gewissenhaften Lieferanten voraus und macht es zum dringenden Gebote, den Feldspat häufig auf seine chemische Zusammensetzung zu untersuchen.

Besonderes Augenmerk muß hierbei auf die Höhe des Kieselsäuregehaltes gelegt werden. Ein Feldspat, dessen Analyse einen 66—68% Kieselsäure übersteigenden Gehalt aufweist, ist minderwertig und zurückzuweisen. Es wäre denn, daß der Lieferant auf die Höhe des Kieselsäuregehaltes aufmerksam gemacht habe und den Preis entsprechend reduzierte. In diesem Falle ist es Sache des Emailleurs, die Emailformel entsprechend dem höheren Kieselsäuregehalte des Feldspates umzuformen. Dieser Fall dürfte jedoch selten eintreten. In der Regel dürfte nur erstklassiger Feldspat bezogen werden, dessen Zusammensetzung (siehe diese) sich möglichst der idealen Zusammensetzung nähert.

Wichtig ist es auch auf den Gehalt des Spates an Eisenoxyd zu prüfen. Ein Überschuß desselben würde mißfärbige, weiße Emails geben. Für Grund- oder Blauemails schadet ein etwas mehr eisenoxydhaltiger Spat kaum, um so weniger, wenn er im Preise billiger ist. Auch auf Feuchtigkeitsgehalt ist zu untersuchen, da dieser mitunter durch schlechte Lagerung ziemlich groß und verlustbringend sein kann, und durch unwissentlich fehlerhafte Abwage eine sonst bewährte Emailvorschrift unmöglich macht.

Nehmen wir z. B. an, daß in einem Werke seit Jahren nach einer erprobten Emailformel mit 30% Feldspat gearbeitet würde und dieser Spat zufällig 8% Feuchtigkeit enthielte.

In diesem Falle würden wir also beim Mischen um 8% zu wenig Feldspat zusetzen, was gewiß nicht vorteilhaft wäre.

Der Gehalt an Eisenoxyd sollte in der Regel 0,6—0,7% kaum überschreiten. Der Feldspat, wie alle übrigen Rohmaterialien, sollte an eigenen, geschützten und stets sauberen Räumen gelagert werden.

Nachzutragen wäre noch die interessante Erscheinung, daß geschmolzener Feldspat ein etwas geringeres spezifisches Gewicht zeigt, als der natürliche Feldspat. Er wirkt verdichtend auf den Emailleschmelzfluß, und wirkt derselbe um so inniger, und macht das Email um so opaker, je feiner gemahlen er zur Mischung zugesetzt wird.

Der Tonerdegehalt des Feldspates besitzt eine nicht zu unterschätzende Deckkraft und wird man in der Regel weiße Emails mit Ausschluß von Quarz, also als reines Feldspatemail mit Vorteil herstellen.

Staley[1]) zeigt, wie gering der schwankende Eisenoxydgehalt der verschiedenen Feldspate auf die Färbung des Emails einwirkt. Er führt dies auf die Flüssigkeit des Fluoreisens zurück, welches sich während des Schmelzprozesses durch Umsetzung zwischen FeO bzw. Fe_2O_3 und CaF_2 gemäß nachfolgender schematischer Reaktion:

$$FeOCaF_2 \qquad FeF_2\ (Gas)\ CaO$$

oder

$$Fe_2O_3\ 3\,CaF_2 \qquad 2\,FeF_2\ (Gas)\ 3\,CaO$$

ergibt.

Analog wirken natürlich auch Kryolith oder Flußspat, Chloride ein, wobei letztere jedoch auf die Eigenschaften des Emails zersetzenden Einfluß haben. Früher setzte man aus obigem Grunde der Emailschmelze Chlorammonium zu.

Auch der Gehalt an Quarz in dem Feldspat hat eine bestimmte Wirkung auf das Email.

Watts zeigt, daß ein Zusatz von 15—20% Quarz zu einem Feldspat den Schmelzpunkt, wenn auch unbedeutend, erhöht. Nichtsdestoweniger würde ein quarzhaltiger Feldspat das Email ungünstig beeinflussen können. Ein erhöhter Gehalt von Kalifeldspat bei gleichzeitiger Verminderung an Natron- oder Kalkfeldspat würde ein Email ergeben, welches Neigung zum Abblättern hat.

Staley behauptet, daß die Analyse eines Feldspates allein nicht genügt und daß bei gleicher chemischer Zusammensetzung zwei Feldspate vermöge gewisser Unterschiede in physikalisch-chemischer Beziehung eine verschiedene Wirkung im Email ausüben können.

Die Verschiedenkeit dieser Wirkung wird der Verschiedenheit in der Erreichung vollständiger Homogenität zwischen den

[1]) Homer H. Staley, Technologic Papers of the Bureau of Standard, No. 142 (1919), S. 13.

Bemerk. des Verf.: In Europa geschah dies in dieser Form kaum. Bull. 53 U. S. Bureau of Mines, S. 26.

beiden Zusammensetzungen beim Schmelzprozesse, wie er bei der Herstellung des Emails vor sich geht, zugeschrieben.

Eine andere mögliche Ursache der Verschiedenartigkeit der Wirkung zweier sonst chemisch gleicher Feldspate im Email kann in dem größeren Verluste des einen durch Verflüchtigung gesucht werden.

Die physikalischen und mineralogischen Bedingungen der Emailrohstoffe haben einen bestimmenden Einfluß auf die Erzielung eines homogenen Produktes.

Kleine Partikel eines Minerals von hohem Schmelzpunkte können in dem halbgar geschmolzenen Glas zurückbleiben, lange Zeit bevor der als Flußmittel wirkende Teil des Minerals in Kontakt mit denselben gelangt, um es zum Schmelzen zu bringen.

Es ist sehr gut möglich, daß Teilchen eines geschmolzenen Minerals stundenlang bei erhöhter Temperatur in anderen Teilchen suspendiert erhalten bleiben.

Tatsächlich scheint es, daß einige Fälle der Opazität diesem Umstande zugeschrieben werden müssen. Solche Mischungen sind Glasemulsionen. Selbstverständlich sind nicht alle Emulsionen opak und hängt dies mit den optischen charakteristischen Eigenschaften der Flüssigkeit zusammen.

Die Viskosität einer Mischung von Flüssigkeiten in Form von Emulsionen ist nicht dieselbe, wie bei homogenen Mischungen. In Silikatmischungen ist sie gewöhnlich größer.

Alle Gläser gelangen mehr oder weniger rasch in diesen Emulsionszustand und der erreichte Grad von Homogenität hängt ab von:

1. der Größe der Teilchen, diese wiederum von der Mahlfeinheit des benutzten Rohmaterials;

2. der Größe der Diffusion, welche von der Viskosität des Minerals in der Schmelze und von dem Ausmaße des Rührens des geschmolzenen Emails abhängt. Die Viskosität eines jeden Minerals hängt von der Temperatur ab.

3. Nehmen wir einen konkreten Fall, z. B. SiO_2. Führen wir die Kieselsäure in Form von Flint ein, so wissen wir, daß je feiner das Mahlkorn ist, je kleiner die Teilchen während des Schmelzens des Materials sind, um so größer der erreichte Grad

von Homogenität in der Schmelze ist und um so kleiner die Viskosität unseres Glases während der Schmelze in einem gegebenen Zeitpunkte.

Nehmen wir statt des feinen Flintsteines Sand und ändern wir den Schmelzvorgang nicht, so wird das gewonnene Email einen höheren Schmelzpunkt und einen geringeren Grad von Homogenität besitzen. Tatsächlich wird es möglich sein, kleine Partikelchen von nur teilweise geschmolzenem Sand in den Email auf der fertigen Ware nachzuweisen, wenn wir von dieser SiO_2 in Form von Natronkalk-Feldspat einführen, welches Mineral bei einer gegebenen Temperatur eine geringere Viskosität wie Flint besitzt und demgemäß einen höheren Grad von Diffusion, so können wir denselben Grad der Reife erhalten, wenn das Mineral weniger fein gemahlen ist oder wenn die Mischung bei einer niedrigeren Temperatur oder durch eine kürzere Zeit hindurch erhitzt wird.

Aus diesen Gründen soll nach Staley jeder Feldspat vor seiner Verwendung ausprobiert werden, und zwar in verschiedenen Verhältnissen vermengt.

Es kann vorkommen, daß Feldspat von ein und derselben Ladung in physikalisch-chemischer Beziehung verschiedenartige Wirkung zeigt. Es ist weder rentabel noch angezeigt, minderwertigen Feldspat zu verwenden. Die beste und reinste Marke ist gerade gut genug.

Ein mit Kalifeldspat hergestelltes Email neigt leichter zum Reißen und weniger zum Abspringen als wie ein Email, welches die gleiche Menge Natronfeldspate enthält, und zwar aus dem Grunde, weil das Verhalten von SiO_2 und Al_2O_3 als Hauptträger der Feuerfestigkeit in dem Mineral in dem Kalifeldspat als in dem handelsüblichen Natronfeldspat durch versuchsweise entsprechende Änderung des Mischungsverhältnisses zwischen Natron- und Kalifeldspat die beiden Fehler des Reißens und Abspringens beeinflußt und abgestellt werden können. Wenn Kalifeldspat durch Natronfeldspat ersetzt werden soll, so muß von letzterem mehr genommen werden. Feldspathaltige Emails sind opaker als solche ohne oder mit geringerem Gehalte an Feldspat.

II. Der Quarz.

Liefert der Feldspat sowohl Kieselsäure als auch Tonerde und Alkali für die Emailfabrikation, so wird der relativ billige Quarz, als fast reine Kieselsäure, zur Herstellung von Emails vielfach benutzt.

Nachdem die Emails in der Hauptsache Kieselsäureverbindungen repräsentieren, so dient der Quarz oft dazu, einen Teil oder in seltenen Fällen sämtliche zum Aufbau eines Emails nötige Kieselsäure zu liefern. Der Quarz findet sich in großen Mengen überall verbreitet, sei es in reinem Zustande oder als Unterlage der verschiedenartigsten Mineralstoffe.

In seinem reinsten Zustande kommt der Quarz in hexagonalen Kristallen von meist Pyramidenform vor. Als Bergkristall, als Geschiebe in Flußbetten, zumeist in Drusenform vereinigt. (Böhmischer Diamant, Topas, Morionette, Amethyst.) Uns interessiert jedoch nur der gemeine Quarz, welcher in chemischer Beziehung fast reines Kieselsäureanhydrid (SiO_2) darstellt.

Manchmal ist er durch geringe Mengen von Eisenoxyd verunreinigt und für unsere Zwecke unbrauchbar.

Seine Härte ist 7, sein spezifisches Gewicht 2,5—2,8.

Meistens farblos, manchmal weiß, gelb oder braun gefärbt und besitzt Fettglanz. Er ist härter wie Feldspat. Der Quarz zählt zu den häufigsten Mineralien. Als körniger oder kristallisierter Bestandteil sehr zahlreicher Eruptivgesteine und kristallisierter Schiefer wie Granit, Quarzporphyr, Gneiß, Glimmerschiefer und als Sandstein oder Quarzit, bildet er oft selbständige Gänge oder auch Geschiebe in vielen Konglomeraten, losen Geröll, Sand (Meersand, Flußsand, Wüstensand). Er schmilzt sehr schwer für sich allein, wohl aber leichter in der Hitze des elektrischen Lichtbogens.

Was die Verwendung des Quarzes in der Emailfabrikation anbelangt, so sei diesbezüglich folgendes mitgeteilt.

Quarz wird mit Vorliebe als teilweiser Ersatz des Feldspates für die Bereitung von Grundemails und für billigere Emails verwendet. Natürlich muß in diesem Falle der Alkali- bzw.

Tonerdegehalt durch entsprechend größeren Zusatz von Alkalien und Ton ergänzt werden. Eigentümlich und nicht völlig aufgeklärt ist die vom Emailpraktiker beobachtete Tatsache, daß es sich empfiehlt, den Quarz in nicht zu feiner Mahlung zu verwenden.

Quarzreiche Emails greifen die Schmelztiegel und Wannen ziemlich rasch an, durch Bildung leicht schmelzbarer Silikate. Nach Untersuchungen Berdels (Sprechsaal 1909) vermindert der Quarz bei zunehmender Temperatur sein spezifisches Gewicht unter Vergrößerung seiner Ausdehnung. Mit zunehmender Mahlfeinheit verliert er an Wirkung. Der Quarzzusatz macht das Email schwer schmelzbarer.

Der Quarz ist vor seiner Verwendung auf seinen Gehalt an SiO_2 (der möglichst 97—100% betragen soll) und auf Abwesenheit von gewissen Mengen mißfärbenden Eisenoxydes (nicht über 0,32%). Ob Flußsand oder Kristallquarz oder Flintstein verwendet werden darf, hängt meistens von den örtlichen Verhältnissen ab.

Wenn auch in chemischer Beziehung alle diese Abarten die fast gleiche Zusammensetzung zeigen, so lehrt doch die Erfahrung, daß es in vielen Fällen nicht angezeigt erscheint, Quarz durch Sand oder Flintstein zu ersetzen. Vielleicht sind auch hier physikalische Vorgänge maßgebend. Der mitunter verwendete Flint oder Feuerstein, in chemischer Hinsicht gleichfalls SiO_2, findet sich in Knollen, als Versteinerungsmaterial in weit fortsetzenden Platten oder Lagern in der oberen Kreideformation, als Geschiebe und ist sehr leicht zersprengbar zu äußerst scharfkantigen Stücken, mit flachmuscheligem Bruch. Sein spezifisches Gewicht ist 2,59—2,61, er ist graulichweiß bis rauchgrau, wachs-gelb bis braun. Der Flint zeigt Mattglanz und eine Kruste von mehr oder weniger kohlensaurem Kalk.

Nachstehend eine Tabelle der chemischen Zusammensetzung einiger Sande. (Sprechsaalkalender 1910.) Schließlich sei noch bemerkt, daß an Orten, wo reiner, weißer Sand zur Verfügung steht, der Anwendung desselben an Stelle von Quarz nach Anpassung der Emailvorschrift daran, kaum etwas im Wege steht.

Sande. (Kaolin- und Feldspatsande, Pegmatite usw.)

Bemerkung: Berücksichtigt sind diejenigen Materialien, deren Zusammensetzung im Sprechsaal veröffentlicht oder im Laboratorium des Sprechsaal ermittelt oder von den betreffenden Lieferanten mitgeteilt wurde; im letzten Fall erfolgte die Angabe der Bezugsquelle.

Bezeichnung	SiO_2	Al_2O_3	Fe_2O_3	CaO	MgO	KNaO	G.-V.[1]	Quarz	Feldspat	Ton-substanz	Schm.-P.	Ana-lytiker[2]	Bezugsquellen
Amöneburger Quarzit	97,46	0,53	1,74								35	Wernicke	Gustav Westermann jr., Langerfeld i. Westf.
Amöneburger Sand	97,90	0,68	0,30										Ebenda.
Arloffer Sand	92,50	4,82	0,23	—	—	n. b.	2,20					L. d. Sp.	
Birkenfelder Felsitspat	81,22	5,71	0,38	n. b.	n. b.	K 5,75 Na 1,50	2,10				9—10	Fresenius	Birkenfelder Feldspatwerke, A.-G., Mainz, Frauenlobstr. 2.
Charlottenbrunner Sand	96,70	0,93	0,17	n. b.	n. b.	n. b.	n. b.					L. d. Sp.	
Dörentrupper Glassand OB	99,75	0,035	0,015										Dörentruper Sand- u. Tonwerke, G.m.b.H., Dörentrup (Lippe).
Ebersdorfer (Coburg) Sand	89,00	5,98	0,32	0,20	0,31	2,35	1,95					L. d. Sp.	
Einberger Sand	80,46	9,88	1,26	0,64	0,61	4,51	3,02	59,50	27,70	12,80	26—27	L. d. Sp.	
Eisenberger Rohsand	97,21	1,21	0,19		1,21 (CaO + MgO + KNaO)		0,12	93,00		7,00	34	L. f. T.	Gösener Tonwerke, G. m. b. H., Eisenberg S.-A.

Eisenberger Sand, gewaschen. . . .	98,71	0,59	0,03	—	0,08	0,53	0,18	96,00		4,00	35	Störmer	Gösener Tonwerke, G. m. b. H., Eisenberg S.-A.
Engelmannsreuther Kaolinsand (Pegmatit)	86,28	8,62	0,56	0,12	0,17	2,42	2,10	69,6	14,9	15, 5		L. d. Sp.	Quarzsandwäscherei Engelmannsreuth, Lochmüller & Co., Bayreuth.
Engelmannsreuther Sand . .	98,71	0,46	0,28	—	—	0,24	0,31				35	L. f. T.	
Frauenwalder Sand.	92,40	4,11	0,49	0,07	0,32	2,40	0,35					L. d. Sp.	Carl Gunderloch, Freiburg i. B.
FreiburgerKristallquarz K. G. . . .	99,52	0,18	0,09	0,04	Spuren	—	0,22						Ebenda.
FreiburgerKristallquarz G. II. . . .	99,57	0,17	0,12	—	0,24								Ebenda.
Freihunger Pegmatit.	82,99	0,91	0,31	0,16	0,08	5,13	1,35	59,4	30,2	10,4		L. d. Sp.	
Fürstenwalder Glasursand, 1. schm.	87,07	6,50	0,20	0,34	1,52	2,30	2,07	74,00	10,70	15,30			
Grünstädter (Pfalz) Quarzsand. . . .	99,57	0,17	0,02		0,24								Pfälz. Schamotte u. Tonwerke, A.-G., Grünstadt (Pfalz).
Grünstädter (Pfalz) Feldspatsand . .	73,47	13,84	0,34	0,77	0,75	K 7,87 Na 2,42	1,41						Ebenda.
Hirschauer Feldspatsand.	69,92	17,74	0,41	0,12	Spuren	10,40	1,45	6,87	70,44	22,69	16—17	L. f. T.	Amberger Kaolinwerke, G. m. b. H., Hirschau.

[1]) G.-V. = Glühverlust. [2]) Die Erklärung der Abkürzungen befindet sich am Schlusse der Tabelle.

Bezeichnung	SiO_2	Al_2O_3	Fe_2O_3	CaO	MgO	KNaO	G.-V.[1]	Quarz	Feldspat	Ton-substanz	Schm.-P.	Analytiker[2]	Bezugsquellen
Hirschauer Quarzsand	92,71	4,38	0,33	—	—	2,33	0,51	81,34	13,78	4,88			Amberger Kaolinwerke, G. m. b. H., Hirschau.
Inowrazlawer Sand	97,30	1,29	0,56	0,16	0,18	0,12	0,48					L. d. Sp.	
Kamenzer Sand	98,32	0,84	0,18	0,12	—	0,56	0,15					L. d. Sp.	
Kronacher Feldspatsand	86,38	7,30	0,62	0,18	0,26	4,32	0,85	64,97	28,27	6,76		L. d. Sp.	
Laasdorfer Quarzsand	90,55	4,09	0,21	1,30	0,11	3,25	0,52					Katz	G. Riedel & Co., Laasdorf, S.-A.
Lippstadter Sand	96,54	1,64	0,48	0,22	—	0,62	0,50					L. d. Sp.	
Löwensteiner Sand	96,96	1,22	0,32	0,08	—	1,08	0,15					L. d. Sp.	
Martinrodaer Sand	94,00	3,00	wenig	0,20	—	2,80	—						
Metzlinger Sand	97,52	1,40	0,36	0,12	Spuren	0,68	0,17	93,20	49,2	1,88		L. d. Sp.	Kollreppwerk, Meißen.
Meißner Glasursand[3]	91,66	4,50	1,00	0,75	0,86	1,23	(3,26,						
Neuhauser Sand			0,85					61,88	28,40	9,72		L. d. Sp.	
Ottenser Sand, kalkhaltig	50,46	2,64	0,16	24,24	1,36	n. b.	CO_2 20,42					L. d. Sp.	
Penzberger Sand	98,08	1,30	0,16	0,12	Spuren	0,13	0,13					L. d. Sp.	
Quarzbiehler Sand	97,76	1,36	0,12	0,22	0,07	0,29	0,18					L. d. Sp.	
Satzveyer Sand	92,70	4,63	0,27	—	—	n. b.	2,10					L. d. Sp.	
Semlowitzer Sand	90,60	5,05	0,25	0,42	—	3,46	0,30					L. d. Sp.	Georg H. Richter, Themar i. Thür.

Steinfelser Pegmatit								65,00	35,00				
Sterbfritzer Sand	91,35	6,28	0,22	—	—	0,35	1,80					L. d. Sp.	
Tambacher Sand	87,90	5,21	0,81	0,16	0,38	3,84	1,70					L. d. Sp.	
Uracher Sand	86,40	7,48	0,72	0,60	0,47	0,85	3,34					L. d. Sp.	
Weingartener Sand	98,41	0,78	0,35	—	—	0,26	0,20					L. d. Sp.	
Weißenbrunner Sand	88,76	7,41	0,16	—	0,32	2,60	0,70	75,90	12,60	11,50			
Weißenbrunner Sand	94,02	3,20	0,28	—	0,16	1,88	0,46					L. d. Sp.	
Wiednitzer Quarzsand	99,86												Wiednitzer Glassandwerke, G.m.b.H., Petershain N.-L.
Wunsiedeler Feldspatsand	64,80	22,20	0,16	0,41	—	9,53	2,38					L. d. Sp.	
Wunsiedeler Pegmatit	66,82	18,87	0,51	0,36	0,14	K 8,88 Na 2,98	1,56	16,95	73,40	9,65		L. d. Sp.	

1) G.-V. = Glühverlust. 2) Die Erklärung der Abkürzungen befindet sich am Schlusse der Tabelle. 3) Geglüht.

Die Abkürzungen in der Rubrik »Analytiker« bedeuten:

L. d. Sp.: Laboratorium des Sprechsaal, C. Backofen, Coburg.
L. f. T.: Laboratorium für Tonindustrie, Prof. Dr. H. Seger & E. Cramer, G. m. b. H., Berlin NW. 21.
Schl. L. f. T.: Schlesisches Laboratorium für Tonindustrie, Dr. A. König, Bunzlau.
V.-A.: Versuchs-Anstalt bei der Kgl. Porzellan-Manufaktur, Charlottenburg.

Es gibt mehrere Gattungen von Kieselsäurehydraten, welche wechselnden Wassergehalt haben und amorph sind[1]). Dazu gehören der Geyserit, ein Ablagerungsprodukt der heißen Geyserquellen, gewisse Opalsorten, Infusorienerde (Kieselgur), ferner der amerikanische Tripoli, welcher als Rückstand bei der Auflösung kieselsäurehaltiger Sandsteine aufzufassen ist. Tripoli ist nahezu reine SiO_2 und von feinstem Korn. Guter Sand oder Quarz soll unter 0,5% Eisenoxyd und über 99% SiO_2 enthalten.

Infusorienerde ist mehr oder weniger durch organische Substanzen verunreinigt, wird jedoch nach dem Brennen schneeweiß. Sie ist amorph und daher chemischen Angriffen leichter ausgesetzt als kristallinische SiO_2-Formen. Sie geht leichter in der Schmelze auf und bildet einen idealen Ersatz für Quarz.

Die Rolle des Quarzes im Email.

Die Rolle des Quarzes ist ähnlich der des Feldspates. Er ist ein feuerbeständiger Bestandteil, den Rückgrat des Emails bildend. Je höher der Quarzgehalt, um so schwer schmelzbarer das Email um so mehr Neigung zum Reißen. Für Grundemail ist reiner Sand dem Flinstein vorzuziehen, und umgekehrt für weißes oder anderes Überzugemail. Flintstein ermöglicht eine vollkommenere Schmelze als Sand. Im allgemeinen sind Feldspatemails den Quarzemails vorzuziehen. Die Schmelzdauer und Schmelztemperatur hängen auch von der Mahlfeinheit und der Gattung der verwendeten Kieselsäure ab.

III. Der Flußspat oder Fluorit.

Der Flußspat findet sich in der Natur in Kristallen oder als körniges Gangmineral. Er kristallisiert regulär in Pyramidenform und als Kombinationsform (Tetrakishexaeder, Triokisoktaeder usw.).

Die Kristalle sind meistens groß, sehr schön und regelmäßig, einzeln oder in Drusenform. Ferner findet sich der Flußspat in großkörnigen und stengeligen Aggregaten oder auch als dichter,

---

[1]) H. F. Staley, Techn. Pap. of Bur. of Stand. No. 142 (1919) 21.

erdiger Fluorit. Er ist spaltbar, zeigt die Härte 4. Das spezifische Gewicht 3,1—3,2. Oft farblos und wasserhell, meistens jedoch mannigfaltig gefärbt, violblau, weingelb, lauchgrün oder grau und zeigt Glasglanz. Die Färbung rührt sehr häufig von eingeschlossener organischer Substanz (Kohlenwasserstoffe) her, die beim Glühen verschwinden und den Flußspat als weiße Masse hinterlassen.

In chemischer Beziehung ist Flußspat CaF_2 oder Fluorkalzium entsprechend 51,15% Ca (Kalzium) und 48,85 F (Fluor). Nach einigen Forschern schmilzt der Flußspat schon bei 900°, nach neueren Untersuchungen jedoch erst gegen 1400° C[1]). Der Gehalt an CaF_2 im Flußspat schwankt zwischen 98% (reinste Ware) und 85—98% (handelsübliche Ware).

Mit Gips schmilzt er zu einer klaren Perle, welche nach der Abkühlung unklar erscheint. Beim Schmelzen mit Phosphorsalz (sekundäres Ammonium-Natriumphosphat $PO_4(NH_4)NaH + 4 H_2O$) entweicht glasätzende Flußsäure (HF), ebenso bei der Behandlung mit konzentrierter Schwefelsäure. (Methode der Flußsäurefabrikation.) Als häufiges Gangmineral findet sich der Flußspat auf den Zinnerzlagerstätten in Sachsen, Böhmen, Cornwallj, auf Silbererzgängen in Freiberg, Gersdorf, Marienberg, Annaberg, Münsterthal in Baden, Kongsberg in Schweden, auf Bleigängen in Derbyshire, Cumberland und Northumberland, Beeralstone in Devonshire, ferner in kristallinischen Schiefern der Schweizer Alpen; im Dolomit von St. Gotthard, im Kalkstein von Gams in Steiermark. Als körniger Flußspat bildet er mächtige Gänge in Stolberg am Harz, Steinbach in Meiningen, zwischen Gabas und Panticosa in den Pyrenäen, Süd-Illinois und West-Kentucky.

Der Name Flußspat rührt von seiner seit langer Zeit dienenden Verwendung als Flußmittel bei metallurgischen und keramischen Zwecken. Zusammensetzung von amerikanischem Flußspat (nach Staley):

	I	II
CaF_2	90%	96—98%
$CaCO_3$	3,5—4,09%	1—2,5%
SiO_2	bis 40%	1—1,5%
Al_2O_3	0,50—1%	Spuren

[1]) Nach Roff und Plato.

Über die Stellung des Flußspats in der Emailfabrikation.

Im Allgemeinen kann hier auf das im Kapitel Kryolith Gesagte hingewiesen werden. Über den Wert des Flußspates im Email herrschen verschiedene Meinungen.

Seine tatsächliche Eigenschaft, als Flußmittel zu wirken, ließe leicht den Gedanken aufkommen, denselben in reichlicherem Ausmaße zur Herstellung von Emails an Stelle der anderen teueren Flußmittel, wie Borsäure und Alkalien heranzuziehen. Dem stellt sich der Gehalt an Kalzium im Flußspat entgegen, welcher, wie überhaupt Kalk und Kalziumverbindungen, schädlich im Email wirken. Die amerikanischen Emaillierwerke arbeiten vielfach mit auffallend großen Mengen von Flußspat, gewiß nicht zum Vorteil ihrer Emails.

Bei nicht zu hohen Schmelztemperaturen wirkt der Flußspat als Trübungsmittel im Email, ohne jedoch die Trübkraft von Kryolith oder gar von Zinnoxyd auch nur annähernd zu erreichen. Bei sehr hoher Temperatur mit dem Email verschmolzen, gibt er farbloses, feurig glänzendes Glas.

Beim Schmelzen des Flußspates mit dem Email geht wahrscheinlich ein Teil des Fluors als flüchtiges Fluorsilizium (SiF_4) verloren, nach der Gleichung:

$$2\,CaF_2 + 3\,SiO_2 = 2\,CaSiO_3 + SiF_4\,.$$

Er verbindet sich dabei mit der Kieselsäure aus dem Quarze oder Feldspate zu kieselsaurem Kalzium oder Kalziumsilikat.

Es ist vielleicht nicht ausgeschlossen[1]), daß sich das Fluorsilizium, wenn auch in geringen Mengen, in einer reduzierenden Atmosphäre mit dem Wasserstoff der Heizgase in Siliziumwasserstoff und Flußsäure umsetzt: $SiF_4 + 8\,H = SiH_4 + 4\,HF$.

Daher würde das Schmelzen von Flußspatemails ein gleichmäßig neutrales oder schwach oxydierendes Feuer benötigen, um unnütze Verluste zu vermeiden.

Zu große Flußspatmengen wirken auch schon deshalb ungünstig, weil dieselben dem Emailsatze zuviel Kieselsäure behufs Bildung von flüchtigem Siliziumfluorid entziehen. Daher eignet sich der Flußspat eher für kieselsäureärmere Emails, also leichtschmelzbare Emails.

---

[1]) Dr. Berdel, Über Fluoritporzellan. Sprechsaal Nr. 6. 1910.

Ob die trübende Wirkung der Fluoride überhaupt nur in der Ausscheidung von unlöslicher Tonerde aus dem Feldspate der Rohmischung besteht, wie von einigen angenommen wird, ist nicht genau festgestellt worden. Jedenfalls gilt auch hier der Grundsatz, daß die Menge des im Schmelzofen verloren gehenden Fluors in erster Linie abhängig ist von der Schmelztemperatur, Schmelzdauer und Menge an vorhandener Kieselsäure. In Fällen, wo Flußspat zur Emailbereitung benützt wird, soll dessen Menge 5—6 % für Grundemail und 2—4 % in anderen Emails wegen des schädlichen Kalkgehaltes nicht überschreiten.

Während in europäischen Werken Flußspat nur in geringeren Mengen und mit wachsendem Mißtrauen für die Emailherstellung Verwendung findet, herrschen diesbezüglich in amerikanischen Fachkreisen divergierende Ansichten. Staley (in den mehrfach zitierten Technolog. Pap. Nr. 142, S. 48) erlaubt einen Zusatz bis 10 %, falls keine anderen Fluoride anwesend sind, und meint, daß auch ein Kryolithgehalt von 15 % ein Email ungünstig beeinflußt (Abspringen und fettiges Aussehen des Emails).

Hingegen ist J. B. Shaw (Technolog. Pap. of the Bur. of Stand. Juli 1920, Nr. 165, S. 27) der Ansicht, daß Flußspat mehrfach ungünstig einwirkt, insbesondere die Verwendung von Antimonoxyd an Stelle von Zinnoxyd erschwert, indem er das Email gelblichweiß bis creme färbt, während bei Gegenwart von Zinnoxyd statt Antimonoxyd ein bläulichweißes Email erzielt wird, ebenso wenn man statt Flußspat und Antimonoxyd, $CaCO_3$ (für 78 Teile Flußspat 100 Teile Kalkspat) und Antimonoxyd verwendet.

Ein Email mit mehr als 3 % Flußspat widersteht weniger dem Säureangriff, den Alkalien und Flüssigkeiten überhaupt, nachdem bei dem Schmelzprozesse es in den seltensten Fällen gelingt, den ganzen Fluorgehalt zu entfernen. Beim Schmelzen des Emails verflüchtigt sich Fluor zum großen Teile und das Ca verbindet sich mit SiO_2 und mit Borsäure. Tatsächlich verursacht der Flußspat eine Erniedrigung des Schmelzpunktes des Emails, woraus geschlossen werden kann, daß doch nicht alles Fluor sich verflüchtigt.

Aber auch wenn das ganze Fluor in Form von SiF_4 sich verflüchtigen würde, wäre der Verlust an Si nicht bedeutend, da selten mehr als 8 % Flußspat vermischt werden. Nach Shaw:

$$SiO_2 + F_4 = SiF_2 + O_2$$
$$60 + 76 = 104 + 32.$$

76 Pfund	Fluor	erfordern	60 Pfund	Kieselsäure,
4 „	„	„	3,15 „	„

Daher wäre der Verlust an SiO_2 im Email höchstens 3 %. Nach Staley (S. 47 der zit. Arbeit) erfolgt die Umsetzung zwischen Flußspat und Kieselsäure wie folgt:

$$2\,CaF_2 + SiO_2 = 2\,CaO + SiF_4.$$

Die Ursache der trübenden Wirkung der Fluoride ist noch nicht genügend erklärt. Die einen führen sie auf die beim Abkühlen in dem Email eingeschlossenen gasförmigen Verbindungen von Fluor zurück (Erik Encquist, Chem. Engin. 10, S. 54), die anderen auf Kristallisation des SiO_2 oder anderer Verbindungen (Nichtfluoride) (Beurath, Die gl. Polyt. J. 192. S. 239), gefälltes Aluminiumoxyd nach Verflüchtigung des Fluors (Grünwald), auf Wasserdampfbasen (R. D. Landrum, Trans. A. C. S. 16, S. 579), auf das Fluornatrium (Vondracek, Sprechsaal 1909, S. 584 u. 589) und auf das Aluminiumfluorid (Hovestadt, H. Jena Glas. S. 397). — R. R. Danielson (Americ. Cer. Soc. Chemic. Expos. New York 24. Sept. 1920) zeigt wiederum, daß die neuzeitigen amerikanischen Emails eine Verminderung, zumeist sogar eine vollständige Ausschaltung des Flußspates und eine Zunahme des Kryolithes (bis 17 %) zeigen, im Gegensatz zu vielen deutschen Emails.

IV. Der Ton (kieselsaure Tonerde).

Wenn der Ton in der Emailindustrie auch nicht jene beherrschende Rolle wie in der übrigen Keramik spielt, bleibt seine Unentbehrlichkeit als Mühlenzusatz aufrecht. Fast 8—14 % des auftragfertigen Emails besteht aus dem relativ billigen Tone und es scheint daher um so mehr geboten, bei der richtigen Auswahl eines Emailtones vorsichtig ans Werk zu gehen. Es ist notwendig, über Entstehungsweise, chemische und physikalische Eigenschaften soweit unterrichtet zu sein, um die Wirkung des Tones qualitativ und quantitativ nach modernen, wissenschaftlichen Gesichtspunkten beurteilen zu lernen. Wie überhaupt im allgemeinen, so herrschen insbesondere über die Rolle des Tones im Email noch vielfach mangelnde Kenntnisse.

Der ideale Ton würde entsprechend seiner chemischen Formel

$$Al_2Si_2O_7 \cdot 2\,H_2O = Al_2O_3 + 2\,SiO_2 + 2\,H_2O$$

zusammengesetzt sein aus:

39,6 % Tonerde (Al_2O_3),
46,5 % Kieselsäure (SiO_2),
13,9 % chemisch gebundenem Wasser ($2\,H_2O$).

In Wirklichkeit aber ist das Verhältnis von Kieselsäure und Tonerde ein abweichendes.

Über die Entstehung von Tonen durch Verwitterung des Feldspates existiert eine umfangreiche Literatur. Hier sei nur das wichtigste daraus mitgeteilt.

Die Verwitterung wird bewirkt durch den Einfluß physikalischer und chemischer Kräfte. Durch Frost und durch bewegte Gletschermassen erfolgt eine mechanische Zertrümmerung des Feldspates, welcher im weiteren Verlaufe durch Wasser, Kohlensäure, Luftsauerstoff und eventuell Salzlösungen chemisch derartig beeinflußt wird, daß dem Mineral teilweise neue Bestandteile, wie kohlensaurer Kalk, zugeführt werden, andererseits Eisen, Kalk, Magnesia und Alkalien, auch Kieselsäure in Form von kieselsaurem Alkali ausgelaugt werden. Als Ausgangsmineralien gelten der Feldspat, Augit, die Hornblende und der Glimmer.

Die eigentliche Tonsubstanz $Al_2O_3 + 2\,SiO_2 + 2\,H_2O$ ist fast immer von Beimengungen, wie Quarz, Feldspattrümmern usw. begleitet.

Diese Beimengungen erreichen mitunter eine Höhe, die den betreffenden Ton für bestimmte Zwecke unverwertbar erscheinen lassen. Im allgemeinen kann gesagt werden, daß die Zusammensetzung der Teile innerhalb gewisser Grenzen eine außerordentlich verschiedene ist.

Man pflegt die Tone einzuteilen in:

Kaoline, feuerfeste Tone, Schiefertone (Tonschiefer), Töpfertone, Mergel, Löß und Lehm.

Uns interessieren hiervon nur die reinsten Sorten, das sind der Kaolin und der feuerfeste Ton.

Kaolin.

Der Kaolin zählt zu den tonerdereichsten und schwerschmelzbarsten Tonen, bildet gewöhnlich Gang- oder Lagermassen ohne deutliche Schichtung. Er ist sehr weich, mild, zerreiblich und in der Regel rein weiß. Geschlämmt zeigt er geringere Plastizität (Bildsamkeit) und Bindevermögen. Unter dem Mikroskop nimmt man wahr, daß die kleinsten Teilchen kristallinisch sind, im Gegensatz zu den anderen Tonarten. Durch diesen Umstand mag eben die geringere Plastizität erklärt werden. Die Enstehung des Kaolins durch Verwitterung des Feldspates kann nach der sogenannten Forchhammerschen Kaolinisierungsformel so dargestellt werden:

$$K_2Al_2Si_6O_{16} + CO_2 + 2\,H_2O = Al_2Si_2O_7 \cdot 2\,H_2O + K_2CO_3 + 4\,SiO_2.$$

Kalifeldspat + Kohlensäure + Wasser = Kaolin + KohlensauresKali + Quarz.

Das kohlensaure Kali ist im Wasser löslich und wird durch Regenwasser usw. ausgelaugt, während die Kieselsäure (Quarz) ebenfalls durch die mechanische Wirkung des Wassers fortgeschlemmt wird, um an einer anderen Stelle als Sand abgesetzt zu werden. Der Kaolin verbleibt demnach in der Regel an derselben Stelle, wo er gebildet wurde. Man spricht dann von primär abgelagertem Kaolin. Er ist in diesem Falle, entsprechend seiner Bildung aus Feldspat, meistens durch Feldspattrümmer und Quarzbeimengungen in wechselnden Mengen verunreinigt (Rohkaolin). Es gibt jedoch auch Kaoline, die nicht am Entstehungsorte verbleiben, sondern durch das Wasser fortgeschwemmt und an anderer Stelle abgesetzt werden (sekundäre Kaoline).

Manchmal erkennt man im Kaolin noch den Habitus des Ursprunggesteines. (Z. B. auf der Insel Bornholm, wo der Kaolin durch Verwitterung von Granit, bei Muldenstein zwischen Bitterfeld und Jeßnitz, wo der Kaolin aus Porphyr entstanden ist.) Der Orthoklas scheint der Verwitterung größeren Widerstand entgegenzusetzen als die anderen Feldspate, daher im norwegischen Granit, der sehr reich an Orthoklas ist, Kaolin selten gefunden wird. Granit und Gneis, welche gegen $^3/_4$ der bekannten Erdrinde ausmachen sollen, und gegen 50—60%

Feldspat enthalten, sind demnach eine unendliche Vorratskammer für jetzige und spätere Kaolinlager. Die primären Kaoline sind reiner als die sekundären (sedimentären, durch Flutungen fortgeführt).

Feuerfeste Tone.

Nachdem die reine Tonsubstanz ($Al_2Si_2O_7 \cdot 2H_2O$), also ein von Beimengungen wie Quarz, Feldspat, überhaupt unverwitterten Mineralpartikelchen freier Ton schwerer schmelzbar ist, als verunreinigte Tone, so bezeichnet man erstere als feuerfeste Tone. Denn die Verunreinigungen, wie Eisen, Kalk, Magnesia und Alkalien wirken als Flußmittel.

Die feuerfesten Tone finden sich auffallend häufig in Verbindung mit Kohlenlagern; anscheinend haben die Pflanzenreste zur Bildung von Kohlensäure geführt, deren wässerige Lösung das Eisen als lösliches kohlensaures Eisenoxydul und den Kalk als löslichen doppelt kohlensauren Kalk im Laufe der Zeit übergeführt haben. Beide löslichen Salze wurden hierbei allmählich ausgelaugt. So entstanden rein weiße, also eisenoxydfreie Tone.

Die Schiefertone und Tonschiefer

sind durch Druck auf die plastischen Tone in geschichtete Massen zurückzuführen. Während Schiefertone noch eine geringe Bildsamkeit zeigen, hat der Tonschiefer diese Eigenschaft vollständig verloren.

Töpferton

ist ein plastischer, viel Flußmittel (Kalk, Magnesia, Eisen, Alkali) enthaltender, demnach wenig feuerfester Ton. Das Eisenoxyd färbt denselben dabei mehr oder weniger.

Mergel

ist ein inniges Gemenge von Ton mit kohlensaurem Kalk.

Löß

soll durch Ablagerung von Staub oder durch Ablagerung aus Flüssen entstanden sein. Er ist sandfrei, wenig bildsam und stellt eine aus staubfein zerriebenen Mineraltrümmern, Ton und kohlensaurem Kalk bestehende Masse dar.

Lehm

ist ein viel Sand und Eisenoxyd enthaltender Ton, zumeist durch Verwitterung von Mergel oder Löß entstanden und bildet den Rohstoff für die Ziegelfabrikation.

Die sogenannte Verwitterung der Minerale erfolgt jedoch nicht allein durch Kohlensäure, sondern auch durch die Humussäuren[1]), und zwar durch letztere langsamer[2]). Cornu[3]) vertritt in dieser Frage folgende Theorie, die sich den modernen physikochemischen Anschauungen anpassen sollen: „Der Erdboden besteht neben den unangreifbaren Rückständen der mechanischen Gesteinsverwitterung aus sogenannten Kolloiden (Tonerdekieselsäuregel, Kieselsäuregel, Eisenhydroxygel, kolloide Humusstoffe), denen sich noch leicht lösliche Kristalloide zugesellen, welche von den Kolloiden festgehalten (adsorbiert) werden. Von der Verwitterung scharf zu unterscheiden sind die Zeolithisierung und alle anderen Zersetzungsvorgänge, insbesondere die Kaolinisierung (= Entstehung des kristallisierten Kaolins oder Kaolinit).

Die Verwitterungsprodukte sind verschieden, je nachdem dieselben durch die Atmosphärilien oder durch organische Stoffe (unter gleichzeitiger Einwirkung der Vegetationsdecke) entstehen. Bei der Verwitterung von Feldspat entsteht meist Tonerdekieselsäuregel, bei thermaler Einwirkung hingegen ein Kristalloid, der Kaolinit. Möglich, daß mit der Zeit der Kaolin in Kaolinit übergeht. Das Mikroskop ist bei der Beurteilung, ob amorpher oder kristallisierter Kaolin vorliegt, unerläßlich. Nach Cornus[4]) Untersuchungen sind überhaupt die Kolloidstoffe im Mineralreiche sehr verbreitet und ist deren Studium für die Mineralgenesis von hoher Bedeutung. In allen Mineralgruppen trifft man auf Gele. Von besonderem Interesse ist die Gruppe der Tonerdekieselsäuregele, die von den Mineralogen fälschlich in unzählige Spezies zerlegt wurde.

Die Gele des Mineralreiches sind typische Produkte aller normalen Verwitterungsprozesse. Zu jedem einfacher zusammen-

---

[1]) Rohland, Sprechsaal Nr. 49. 1909. S. 708.

[2]) Dr. H. Stremme, Sprechsaal Nr. 46. S. 670.

[3]) Die heutige Verwitterungslehre im Lichte der Kolloidchemie, Sprechsaal Nr. 49. S. 708.

[4]) Derselbe, Zeitschr. chem. ind. Koll. Bd. 4. S. 15.

gesetzten Gel des Mineralreiches existiert nach Cornu ein analog zusammengesetzter kristalloider Körper, z. B.:

Hydrargilith,
Bauxit,
Kaolinit und Kaolin.

Dieser Ansicht Cornus tritt Stremme[1]) in einer bemerkenswerten Arbeit entgegen. Stremme unterscheidet scharf zwischen den Tonerdekieselsäuregelen, wie Allophan, Montmorillonit, Halloysit ($1\,Al_2O_3 \cdot 0{,}3\,SiO_2$, bis $1\,Al_2O_3 \cdot 5{,}3\,SiO_3$) einerseits und Kaolinit und den Tonsubstanzen der Tongesteine andererseits, demnach ein rein chemischer Unterschied. Stremme faßt seine Betrachtung zusammen in folgender Ausführung:

„Wo Feldspate, Glimmer und feldspatverwandte Mineralien (z. B. Leucit, Nephelin) durch kohlensäurehaltiges Wasser, also auch bei der Verwitterung, zersetzt werden, da bildet sich als Endprodukt dieser Zersetzung unter Wassereintritt der reine Feldspatrest $Al_2O_3 \cdot 2\,SiO_2 \cdot 2\,H_2O$, der eine in Kohlensäure beständige Verbindung von Tonerde und Kieselsäure darstellt, aber von Schwefelsäure, Salzsäure, Flußsäure, Ätzalkali, Alkalikarbonat zersetzt wird. Die Zersetzung durch die Salzsäure erfolgt nur langsam. Alle Zwischenprodukte zwischen Feldspat und dem reinen Feldspatrest, dessen kristallinische Modifikation Kaolinit heißt, fasse ich als Feldspatresttone zusammen, um einen Ausdruck zu haben, der ihre Genese festhält.

Von diesen Feldspatresttonen sind die Allophantone scharf zu unterscheiden. Zu diesen sind zunächst zahlreiche Mineralien zu stellen, die von den Mineralogen stets wenig beachtet worden sind. Es sind ‚wasserhaltige amorphe Aluminiumsilikate', die als Absätze von Thermen und Grubenwässern, auf Spalten, Gängen und in Hohlräumen abgelagert oder bei der Verwitterung der Zeolithe und der tonerdehaltigen Augite entstanden sind. Ich habe in meiner oben zitierten Arbeit die Analysen zahlreicher dieser Körper zusammengestellt, die man seit dem Vorschlag von Le Chatelier in drei Gruppen zusammengefaßt, in die des Allophan mit ungefähr $1\,Al_2O_3 \cdot 1\,SiO_2$, des Halloysit mit ungefähr $1\,Al_2O_3 \cdot 2\,SiO_2$ und des Montmorillonit mit un-

[1]) Dr. H. Stremme-Berlin, Feldspatresttone und Allophantone. Sprechsaal Nr. 7. 1910. S. 89—92.

gefähr $1 Al_2O_3 \cdot 3 SiO_2$. Die Zusammensetzung wechselt außerordentlich stark, und nach ihrem verschiedenen Gehalt an Tonerde und Kieselsäure haben sie zahlreiche Namen erhalten, von denen ich nur Kollyrit, Razoumoffskin, Cimolit, Anauxit erwähne. In chemischer Hinsicht zeichnen sie sich alle dadurch aus, daß sie zumeist leicht von Salzsäure und Schwefelsäure zersetzt werden. Ihr Wassergehalt ist hoch (bis etwa 50 %) und äußerst schwankend. Neben Tonerde und Kieselsäure enthalten sie zumeist noch andere Bestandteile, unter denen alle Basen und Säuren, die die Natur kennt, vertreten sein können. Ich habe mich in der oben erwähnten Abhandlung bemüht, zu zeigen, daß sie den durch Fällung von Kieselsäure- und Tonerdelösungen zu erhaltenden Kolloiden entsprechen, die neben den durchaus wechselnden Mengen von Kieselsäure- und Tonerdekolloid noch die in den Lösungen vorhandenen Salze adsorbiert enthalten. Die Zusammensetzung dieser natürlichen Gelgemenge von Tonerde und Kieselsäure schwankt in den reinen Mineralien, soweit bisher bekannt, mindestens zwischen $1 Al_3O_3 \cdot 0{,}3 SiO_2$ und $1 Al_2O_3 \cdot 5{,}3 SiO_2$. Es ist aber höchst wahrscheinlich, daß sie einerseits einen Übergang zum reinen Tonerdekolloid, dem Bauxit z. T., und andererseits zum reinen Kieselsäurekolloid, dem Opal, bilden. Nach ihrer künstlichen Herstellung zu schließen, bilden sie sich überall, wo gelöste Tonerde mit gelöster Kieselsäure in nicht zu saurem und nicht zu basischem Medium zusammentreffen. Das heißt, ihre Bildungsmöglichkeit als Niederschlag ist in der Natur ganz ungeheuer verbreitet und ebenso ihre Bildungsmöglichkeit als Zersetzungsprodukt der Augite und Zeolithe.

Cornu unterscheidet ferner zwischen ‚Oberflächenverwitterung und säkularer Verwitterung'. Erstere findet nur an der den Atmosphärilien direkt ausgesetzten Oberfläche statt unter Bildung von ‚Gelen' (Tonerdekieselsäuregel, Eisenhydroxydgel, gemengt mit Magnesia- und Eisensilikatgelen). Das von der Oberfläche aus durch Kapillaren in tiefere Schichten eindringende, immer noch CO_2 und O enthaltende Wasser bewirkt im Laufe langer Zeiträume die säkulare Verwitterung, bei welcher nicht Gele, sondern Kristalloide (Kaolinit) entstehen, deren Zusammensetzung analog den an der Oberfläche gebildeten Gelen (Kaolin) ist.

Es tritt also hier die in der Chemie häufig beobachtete Erscheinung auf, daß unter konstanten Verhältnissen, gleichbleibender Temperatur, Druck usw. vor sich gehende Umsetzungen zur Bildung kristalloider Körper führen, während bei stets wechselnden Verhältnissen, wie sie an der Oberfläche der Erdrinde herrschen, die Entstehung gelartiger Produkte überwiegend ist.“

Nicht mit den Verwitterungsvorgängen zu verwechseln sind die Zersetzungsvorgänge, zu denen unter anderen die Kaolinisierung, die Seritisierung, die Talk- und die Zeolithbildung zu rechnen sind.

Unter Kaolinisierung ist die Entstehung des Kristalloides Kaolinit in thermal zersetztem Gestein zu verstehen.

Roesler nimmt diese Entstehungsweise für alle Kaolinvorkommen an. Die Gelbildung an der Erdoberfläche ist von den atmosphärischen Bedingungen, d. h. vom Klima, abhängig; während Feldspat in unserem Klima zu Ton verwittert, geht er in den Tropen in Laterit (Tonerdegel = Bauxit) über.

Nach Cornu ist der sogenannte Tongeruch nicht charakteristisch für Tone, sondern findet sich auch bei anderen, selbst bei tonerdefreien Gelen und ist auf adsorbierte Substanzen zurückzuführen. Gagel und Stremme[1]) machen Mitteilung von einem Fall der Kaolinbildung durch den kalten Säuerling des Gießhübler Sauerbrunnens bei Karlsbad.

Mit dem charakteristischen Tongeruch beschäftigte sich Rohland[2]). Nach ihm rührt derselbe von organischen in den Tonen enthaltenen Substanzen, Überresten einst organisierter Materie her.

Obwohl sich auf analytischem Wege nichts genaueres darüber feststellen läßt, da die den Tongeruch hervorrufende Substanz analytisch mit der Wage nicht faßbar ist. Jedenfalls ist dieselbe in ganz geringen Mengen vorhanden.

Verschiedene Tongattungen haben verschiedenen Geruch, wahrscheinlich von der verschiedenen Zusammensetzung der den Geruch erzeugenden Substanzen herrührend. Zettlitzer Ton enthält sehr geringe Beimengungen organischer Substanzen, hat daher den geringsten Tongeruch. Rohland stellt hierbei folgende Theorie auf:

---

[1]) Sprechsaal Nr. 6. S. 78.

[2]) Sprechsaal Nr. 32. S. 470.

Die verschiedenen Arten der Feldspate in den granitischen Gesteinen sind als Alkali-Aluminiumdoppelsilikate anzusehen. Das Alkalisilikat ist der Hydrolyse unterworfen; es bildet sich kolloidale Kieselsäure und außerdem Kalium- und Natriumhydroxyd, das durch die Kohlensäure der Atmosphäre in Karbonat übergeführt wird; als Rückstand der hydrolisierenden Tätigkeit des Wassers bleibt Aluminiumsilikat, in seiner reinsten Form der Zusammensetzung $Al_2O_3 \cdot 2SiO_2 \cdot 2H_2O$ entsprechend zurück.

Außerdem zerfällt die in den Alkali-Aluminiumdoppelsilikaten enthaltenen Komplexe, jedenfalls sehr schwache Aluminium-Kieselsäure bei ihrer hydrolytischen Abspaltung bzw. Verdrängung durch die Kohlensäure in ihre Bestandteile, Kieselsäure und Aluminiumhydroxyd im kolloidalen Zustand.

Auch die Einwirkung des atmosphärischen Sauerstoffes wirkt mittelbar zur Umbildung mit, insofern, als er die niederen Oxydationsstufen von Mangan und Eisen oxydiert und dadurch der Hydrolyse zugänglicher macht.

Die Hydroxyde des Siliziums, Aluminiums, Eisens sind es, die den Tonen ihre plastischen Eigenschaften verleihen.

Wenn sehr reiner Kaolin sehr gering plastisch, ja sogar unplastisch sein kann, so liegt das daran, daß diese kolloidalen Hydroxyde schon aus den Doppelsilikaten durch das Wasser entfernt und fortgeführt worden sind. Demnach ist Kolloidnatur und Koagulation aufs engste mit der Plastizität verbunden.

Der unfaßbare Tongeruch ist zwar auf chemischem Wege nicht auffindbar, wohl aber nach Rohland durch Übertragung auf Eisensaccharat. Eisensaccharat ist durch eine gewisse Reaktionsunfähigkeit charakterisiert, z. B. stark dissozierten Hydroxyden gegenüber. Der Rohrzucker bildet vermutlich mit dem Eisenion molekulare Komplexe und stellt ein Additionsprodukt von der Zusammensetzung $x[Fe_2(OH)_6] + y[C_{12}H_{22}O_{11}]$ dar.

Die Lösung des Eisensaccharates verhält sich den plastischen Tonen gegenüber wie ein kolloidal gelöster Stoff, sie wird vollständig von diesen zurückgehalten und ist voraussichtlich selbst kolloidaler Natur.

Auf diese Eisensaccharatlösung kann nun der Tongeruch und Geschmack übertragen werden. Diese schöne Theorie Rohlands, dem die Tonindustrie viele wertvolle, wissenschaftliche Arbeiten zu verdanken hat, wird von anderer ebenfalls kompetenter Seite angegriffen. Der Streit hierüber dauert noch an.

In manchen Fällen sind die organischen Substanzen in den Tonen fettartiger Natur (Freistaat Sachsen); denn auf Zusatz von Natronlauge werden sie verseift, unter Bildung fettsaurer Alkali- oder Erdalkalisalze; in einem Ton aus Schlesien sind die organischen Stoffe in der Form von festen Kohlenwasserstoffen vorhanden. Interessant sind die Arbeiten über Verflüssigung (Verdünnung) bzw. Versteifung der Tone nach Zusatz gewisser Salzlösungen (Elektrolyte) und dürften die neueren chemisch-physikalischen Lehren berufen sein, eine wichtige Frage der Emailtechnik, nämlich des Einflusses der Stellmittel auf den vorhandenen Tonzusatz zur Mühle aufzuklären.

Bei manchen Tonen tritt erst nach Zusatz konzentrierter Salzlösungen (Elektrolyte) Verdünnung ein, bei manchen hingegen genügen schon geringe Mengen von bestimmten Salzlösungen. In dem einen Falle können die Hydroxylionen in geringer Konzentration eine Erhöhung des Plastizitätsgrades hervorrufen. Dabei scheinen insbesondere die Menge und die Art der im Tone eingeschlossenen organischen Substanzen maßgebend zu sein. Ich habe wiederholt auf die Wichtigkeit derselben in bezug auf die Emailfabrikation hingewiesen und komme später darauf zurück. Auf gewisse Tone im Freistaat Sachsen wirken die OH'-Ionen teils verflüssigend, teils ansteifend, und zwar ersteres auf die Tonsubstanz, letzteres auf die organischen Substanzen darin. Denn diese fett- und seifenartigen Substanzen werden durch Hydroxylionen, im Gegensatz zu den Tonen, koaguliert. Sehr stark plastische Tone eignen sich sehr gut zur Verflüssigung. Selbst der Idealkaolin, wie der Zettlitzer, der geschlemmt fast frei von organischen Substanzen ist, kann durch starkwirkende Zusatzmittel (Kalilauge, Soda usw.) zur Verflüssigung gebracht werden. Dies mag die Tatsache erklären, daß gewisse Emails durch Zusatz von Laugen, Soda dünnflüssiger in der Auftragschüssel werden, andere Emails hingegen dickflüssiger. Auch Säuren kommen hier in Betracht.

In manchen Emaillierwerken wird als Stellmittel zum Versteifen des auftragfertigen, naßgemahlenen Emails z. B. Sodalösung benützt. Gibt man zu einem solchen versteiften Email nunmehr vorsichtig etwas verdünnte Säure hinzu, so geht das

Email wiederum in den dünnflüssigen Zustand über. Einige Emails zeigen wiederum entgegengesetzte Erscheinung, und wie ich aus Erfahrung weiß, wird in einigen Werken das Blau seit Jahren mit verdünnter Salzsäure mit Erfolg versteift (gestellt). Sodazusatz rief in diesem Falle wiederum Verdünnung hervor. Es scheint demnach tatsächlich daraus hervorzugehen, daß ausschließlich der Ton in Form des Mühlenzusatzes nach Zusatz von „Stellmitteln" das „Stellen" des Emails ermöglicht, und daß die Art und Menge der organischen Substanz im Ton auf den durch das Stellmittel hervorgerufenen Effekt maßgebend sind. Durch die Hydroxylionen werden vielleicht Aluminiumhydrosole in das Hydrogel umgewandelt und ausgefällt, in einem anderen Falle als Gel bereits vorhandenes Kolloid in den Hydrosolzustand zurückgeführt. Die physikalische Chemie, insbesondere der Ionentheorie, dürfte berufen sein, manche dem Praktiker der Emailindustrie bekannte doch bisher unerklärliche Erscheinung aufzuklären.

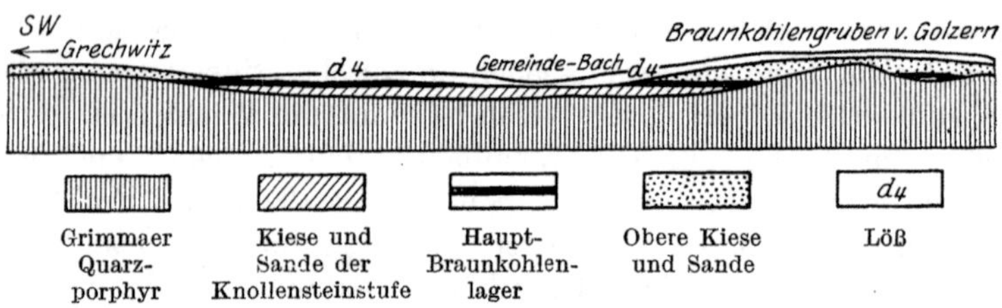

Abb. 1. Profil durch die Braunkohlenablagerung bei Grimma (nach Penck, Sektion Grimma).

Zum Verständnis der neueren kolloidalen Tontheorie soll nachstehend die Erklärung der Begriffe kolloidale Lösung, Hydrosol und Hydrogel gegeben werden. Gewisse Stoffe, die für gewöhnlich als unlösliche Niederschläge ausfallen (wie z. B. Kieselsäure) bleiben unter besonderen Umständen in Lösung, die mehr oder weniger beständig ist und durch Zusatz von Salzen, Säuren oder Basen (Elektrolyte) oder beim Kochen wieder zerfallen.

Obenstehende interessante Skizze nach Penck bzw. „Sprechsaal" mag ein Bild einer für sächsische und böhmische Verhältnisse charakteristischen Kaolinablagerung geben.

Diese Lösungen zeigen im durchfallenden Lichte oft prächtige Farben, im auffallenden Lichte erscheinen sie hingegen trübe oder schmutzig. Derartige Lösungen bezeichnet man als „kolloidale" Lösungen.

Bereitet man sich eine nicht zu konzentrierte Wasserglaslösung (Na_2SiO_3) und gießt zu derselben verdünnte Salzsäure, so scheidet sich keine Kieselsäure (SiO_2) aus (wohl aber beim Zusatze von konzentrierter Salzsäure); bringt man diese Lösung in ein Gefäß (Dyalisator), dessen Boden durch eine Pergamentmembran gebildet ist und das in ein größeres Gefäß mit reinem Wasser eingehängt wird, so diffundiert wohl das bei der Umsetzung entstandene Natriumchlorid

$$(Na_2SiO_3 + 2\,HCl + H_2O = 2\,NaCl + SiO_2 + 2\,H_2O)$$

und die etwa überschüssige Salzsäure, die Kieselsäure aber nicht.

Indem man das Wasser wiederholt erneuert, kann man fast alles Natriumchlorid aus der Lösung herausziehen. Zurückbleibt die kolloidale Kieselsäurelösung. Durch Zusatz von sehr wenig kohlensaurem Natron scheidet sich jedoch sofort gallertartige Kieselsäure aus.

Ebenso können die Hydroxyde von Eisen, Aluminium und Chrom kolloidale Lösungen bilden. Die frisch gefällten Hydroxyde dieser Elemente sind in den Lösungen ihrer Chloride (Eisenchlorid, Aluminiumchlorid usw.) löslich. Im Gegensatze von Kolloiden (leimartige Konsistenz) stehen die Kristalloide. Letztere wandern durch Membranen hindurch (z. B. Kochsalzlösung).

Je nachdem die ausgefällten Niederschläge sich in reinem Wasser wieder auflösen oder nicht, benannte Graham sie „Hydrosole" oder „Hydrogele" (kurz „Gele" oder auch reversible und irreversible Hydrosole).

Die Einteilung der feuerfesten Tone nach Bischof.

Dr. Bischof teilt die Tone nach 7 Gruppen ein:

1. Klasse: Tone von Saarau (Niederschlesien). Derber Ton in schieferartigen Stücken von dunkelgrauer Farbe. Zugehörige Tone: Die meist wenig plastischen Steinkohlentone Schottlands von Garnkirk, Wales und Derby, Stourbridge; Steinkohlentone von Schweden und bei Saarbrücken.

2. Klasse: Kaolin von Zettlitz (Böhmen). Der Rohkaolin auf primärer Lagerstätte wird durch Schlämmen von dem eingemengten Quarzsand und Glimmer getrennt. Farbe fast rein weiß. Zugehörige Tone: Kaolin von Aue (Sachsen), Sorzig bei Oschatz (Sachsen), St. Austell, Cornwall, England (China-clay)[1]. Etwas weniger feuerfest: Kaolin von St. Yrieux bei Limoges (Frankreich); Seilitz bei Meißen; Pilsen (Böhmen); Morl bei Halle usw.

3. Klasse: Bester belgischer Ton von Strud-Maiseroul bei Andenne im Steinkohlengebirge. Zersetzungsprodukt des Kohlenschiefers; schieferblau, sehr rein und fett. Zugehörige Tone: Ia Klingenberger Ton bei (Aschaffenburg); bester Müglitzer Ton (Mähren); Ober-Fuchau bei Mautern a. d. Donau (Ia Göttweiher Ton); Petrikau in Polen; Johnsdorf bei Krönau in Mähren; Jonnec in Kroatien.

4. Klasse[2]: Ton von Mühlheim bei Koblenz. Beste Sorten, den vorigen nahestehend; dunkelschieferblau, sehr fett und sandfrei. Zugehörige Tone: Die besseren Braunkohlentone in Nassau, Tone zwischen Lahn und Sieg; an der Ahr; in Niederschlesien; Schwandorf (Bayern); Kozlau (Böhmen).

5. Klasse: Ton von Grünstadt in der Pfalz (Hettenleidelheim). Von hellbläulicher Farbe, sandfrei und eingeweicht sehr plastisch. Zugehörige Tone: Löthain (Sachsen); Ebernbahn bei Vallendar; Schwarzenfeld (Bayern); Wildstein (Böhmen); Blansko (Mähren) usw. und verschiedene vom Wasser auf sekundäre Lagerstätten transportierte Tone.

6. Klasse: Ton von Oberkaufungen bei Cassel. Weniger feuerfest, blaugrau, sandfrei, mit Wasser recht plastisch. Zugehörige Tone: Die geringeren Sorten der oben angeführten Tone von Mühlheim, aus dem Arthal, der rheinischen, nassauischen, pfälzer und belgischen Tone, verschiedene Tone in Böhmen aus der Tertiärformation, mährische geringere Tone usw.

7. Klasse: Ton von Niederpleiß a. d. Sieg. Grünlichgrau, ziemlich sandfrei, recht plastisch, merklich Eisen und Kalk enthaltend. Solche Tone finden sich überall in den Braunkohlenformationen neben den oben angeführten und überhaupt vorkommenden besseren, feuerfesten Tonen.

[1]) England exportiert gegen 300 000 t davon jährlich.

[2]) Hervorragende Emailliertone um Vallendar bei Ehrenbreitstein.

Zusammenstellung der Analysen der Normaltone.

	1. Klasse: Ia Ton von Saarau, Repr. der Steinkohlentone	2. Klasse: Zettlitzer Kaolin, geschl. Repr. der Kaoline	3. Klasse: Belg. Ton von Andenne, Repr. d. belg. Tone	4. Klasse: Mühlheim bei Koblenz, Repr. d. guten feuerf. Tone	5. Klasse: Grünstadt Ia, kaolinartiger Ton auf sek. Lager	6. Klasse: Oberkaufungen, mittelmäß. Braunkohlentone	7. Klasse: Niederpleiß, gewöhnliche Braunkohlentone
Tonerde	36,30	38,54	34,78	36	35,05	27,97	28,05
Kieselsäure	43,84	45,68	49,64	47,74	47,33	57,99	58,32
chem. geb.	38,94	40,53	39,69	41,00	39,32	33,59	30,71
als Sand	4,90	5,15	9,95	6,74	8,01	22,40	27,61
Magnesia	0,19	0,38	0,41	0,33	1,11	0,54	0,75
Kalk	0,19	0,08	0,68	0,40	0,16	0,97	0,72
Eisenoxyd	0,46	0,90	1,80	2,57	2,30	2,01	1,89
Kali	0,42	0,66	0,41	1,05	3,18	0,53	1,39
Glühverlust	17,78	13,00	12,00	11,81	10,51	9,93	8,66
Feuerfestkt.	= 100	70—60	50	45	za. 30	20	10
	ganz feuerfest, mit Wasser sehr mager	hoch feuerfest, mager	sehr feuerfest, sehr fett	gut feuerfest, recht fett	mäßig feuerfest, sehr fett	ziemlich feuerfest, sehr fett	schwach feuerfest, sehr fett

Tone und Kaoline.

Bezeichnung	SiO_2	Al_2O_3	Fe_2O_3	CaO	MgO	KNaO	Glühverlust	Tonsubstanz	Quarz	Feldspat	Schmelzpunkt SK	Analytiker[1])	Bezugsquelle
Altenburger Rohkaolin	83,40	11,41	0,75	0,13	0,06	0,59	3,66	—	—	—	35	L. f. T.	Altenburger Kaolinwerke, G. m. b. H., Altenburg S.-A.
Börtewitzer Kaolin . .	56,30	32,28	0,58	Spuren	0,04	0,17	11,00	82,38	16,59	1,03	35	V.-A.	Gebr. Baensch, Dölau
Breitscheider Ton Nr. I	54,36[2]	33,60	1,43	0,21	0,01	0,65	30,06	—	—	—	34—35	Trenzen	Westerwälder Tonindustrie, G. m. b. H., Breitscheid (Dillkreis)
„ „ Nr. II	50,36	35,66	1,64	0,21	—	0,96	11,55	—	—	—	34	Trenzen	
„ „ Pa. A.	46,11	38,27	1,01	—	0,02	0,28	14,61	—	—	—	34 – 35	Störmer	
„ „ Pa. B.	56,42	30,11	1,04	—	0,07	0,56	12,02	—	—	—	32	Störmer	
Colditzer Steingutton, fett[3])	58,96	39,34	1,54	Spuren	0,16	n. best.	—	—	—	—	35 – 36	L. f. T.	Friedrich Cramer, Colditz i. S.
Ebersdorfer Blauton .	55,04	29,53	2,43	0,11	0,16	0,64	12,38	—	—	—	29 – 30	L. f. T.	
Egerer Blauton, Glashafen- u. Kachelton	51,65	31,61	2,44	—	—	1,74	12,94	—	—	—	34	Bischof	Max Schmidt, Eger (Böhmen)
Egerer Steingutton, Schamotteton	45,46	38,10	0,94	0,16	0,24	0,71	14,39	—	—	—	36	L. d. Sp.	
Eisenberger Kaolin . .	47,46	36,44	1,32	0,24	0,20	0,85	13,49	92,30	5,87	1,83	—	L. d. Sp.	
„ Ton . . .	68,40	21,04	2,28	0,12	0,10	n. best.	7,54	52,70	46,68	0,62	—	L. d. Sp.	
Engelmannsreuther Rohkaolin	86,28	8,62	0,56	0,12	0,17	2,42	2,10	15,50	69,60	14,90	—	L. d. Sp.	
Gösener Kaolin I . . .	48,05	37,14	0,39	0,16	0,11	0,35	13,89	—	—	—	—35	Störmer	Gösener Tonwerke, G. m. b. H., Eisenberg S.-A.
„ „ II . .	50,50	35,35	0,28	0,08	Spuren	0,16	12,60	—	—	—	34	Störmer	

Gösener Kapselton, Ia weißbrennend. . . .	68,88	24,02	0,98	Spuren	0,15	1,74	5,95	—	—	—	34	—	Gösener Tonwerke, G. m. b. H., Eisenberg S.-A.
Graupziger Tiegelton.	61,80	22,63	1,37	0,37	—	0,77	12,70[4]	—	—	—	—	L. d. Sp.	
Grödener Ton.	49,90	34,99	1,20	0,50	0,38	2,02	11,28	82,58	14,49	2,93	34	—	
Herzogswaldauer Ton	56,24	30,76	1,31	0,21	0,32	1,31	9,85	—	—	—	—	Schl. L. f. T.	Otto Kindler, Naumburg a. Queis
Hirschauer Kaolin . .	48,05	37,41	0,41	—	Spuren	2,58	11,53	87,01	3.26	9,73	34—35	Störmer	Amberger Kaolinwerke, G. m. b. H., Hirschau
„ Rohkaolin	—	—	—	—	—	—	—	22,00	60,00	18,00	—	—	
„ Kaolin . .	47,84	38,19	0,70	0,65	Spuren	0,66	12,20	95,25	1,75	3,00	—	—	Gebr. Dorfner, Hirschau
Hohburger Kaolin . .	62,82	26,28	1,04	0,24	0,10	Spuren	9,56	69,08	30,76	0,16	35	L. f. T.	Gesellsch. „Hedwigsfreude“, Hohburg b. Wurzen
„ Steingutton	52,87	32,62	1,20	0,51	Spuren	Spuren	12,78	85,48	14,50	0,20	35	L. f. T.	
Kaerlicher (Coblenz) Ton	43,56	33,04	2,96	1,22	0,65	0,62	18,06	—	—	—	32	L. f. T.	
Kaschka-Mehrener Hafenton J. G. Venus.	57,43	29,08	1,24	0,54	0,55	0,79	10,59	—	—	—	32	—	Heinrich Rühle, Löthain-Meißen
Kemmlitzer Kaolin. .	54,20	32,90	0,29	0,17	0,13	0,49	11,82	84,65	14,84	0,51	34—35	—	Sächs. Kaolinwerke, G. m. b. H., Kemmlitz b. Mügeln
Kirchheimer Kaolin .	50,94	33,30	0,51	0,30	—	1,30	13,65	—	—	—	—	L. d. Sp.	
Klingenberger Ton . .	49,00	32,62	2,45	0,61	—	0,73	14,59	97,15	1,88	0,97	32—33	—	
Knöbaer Ton	44,36	37,58	1,40	Spuren	Spuren	1,18	15,50	—	—	—	34—35	L. f. T.	

[1]) Die Erklärung der Abkürzungen siehe bei den Sanden, S. 22.
[2]) TiO_2 0,57. [3]) Geglüht. [4]) SO_3 0,30.

(Tabellen dem Sprechsaal-Kalender 1910 entnommen.)

Bezeichnung	SiO_2	Al_2O_3	Fe_2O_3	CaO	MgO	KNaO	Glühverlust	Tonsubstanz	Quarz	Feldspat	Schmelzpunkt SK	Analytiker	Bezugsquelle
Kreisauer Kaolin (rot)	54,80	26,78	3,87	1,30	—	1,74	10,58[1]	74,83	24,35	0,82	—	Ahrens	
		[FeO 0,44]					[+ Glimmer]						
Lausigk-Colditzer Steingut- u. Kapselton	58,19	32,16	0,65	0,18	—	Spuren	9,05	79,86	18,04	2,10	33	—	Bäurisch & Junghanns, Lausigk i. S.
Lausigker Kapselerde[2])	68,94	29,29	0,92	0,47	Spuren	Spuren	—	—	—	—	—	—	
Ledecer Kaolin OA .	48,22	38,49	0,50	—	Spuren	n. best.	12,64	90,26	2,58	7,16	—	L. f. T.	Carl Wedell & Co., Pilsen (Böhmen)
„ Steingutton .	45,46	38,10	0,94	0,16	0,24	0,71	14,39	96,62	0,78	2,60	35—36	L. f. T.	
„ Kaolinton, früh sinternd	62,01	25,98	1,80	0,02	0,24	3,02	7,07	—	—	—	26—27	Störmer	
Liboritzer Ton I . . .	54,62	31,80	0,88	—	0,35	1,34	11,02	81,85	9,41	8,74	33—34	Bischof	Neue Liboritzer Tonwerke, G. m. b. H., Liboritz-Michelob i. Böhmen.
„ „ II . . .	68,66	22,12	0,62	—	0,20	0,93	7,61	60,36	35,34	4,30	32	Bischof	
Libuschiner Schieferton Ia[2]).	55,01	44,27	0,45	—	0,18	0,72	—	—	—	—	35	V.-A.	Max Schmidt, Eger (Böhmen)
Löthain-Meißener Glashafenton	60,93	26,31	1,19	0,28	0,21	0,58	10,48	69,38	27,99	2,63	32	—	Heinrich Rühle, Löthain-Meißen
Löthain-Meißener Steingutton I, dunkel	59,10	27,34	0,76	0,10	0,22	0,43	11,85	72,78	26,53	0,69	31—32	L. f. T.	
Löthain-Meißener Ton, Grube Rudolf . . .	59,32	28,28	1,41	0,13	Spuren	—	10,91	78,19	20,99	0,82	—	L. f. T.	
Löthain-Meißener Ton, Grube Meißen . . .	60,91	26,48	1,63	0,11	Spuren	—	8,78	74,68	23,88	1,44	—	L. f. T.	

Meißener Ton, Margarete I[2])	63,98	33,87	1,08	Spuren	Spuren	1,07	11,46	—	—	—	—	—	Kollreppwerk Meißen
Meißener Ton, Margarete II[2])	75,49	19,86	1,04	0,75	Spuren	2,86	(7,27)	—	—	—	—	—	
Michelober Ton	—	—	—	—	—	—	—	75,85	22,85	1,30	—	—	
Münchhofener Kaolin	46,64	37,66	0,64	0,52	Spuren	1,70	13,03	95,57	3,66	0,77	35	L. f. T.	
Neuroder Schieferton (Graf Magnischer Ton)[2])	50,40	47,80	0,97	0,24	0,21	0,38	—	—	—	—	36	—	Neuroder Kohlen- u. Tonwerke, Neurode i. Schles.
Peicherwitzer Ton, schwarzblau	51,12	32,28	2,45	0,88	Spuren	0,58	12,69	—	—	—	32—33	L. f. T.	Peicherwitzer Tonwerke, Rich. Krause, Schweidnitz i. Schl.
„ Weißton I	66,94	23,30	0,72	0,10	—	0,87	8,07	—	—	—	35—36	—	
„ „ II	64,71	24,76	1,12	Spuren	—	0,16	9,25	—	—	—	35 – 36	—	
Pfälzer (Grünstädter) Kaolin roh	82,88	11,15	0,46	0,04	0,14	3,19	2,32	—	—	—	—	—	Pfälz. Schamotte u. Tonwerke, A.-G., Grünstadt (Pfalz)
Pfeifenton	58,55	29,86	1,02	0,23	0,62	2,19	10,00	—	—	—	—	—	
Seingutton	53,17	33,72	0,86	0,07	0,22	0,36	12,03	—	—	—	—	—	
Tiegelton	47,33	35,05	2,30	0,16	1,11	3,18	10,51	—	—	—	—	—	
Glashafenton	47,39	37,24	1,25	0,58	0,53	2,83	10,25	—	—	—	—	—	
Schamotteton	47.81	38,15	0,77	0,21	—	1,26	11,98	—	—	—	—	—	
eisenhaltiger Ton	51,31	20,96	13,11	0,65	2,34	0,59	7,68	—	—	—	—	—	
Kalkton	41,71	12,98	4,70	24,46	2,20	1,71	4,83	—	—	—	—	—	
Marke BF, fett	55,49	30,94	16,8	0,27	0,11	1,97	9,09	—	—	—	—	—	
Marke BB, halbfett	72,65	19,44	0,97	0,19	Spuren	1,50	4,81	—	—	—	—	—	
Kaolinton	48,05	37,41	0,41	—	Spuren	2,58	11,53	—	—	—	—	—	

[1]) F 0,49. [2]) Geglüht.

Bezeichnung	SiO_2	Al_2O_3	Fe_2O_3	CaO	MgO	KNaO	Glühverlust	Tonsubstanz	Quarz	Feldspat	Schmelzpunkt SK	Analytiker	Bezugsquelle
Pfälzer Ton Ia, hoch feuerfest	—	—	—	—	—	—	—	95,03	4,97	—	33	—	Gebr. Herrmann, Hettenleidelheim (Pfalz)
Pilsener Ton	66,84	23,04	0,52	0,64	0,45	1,09	7,21	66,26	33,02	0,72	27	Wolf, Willert	
Podersamer Kaolin, Marke Martin	51,36	34,31	0,74	0,96	Spuren	n. best.	12,48	—	—	—	35 – 36	—	Gebr. Martin, Lubau b. Podersam (Böhm.)
Pomeisler Kaolin	47,27	36,05	0,80	1,70	Spuren	n. best.	14,35	96,60	3,03	0,37	35	L. f. T.	Benneckendorf & Heiland, Leipzig
Poschezauer Kaolin	45,66	39,23	0,80	0,20	0,22	0,83	13,42	99,00	1,00	—	—	—	Georg H. Richter, Themar (Thür.)
" " Caroli-Zeche	47,10	36,16	1,68	—	0,26	1,40	13,44	—	—	—	—	L. d. Sp.	
Preschener Ton	64,50	19,80	3,37	1,54	0,37	2,74	7,96	61,28	35,02	3,70	—	Bischof	Tonkontor Preschen (Böhmen)
Rakonitzer Schieferton [1])	52,50	15,22	0,81	—	0,54	0,50	0,78	99,27	0,73	—	36	L. f. T.	Heinr. Lindner, Fichtelberg (Bayern)
Rakonitzer Roh-Schieferton	45,08	39,55	0,15	—	—	—	14,03	—	—	—	35	Störmer	
Saarauer Rohkaolin	67,09	23,77	0,70	—	—	—	8,50	61,34	38,05	0,61	35	L. f. T.	Vereinig. Schamotte-Fabriken (vorm. C. Kulmiz), Saarau
" Blauton, fett	48,10	35,50	2,50	—	—	—	12,60	96,90	2,40	0,70	35	L. f. T.	
Schippacher Blauton	52,55	31,50	2,19[2])	0,73	0,19	n. best.	11,73	91,08	6,82	2,10	—	L. f. T.	

Schwepnitzer Ton. . .	53,03	31,77	0,97	—	Spuren	2,16	10,82	—	—	—	34	L. f. T.	
Seilitzer Kaolin	56,49	30,75	0,48	0,25	0,30	0,96	10,84	80,93	15,85	3,22	—	—	
Sratoslaver Kaolin . .	—	—	—	—	—	—	—	72,45	26,96	0,59	—	—	L. v. Tardy, Tischnowitz
Tambacher Blauton .	53,18	25,24	1,64	0,66	0,66	n. best.	17,68	—	—	—	29	L. f. T.	
„ Grauton .	54,58	28,00	1,70	1,04	0,55	n. best.	14,08	—	—	—	31	L. f. T.	
Tillendorfer Ton . . .	69,92	21,09	1,03	0,16	0,18	0,93	6,98	50,49	43,88	5,53	—	L. d. Sp.	
Vranovaer (Mähren) Ton, weißgrau . . .	52,42[3]	33,56	1,17	0,77	0,38	1,28	10,84	—	—	—	33	—	
Vranovaer (Mähren) Ton, dunkelgrau . .	52,11	27,73	5,92	0,91	0,57	1,07	12,78	—	—	—	32—33	—	
Weigersdorfer hoch feuerfester Ton[3]) . .	60,07	36,66	1,33	0,48	0,35	1,10	—	—	—	—	33	—	Weigersdorfer Edeltongrube, Bautzen
Wildsteiner Ia Kaolin	48,10	35,66	1,86	0,22	—	2,65	11,80	92,03	2,60	5,37	34—35	L. f. T.	Werner & Co., Voitersreuth (Böhm.)
Wildsteiner weißbrenn. Steingutton	46,35	38,77	1,11	—	—	0,33	13,44	98,99	—	1,01	35—36	L. f. T.	
Wildsteiner Ia Blauton	54,39	31,35	1,80	—	—	2,47	11,24	96,72	2,22	1,06	33—34	L. f. T.	
Wildsteiner Schamotteton	46,70	36,30	2,00	0,20	0,29	1,29	13,44	—	—	—	34	L. f. T.	
Wirgeser Ton	51,50	31,11	1,89	0,46	0,07	1,35	13,20	77,36	21,51	1,13	—	L. f. T.	
Zettlitzer Ia Kaolin .	46,62	37,68	0,90	0,37	0,37	1,10	13,33	—	—	—	—	Bischof	Carl Knoll, Fischern b. Karlsbad
„ Kaolin . . .	46,13	38,67	0,70	0,08	—	0,11	14,29	99,36	0,13	0,51	—	L. f. T.	Zebisch & Pfeiffer, Zettlitz (Böhmen)

[1]) Schamotte. [2]) Mn_2O_3 0,13. [3]) TiO_2 Spuren.

Analysen einiger plastischer Tone.[1])

	1	2	3	4	5	6	7	8
Kieselsäure (Si_2O_2)	45,99	45,75	45,67	44,27	46,52	47,44	46,62	47,39
Tonerde (Al_2O_3) . .	38,08	35,77	37,42	35,58	38,55	37,21	36,01	36,40
Eisenoxyd (Fe_2O_3)	2,44	2,99	1,44	1,15	1,01	1,68	1,39	1,52
Kalk (CaO)	Spur	—	—	—	—	Spur	—	—
Magnesia (MgO) . .	1,19	0,78	0,57	0,60	0,73	0,79	0,73	0,51
Kali (K_2O)	2,36	1,24	0,39	0,45	3,47	4,22	3,47	3,96
Glühverlust	10,76	13,70	14,41	16,67	10,19	9,69	10,19	9,92

Eine genaue Untersuchung einer Anzahl plastischer Tone hat ergeben, daß in chemischer Beziehung bemerkenswerte Unterschiede in der Zusammensetzung der Tonsubstanz und der Kaoline nicht besteht, daß jedoch jene Tonsubstanzen, welche einen hohen Alkaligehalt haben, einen geringen Wassergehalt aufweisen und umgekehrt. Der größere Wassergehalt bewirkt größere Porösität nach dem Brennen, indes ein hoher Alkaligehalt die damit ausgestatteten Tone als leichter sinternd (verdichtend) erscheinen lassen. In der Tat sind die alkaliarmen Tone 3—6 hoch feuerfest, 7 und 8 wenig feuerfest.

Bekanntlich kommt die Eigenschaft, das naßgemahlene Email während des Auftragens in schwebender Verteilung zu erhalten, nur dem ungebrannten Tone zu. Der Ton verliert beim Brennen nicht nur seine Plastizität, große Wasseraufnahmefähigkeit, sondern auch seine wertvollen Eigenschaften als Mühlzusatz. Hingegen ist der gebrannte Ton befähigt, bis zu einer gewissen Grenze die Opazität des Emails und den Schmelzpunkt desselben zu erhöhen. Es liegen aus neuerer Zeit einige wertvolle Untersuchungen über die Veränderung der Tone bei hohen Temperaturen vor[2]), deren Resultate hier kurz wiedergegeben werden sollen.

Beim Brennen verliert der Ton zuerst das mechanisch gebundene Wasser (Feuchtigkeit), bei 950° C (Segerkegel 010) das Hydratwasser, das an den wichtigsten Bestandteil des Tons, die Tonsubstanz, chemisch gebunden ist. Dabei wird der Ton dicht, schwindet und sintert, indem durch Wasseraustritt die einzelnen

[1]) Dr. C. Loeser, Handbücher der keramischen Theorie.

[2]) Dr. A. Zöllner, Tonindustriezeitung Nr. 75, S. 793.

Tonteilchen näher rücken und durch die vorhandenen Flußmittel bei dieser Temperatur ins Schmelzen gebracht werden.

Aber neben diesen Vorgängen vollziehen sich im Tone bei hoher Temperatur noch andere Vorgänge. Le Châtelier und Rohland wiesen schon darauf hin, daß der Ton bei hoher Temperatur innermolekulare Veränderungen erleide. Professor Glasenapp in Riga fand durch mikroskopische Untersuchungen,

Abb. 2. Silimanit aus hochgebranntem (Segerkegel 15, 1430°) Wildsteiner Ton, durch Flußsäure isoliert.

daß beim Brennen der Tone ein Kristallisationsprozeß eintrete und sprach den fundamentalen Satz aus: „Alle Tone werden bei hohen Temperaturen unter Dissoziation (Zersetzung) der Tonsubstanz kristallinisch." Er erklärte diese Erscheinung derart, daß bei hohen Temperaturen die Tonsubstanz in dem Tone in eine amorphe glasartige Grundmasse und in einen kristallinischen Anteil zerfällt und vermutet Glasenapp, daß der kristallisierte Anteil ein tonerdereiches (Al_2O_3), der glasige Anteil ein kieselsäurereiches Silikat sei, deren chemische Konstitution noch nicht festgestellt ist. Das kristallisierte Silikat im Porzellan ist z. B. entsprechend dem Sillimanit ($Al_2SiO_5 = Al_2O_3 + SiO_2$) zusammengesetzt, d. h. das Verhältnis von Kieselsäure zu Tonerde ist gleich 1 : 1. Die Isolierung dieses kristallisierten Anteils im Kaolin usw. gelang in neuerer Zeit, von Dr. Spitzer durch Behandlung mit Flußsäure durchgeführt. Dieser Kristallisationsprozeß scheint jedoch erst bei hoher Temperatur (1470° C) einzutreten. Sillimanit ist in Flußsäure unlöslich und schwankt dessen Menge im gebrannten Tone zwischen 3—25%. Hochplastische Tone enthalten nur 3—5% davon, Kaoline (magere Tone) zeigten 20—25% Silimanitrückstände.

Es liegt auf der Hand, daß diese Eigentümlichkeit des gebrannten Tones nicht nur den Vorgang des sogenannten „Auflösens" von Email durch Flußsäure (eigentlich ein Abbeizen von z. B. fehlerhaft emaillierten Gegenständen) zu erklären vermag, sondern auch ein neues Licht auf die bekannte, manchmal eintretende Fehlererscheinung in der Emailindustrie wirft, nach welcher manche emaillierte Stücke in Brennöfen matt werden. (Das Auskristallisieren von Sillimanit aus dem zugesetzten Tone könnte hierbei das Mattwerden verursachen, indem jedes „Entglasen" bekanntlich einen Kristallisationsvorgang vorstellt.)

Die Rolle des Tons im Email.

Nachdem bisher in ausführlicher Weise versucht worden ist, ein Bild des heutigen Standes der chemischen, physikalischen und mineralogischen Erkenntnis des Tones zu geben, soll nunmehr auf die Rolle des Tones im Email selbst eingegangen werden. Der Verfasser[1]) hat darüber eine Arbeit vor einiger Zeit veröffentlicht, die hier erweitert wiedergegeben sei.

Die zunehmende Bedeutung der Emailindustrie bringt es mit sich, daß man in den letzten Jahren den Chemismus der Emailfabrikation näher zu studieren begonnen hat.

Durch die allmähliche wissenschaftliche Erkenntnis von den innigen Wechselbeziehungen zwischen chemischer Beschaffenheit

---

[1]) Grünwald, Die Emailfabrikation und die Rolle des Tons in dem Email. Sprechsaal Nr. 19, 1909.

der Rohmaterialien einerseits und der chemisch-analytischen Vorgänge in den einzelnen Phasen der Emailfabrikation andererseits sind wir heute in der Lage, mannigfache Fabrikationsfehler frühzeitig zu erkennen und zu vermeiden.

An Stelle des früheren empirischen Tastens und Versuchens ist ein systematisches Studium der Frage nach der günstigsten Zusammensetzung des Emails getreten.

Gewiß soll dadurch der Wert der praktischen Versuche nicht herabgemindert werden, und die Fälle sind leider noch zahlreich, wo gewisse Fabrikationserscheinungen aller Theorie Hohn sprechen und oft erst durch kombinierte Versuche aufgeklärt werden. Aber auch hier wird der wissenschaftlich gebildete Fachmann zu rascheren und richtigeren Resultaten gelangen als der Empiriker.

Zum Verständnis der Eigenschaften und des Aufbaues eines guten Emails gehört nebst reicher praktischer Erfahrung das emsige Studium der Rohmaterialien.

Leider absorbiert der umfangreiche Betrieb unserer modernen Emaillierwerke die Tätigkeit des meist betriebsleitenden Chemikers derart, daß höchst interessante und wichtige Fragen, die zum Teil in der Beschaulichkeit eines gut eingerichteten Laboratoriums gelöst werden könnten, ungelöst bleiben.

Bevor ich auf die Bedeutung des Tones in der Emailindustrie zu sprechen komme, ist es notwendig, auf die vielfach herrschende Sorglosigkeit in der Bereitung des Emails hinzuweisen.

Ein gutes Email bedarf vom Augenblick der Auswahl und des Mischens der Rohmaterialien an bis zum Moment der eigentlichen Verwendung (des Auftragens) größter Sorgfalt. Diesbezüglich herrschen in manchen Werken noch recht mangelhafte Zustände. Mir schwebt die musterhafte Einrichtung eines der bedeutendsten Emaillierwerke vor Augen, dessen Fabrikate sich mit Recht eines außerordentlichen Rufes erfreuen und wohl trotz mannigfacher Bemühungen von der Konkurrenz nicht immer erreicht werden können.

Und das eigentliche Geheimnis liegt in der außerordentlichen Sorgfalt in der Emailherstellung.

Als Feldspat und Quarz sind nur jene Marken zu verwenden, deren chemische Analyse sich der nachgenannten Zusammensetzung möglichst nähert, nähmlich Feldspat:

SiO_2	64—66 %
Al_2O_3	19—17 %
K_2O	14—15 %
F_2O_3	Spuren

und für Quarz[1]) mindestens 98 % SiO_2.

Für erstklassige Emails empfiehlt sich der Einkauf von Feldspat in Stücken, Glühen desselben und Mahlen auf eigenen Trommelmühlen. Das Mischen der Rohmaterialien soll in möglichst kleinen Portionen geschehen (etwa 150 kg) und möglichst innig. Leider wird gerade diesem Umstand nicht immer die nötige Aufmerksamkeit geschenkt. Es ist z. B. bekannt, daß blaue Emails (durch Kobaltoxyd gefärbt) durch andauerndes Mischen der Rohmaterialien viel sattblauer gefärbt erscheinen. Die Blaufärbung ist demnach nicht nur eine Funktion der Höhe des Kobaltoxydzusatzes (im Durchschnitt 1—1 ½ %), sondern auch der Mischdauer.

Das gemischte Rohemail gelangt in den Schmelzofen. In dem Maße, als das Rohemail ins Schmelzen gerät, tritt eine Absonderung des Emails in zwei Schichten ein, in eine obere, spezifisch leichtere (Borax, Alkali) und in eine spezifisch schwerere. Durch ungenügendes Krücken des schmelzenden Emails ergeben sich Kompositionen von wechselnder Zusammensetzung und Eigenschaften. So bekannt diese häufige Fehlerquelle auch sein mag, ebenso häufig wird in dieser Beziehung gefehlt, sei es durch unzuverlässige Arbeiter oder ungenügende Kontrolle.

Endlich gelangt das Email auf die Mühle. Und hier bietet sich abermals Gelegenheit, durch Sorglosigkeit oder durch forcierten Betrieb den Wert eines an sich vorzüglichen Emails bedeutend zu vermindern. Bei dem großen Umfang, den viele Emaillierwerke heute erreicht haben, ist infolge von Platzmangel die Notwendigkeit eingetreten, das gemahlene Email sofort zu verarbeiten. Und doch ist nichts für die Schönheit und für den Wert eines Emails schädlicher, als das frisch gemahlene

[1]) Bezüglich der Wichtigkeit der Korngröße von gemahlenem Feldspat und Quarz für einzelne Emailsorten will ich gelegentlich berichten. Der Feldspat für weiße Emails soll in recht fein gemahlenem Zustand angewendet werden. Der Quarz, welcher das Schwinden des Emails günstig beeinflußt, soll möglichst grob gemahlen werden, insbesondere für Grundemails.

Email zu verwenden. Je älter ein Email (innerhalb gewisser Grenzen), je sorgfältiger geschlämmt dasselbe ist, um so schöner, um so schmiegsamer und oft um so deckender ist es.

Einige Emaillierwerke haben in der richtigen Erkenntnis dieser Tatsache eigene Glasurschlämmereien eingerichtet und benutzen als weißes Email nur solches, daß mindestens 14 Tage nach dem Mahlen und Schlämmen in eigenen, peinlichst sauberen Holzbottichen »ausgeruht« hat. Wenn ich auch einen 14tägigen Emailvorrat nicht als unbedingt nötig, ja häufig als unmöglich erachte, so sollte, insbesondere das weiße Email, erst 3—4 Tage nach dem Mahlen verarbeitet werden.

Zusammengefaßt läßt sich daher die Forderung aufstellen:

Die Fabrikation eines guten Emails erfordert nebst erstklassigen Rohmaterialien eine richtige, den Verhältnissen angepaßte Komposition des Emails, sorgfältigste Mischung und Schmelzung des Rohemails, eine peinliche Sorgfalt auf der Mühle und ein mehrtägiges Ausruhenlassen des gemahlenen Emails vor dem Gebrauch.

Wenn der Ton in der Emailindustrie auch nicht jene dominierende Stellung wie in der übrigen keramischen Industrie einnimmt, so ist seine Rolle immerhin von unerläßlicher Wichtigkeit als Mühlenzusatz.

Ein Naßemaillieren ohne Tonzusatz ist einfach unmöglich. Es ist interessant, die Menge und den Ursprung der in einem modernen weißen Email zumeist sich befindenden Tonerde (Al_2O_3) zu konstatieren. Diese Gesamtmenge von Al_2O_3 kann 10—18% des gebrauchsfertigen Emails betragen.

Ein Beispiel dürfte dies am besten beleuchten. Wir gehen aus von folgender Rohkomposition eines weißen Emails:

Borax	62	kg
Zinnoxyd	5	„
Feldspat	60	„
Kryolith	20	„
Soda, kalziniert . . .	4	„
Salpeter	3	„
Weißer Ton	2,5	„
Gebrannte Magnesia . .	0,2	„
Flußspat	0,1	„
	156,8	kg

Zu 100 kg geschmolzenem Email werden auf der Naßmühle zugesetzt:

Weißer geschlämmter Emaillierton	7	kg
Zinnoxyd	7	„
Gebrannte Magnesia	300	gr

Unter Berücksichtigung der nachfolgenden Zusammensetzung der verwendeten Rohmaterialien, als da sind:

Kalifeldspat $= K_2O \cdot Al_2O_3 \cdot 6\,SiO_2$ (wir vernachlässigen ev. Natron-Gehalt) $\begin{cases} K_2O = 16{,}81\,\% \\ Al_2O_3 = 18{,}19\,\% \\ SiO_2 = 64{,}83\,\% \end{cases}$

Nat. Kryolith $= AlF_3 \cdot 3\,NaF$ $\begin{cases} Al = 12{,}85\,\% = 24{,}27\,\%\ Al_2O_3 \\ Na = 32{,}85\,\% = 44{,}12\,\%\ Na_2O \\ F = 54{,}28\,\% \end{cases}$

Als Emaillierton wurde ein Ton von folgender Zusammensetzung gewählt:

SiO_2	= 52,4 %
Al_2O_3	= 33,5 %
Fe_2O_3	= 0,8 %
Alkali	= 1,5 %
Glühverlust	= 10,9 %

Der Schmelzverlust, den ein weißes Email im Wannenschmelzofen erleidet, beträgt in der Regel 13—20 %, in unserem Falle 19 %, und setzt sich in der Hauptsache zusammen aus Kristallwasserverlust des Borax (47,2 %), Glühverlust der Soda, des Salpeters und zum Teil aus Fluor. Bei dieser Gelegenheit möchte ich erwähnen, daß nach meinen Beobachtungen das Fluor nur teilweise beim Schmelzen verloren geht. In einer kürzlichen Abhandlung wurde von anderer Seite die gegenteilige Ansicht ausgesprochen. Ich stimme Vondracek[1]) bei, der sagt, daß bei den Analysen fluorhaltiger Emails der Fluor- und Kieselsäuregehalt der Zusammensetzung des ungeschmolzenen Emails entspricht, und nur ein Teil des Fluors beim Schmelzen als SiF_4 sich verflüchtigt. Auch die Schönheit des Emails leidet durch die Anwesenheit des Fluors innerhalb gewisser Grenzen nicht, und ich konnte während meiner vieljährigen Praxis in den bedeutendsten europäischen Emaillierwerken eine nennens-

[1]) Sprechsaal-Kalender 1909, Seite 34.

werte Beschädigung oder Belästigung der Umgegend durch beim Schmelzen entweichendes Fluor oder Fluorsilicium niemals konstatieren. Nachdem das Email geschmolzen ist, gelangt es auf die Naßmühle unter Zusatz von

Zinnoxyd	7 %
Weißem geschlämmten Emaillierton	7 %
MgO	0,3 %

Die Analyse des fertigen Emails nach dem Einbrennen ergibt:

B_2O_3	16,13 %	SiO_2	31,31 %
Al_2O_3	14,25 %	SnO_2	9,78 %
Na_2O	15,88 %	MgO	0,5 %
K_2O	7,37 %	F	5,17 %
CaO	0,05 %		

Ich bemerke noch, daß ich als Beispiel ein weiches, leicht schmelzbares Email gewählt habe, dessen Molekularformel ist:

$$\left.\begin{matrix} 0{,}74\ Na_2O \\ 0{,}22\ K_2O \\ 0{,}04\ MgO \end{matrix}\right\}\ 0{,}4\ Al_2O_3\ \left\{\begin{matrix} 0{,}65\ B_2O_3 \\ 1{,}42\ SiO_2 \\ 0{,}8\ F_2 \\ 0{,}19\ SnO_2 \end{matrix}\right.$$

Die laut obiger Analyse gefundene Gesamtmenge von Al_2O_3 setzte sich zusammen aus:

	3,45 % Al_2O_3, herrührend von	Kryolith
	7,7 % Al_2O_3, „ „	Feldspat
	3,1 % Al_2O_3, „ „	Emaillierton als Mühlenzusatz
Summa	14,25 % Al_2O_3	

In der Form als Mühlenzusatz zum naßgemahlenen Email ist der Ton in unserer Fabrikation einfach unerläßlich.

Ohne Tonzusatz würde das mit etwa 30 % Wasser feingemahlene Email beim Verarbeiten in der Emailschüssel rasch zu Boden sinken und die Operation des eigentlichen „Emaillierens“ oder „Auftragens“ unmöglich machen.

Der Ton bewirkt, daß die Emailpartikelchen andauernd in Schwebe erhalten werden und ermöglicht dadurch im Verein mit den sogenannten „Stellmitteln“ die notwendige rahmartige Konsistenz des Emails.

Wie weit diese Eigentümlichkeit mit kolloidalen Eigenschaften von geschlämmten Ton zusammenhängt, bleibt noch zu studieren[1]).

Daraus, daß der Tonzusatz häufig 10% des Gesamtemails beträgt, geht die Wichtigkeit der richtigen Auswahl des Emailliertones hervor, indem aus den 10% relativ billigen Ton die gleiche Gewichtsmenge an Email gewonnen wird, d. h. 100 kg Email + 10 kg Ton als Mühlenzusatz geben 110 kg gebrauchsfertiges Email.

Es ist daher klar, daß der Preis für einen guten Emailliertton von untergeordneter Rolle sein sollte, indem man nur die besten Tonmarken anschaffen soll.

Der Ton gibt uns gleichzeitig ein einfaches Mittel an die Hand, den Schmelzpunkt eines Emails im letzten Augenblicke den Temperaturverhältnissen der jeweiligen Brennöfen anpassen zu können, indem durch erhöhten Tonzusatz der Emailschmelzpunkt steigt.

Für billigere Emails, insbesondere für den sogenannten ersten Deckauftrag kann der Tonzusatz zur Mühle bis zu 15% gesteigert werden. Natürlich verliert dieses Email infolge seiner größeren Härte an Glanz, gewinnt aber an Opazität.

Der Ton trägt demnach bis zu einer gewissen Grenze zur Opazität des Emails bei.

Ferner erteilt der Ton dem Email sehr günstige physikalische Eigenschaften in Beziehung auf Ausdehnungs- und Widerstandskraft. Nur kommt es auf die richtige Wahl des Tones an. Der Emaillierton soll nicht sehr fett sein, möglichst frei von Eisenoxyd und kohlensaurem Kalk, und es darf in der Regel Kaolin nicht oder nur mit besonderer Vorsicht angewendet werden. Die Abwesenheit von $CaCO_3$ ist von besonderer Wichtigkeit. Würde der Ton vor seinem Zusatz zur Mühle geglüht werden, so würde er die in unserem Falle unerläßlichen Eigenschaften verlieren, Geglühter Ton ist als Mühlenzusatz ausgeschlossen, indem die für uns wichtigste Eigentümlichkeit des Tones, die feingemahlenen Emailpartikelchen in der Auftragschüssel schwebend zu erhalten, mit dem Verluste seines Hydratwassers vollständig verloren geht.

[1]) Siehe d. Verf.: Die versteifende Wirkung der Stellmittel, Keramische Rundschau, August 1910.

Zur Beurteilung des Emailliertones ist es notwendig, seinen Gehalt an Tonsubstanz, unzersetztem Feldspat und Quarz zu kennen. Hierzu dient die rationelle und mechanische Analyse. Das Schwindungsvermögen des Tones bei der Temperatur des Emailbrandes (etwa 850—950° C.) ist von Wichtigkeit.

Bei Zusatz von Kaolin zur Mühle an Stelle von Ton ist nach dem Emailbrande ein stellenweises Zurücktreten des weißen Emails zu konstatieren, man sagt dann, »das Email teilt«. Der in diesem Falle verwendete Kaolin ist zu »kurz«.

Der Unterschied zwischen dem Kaolin und dem plastischen Ton liegt in den verschiedenen Eigenschaften der Tonsubstanz im Kaolin und im Ton, insbesondere in physikalischer Hinsicht.

Kaoline und Tone sind schon von berufener Seite eingehend behandelt und studiert worden, wenn auch nicht vom Standpunkt des Emailleurs aus, und ich will mit dem Gesagten nur auf die in der Praxis beobachteten bedeutenden Unterschiede hinweisen, die sich beim Mühlenzusatz des Tones in Form von Kaolin ergeben. Hervorragende Emailliertone finden sich im Coblenzer Gebiet (Vallendar, Neuenahr) und in Wirges, dann in Podersam, Rakonitz und Wildstein in Böhmen. Floridakaolin, Tenesseeton (Porter Nr. 11), Kentuckyton,

Nach meinen Erfahrungen scheinen Tone mit etwa 51—55% SiO_2, 31—34% Al_2O_3 und einem Eisenoxydgehalt unter 1% und bei völliger Abwesenheit von $CaCO_3$ sich am besten für Emaillierzwecke zu eignen.

Ich homme nunmehr auf die Tonvorbereitung vor dem Zusatz zur Emailmühle zu sprechen und muß auch hier bemerken, daß diesbezüglich in manchen Eimailhütten noch viel gesündigt wird. Der Emaillierton soll vor seiner Verarbeitung in sauberen Holzbottichen eingeweicht und unter häufigem Rühren mehrere Tage darin belassen werden, um hierauf ein feines Sieb zu passieren. Nach Bleininger (Bur. of. Stand. Techn. Pap. No. 51) durch Waschen mit geringem Zusatz von Alkalien.

Von diesem so zubereiteten Ton nimmt man die für einzelne Mühlzusätze berechneten Mengen, nicht ohne denselben jedoch vorher unter weiterem entsprechenden Wasserzusatz einige Zeit zu kochen. Der Ton schließt häufig noch Verunreinigungen anorganischer oder organischer Natur in sich. Erstere werden durch Schlämmen und Sieben, letztere durch Gärung in Holzbottichen[1]) und nachheriges Kochen des Tones beseitigt.

Unterläßt man diese sorgfältige Tonzubereitung, so ergeben sich oft Emailfehler nach dem Brennen im Muffelofen (Bläschen, gefärbte Verunreinigungen usw.).

Tatsache ist, daß jene Emaillierwerke, deren Marken dank ihrer Schönheit und Beständigkeit zu den besten zählen, der Emailbereitung die hier geschilderte Sorgfalt widmen. Die Mehrauslagen werden reichlich ersetzt durch den geringen Ausschußprozentsatz und durch erhöhte Eigenschaften des Emails.

Für gefärbte Emails, wie Grundemail und Blauemail, empfiehlt sich die Verwendung von gefärbtem Ton (gelb oder schwarz). Der Eisenoxydgehalt desselben wirkt nicht ungünstig auf die Färbung und Qualität solcher Emails ein, und außerdem lassen sich durch Verwendung des billigeren, gefärbten Tones für die genannten Emails Ersparnisse erzielen.

An einer früheren Stelle wurde bereits darauf hingewiesen, daß der Ton eine mehrfache Rolle im Email spielt, indem er nicht nur die Suspension (Schweben) des feingemahlenen Emails im Wasser und dadurch das Auftragen überhaupt ermöglicht, sondern auch wahrscheinlich die Ursache der eigentümlichen Erscheinung des „Stellens“ des Emails durch gewisse chemische Verbindungen (Stellmittel) ermöglicht.

Vom modernen chemisch-physikalischen Standpunkte aus können wir annehmen, daß durch Zusatz dieser Stellmittel, die als Elektrolyte aufzufassen sind (Elektrolyte = Salze, Säuren, Alkalien), die je nach der Art des verwendeten Tones und der Alkalität des Emails die Hydrosole der Tonerdekieselsäure als Hydrogele ausfällen. In gewissen Emails kann dabei, wie bereits früher erwähnt wurde, ein Elektrolyt, wie z. B. Sodalösung, aber auch verdünnend wirken, indem bereits vorhandenes Hydrogel in ein lösliches Hydrosol zurückverwandelt wird, während andere saure Elektrolyte, wie z. B. Salzsäure, fällend, also verdickend wirken können.

In den meisten Emails jedoch wirkt Alkalizusatz oder Magnesiasalze fällend, verdünnte Säuren verdünnend auf das naßgemahlene Email ein.

---

[1]) Julius Grünwald, „Theorie und Praxis der Blech- und Gußemailindustrie“. Leipzig 1908, S. 36.

Ein für spezielle Fälle geeignetes Stellmittel bildet der vorsichtige Zusatz von Wasserglaslösung (kieselsaures Alkali), welches gleichzeitig ein vorzügliches Haften des Emails an den Geschirren vor dem Brennen bewirkt.

Der Zusatz soll jedoch $^{1}/_{2}$% nicht überschreiten. Bei 5% Zusatz wird das Email steifig und nach einiger Zeit fest.

Über Stellmittel wird am Schlusse noch kurz berichtet werden.

Weitens ist der Tonzusatz vom ökonomischen Standpunkte von Wichtigkeit. Erlaubt er doch bei seinem billigen Preise das Gewicht des Emails um ebensoviele Gewichtsteile zu erhöhen, mit anderen Worten liefern z. B. 10 kg Tonzusatz zu 100 kg Email 110 kg Email, von einem weit höheren Gestehungswerte.

Die Menge des als Mühlzusatz verwendeten Tones schwankt je nach Art des Emails und nach örtlicher Gepflogenheit, sowie Temperatur der Muffelöfen nicht unbedeutend.

Es wurde wiederholt versucht, durch übermäßigen Tonzusatz (bis 25%) ein mattes, schwer schmelzbares Weißemail für den sogenannten ersten Auftrag herzustellen. Ein solches Email wäre genügend opak, um andere teure Trübungsmittel entbehrlich zu machen, indem als zweiter Auftrag ein gewöhnliches mehr oder weniger zinnoxydfreies Email (Glasur) als glanzgebender Überzug verwendet wird.

Leider stellen sich dieser Arbeitsweise ernstliche Schwierigkeiten entgegen, indem beim Fertigbrande, infolge der porösen, gesinterten Natur des ersten Auftrags leicht Bläschenbildung eintritt, ferner die so emaillierten Geschirre eine eigelbliche Färbung zeigen und höhere Brenntemperatur benötigen.

Jedoch kann nicht geleugnet werden, daß besonders für die Emaillierung billiger Artikel der Tonzusatz zum Email häufig ein höherer sein kann, als dies bisher der Fall ist. Die in dem Ton enthaltene Tonerde (Al_2O_3) erleichtert beim Schmelzen des Emails im Wannen- oder Tiegelofen die Reaktion zwischen Natron, Kali, Kalk, Magnesia und Kieselsäure und wirkt bis zu einer gewissen Grenze gleichsam als Vermittler für die Bildung von Verbindungen zwischen den genannten Oxyden, dabei die Rolle einer Base oder Säure spielend und diejenigen Komponenten neutralisierend, welche im Überschuß vorhanden sind, somit gewissermaßen den Zustand eines chemischen Gleichgewichtes erhaltend, der sonst nicht vorhanden wäre. Dabei erleichtert die Tonerde die Bildung einer homogenen Masse[1]). Ohne Anwesenheit von Tonerde würde das Email beim Schmelzprozesse und bei Berührung mit stark reduzierenden oder freien Kohlenstoff enthaltenden Gasen leicht Kohlenstoff in Form von Natriumkarbid aufnehmen. Die Elastizität, Bruchfestigkeit und Viskosität des Emails werden durch nicht übermäßige Mengen von Tonerde günstig beeinflußt. Die Tonerde hat die Neigung die Oberflächenspannung des Emails zu erhöhen und die schädliche Wirkung rascher Abkühlung des gebrannten, emaillierten Geschirres zum Teil aufzuheben.

Das Email wird also durch die vorhandene Tonerde unempfindlicher gegen plötzlichen Temperaturfall, sein Ausdehnungskoeffizient wird herabgesetzt und seine Zähigkeit erhöht.

Von Wichtigkeit jedoch ist es, daß die Tonerde des zugesetzten Tones möglichst gleichmäßig im Email verteilt sei.

Das vorzügliche Schlämmen des Tones vor dem Zusatze zur Mühle und das innige Vermahlen des Tones mit dem Email sind unerläßlich.

V. Der Borax und die Borsäure.

Der Borax oder tetraborsaures Natrium $= Na_2B_4O_7 + 10\,H_2O$ findet sich in der Natur als Tinkal in losen Kristallen und kristallinischen Körpern an den Ufern mehrerer Seen in Tibet sehr massenhaft und in bis 7 cm großen Kristallen auf dem Boden des seichten Clear-Sees in Kalifornien und in oberflächlichen Salzablagerungen Nevadas. Viel wichtiger ist jedoch der künstliche Borax. Der Tinkal kristallisiert monoklin in meist breiten, kurzen säulenförmigen Kristallen. Er ist farblos, aber meist gelblich-grünlich- oder graulich-weiß und zeigt Fettglanz.

Die normale chemische Formel ist $Na_2B_4O_7 + 10\,H_2O$ entsprechend folgender Zusammensetzung:

16,26 % Natron (Na_2O)
36,59 % Borsäure (B_2O_3)[2])
47,15 % Kristallwasser (H_2O)

[1]) Trans.-Amer.-Ceram. Soc. 1909. Bd. XI, S. 99. L. Friek.

[2]) Eigentlich ist B_2O_3 das Borsäurenhydrid (Borsäure — weniger Wasser). In der Praxis jedoch wird kurz von Borsäure gesprochen.

Meist ist der in der Natur vorkommende Tinkal verunreinigt durch seifenartige oder fette Materie, zerspringt bei schneller Erhitzung; vor dem Lötrohre bläht er sich stark auf, wird schwarz und schmilzt endlich zu einer klaren, farblosen Perle unter Rötlichfärbung der Flamme.

Der künstliche Borax.

Der gewöhnliche oder prismatische Borax (früher gereinigter oder raffinierter, venetianischer Borax genannt) kristallisiert in farblosen, durchsichtigen sechsseitigen Säulen, hat die chemische Formel $Na_2B_4O_7 + 10\,H_2O$, kristallisiert demnach mit 10 Molekülen Kristallwasser, besitzt süßlichen Geschmack, ist nicht giftig und reagiert schwach alkalisch. (Rotes Lackmuspapier wird gebläut.) Er löst sich in kaltem und kochendem Wasser und zwar (Abb. 3):

bei	0°	C	lösen	100	Teile	Wasser	2,83	Teile	krist.	Borax
„	5°	„	„	100	„	„	4,65	„	„	„
„	20°	„	„	100	„	„	7,88	„	„	„
„	30°	„	„	100	„	„	11,90	„	„	„
„	40°	„	„	100	„	„	17,90	„	„	„
„	50°	„	„	100	„	„	27,41	„	„	„
„	60°	„	„	100	„	„	40,43	„	„	„
„	70°	„	„	100	„	„	57,85	„	„	„
„	80°	„	„	100	„	„	76,19	„	„	„
„	90°	„	„	100	„	„	116,66	„	„	„
„	100°	„	„	100	„	„	201,43	„	„	„

Die chemische Formel leitet sich von der Tetraborsäure ab, eine Anhydrosäure, welche nur in ihren Alkalisalzen existiert. Man kann sich die Tetraborsäure theoretisch entstanden denken durch Zusammentreten von 4 Molekülen der trihydrischen Borsäure [oder normale Borsäure $= B(OH)_3$] unter Verlust von 5 Molekülen Wasser: $4\,B(OH)_3 - 5\,H_2O = B_4O_7H_2$.

Die wichtigste Gewinnungsart des Borax ist heute jedoch die aus der natürlich vorkommenden Borsäure (siehe diese) und aus mehreren in der Natur in großen Mengen vorkommenden Mineralien, den Boraten.

In der geschmolzenen Masse lösen sich viele Metalloxyde und Metallsalze auf und bilden damit durchsichtige Gläser von charakteristischer Färbung; so geben Kupferoxyd blaues, Chromoxyd grünes Glas usw.

Er verwittert oberflächlich an der Luft, verliert bei mäßigem Erhitzen Wasser unter Aufblähen, und schmilzt zu einem farblosen Glase bei 880° C.

Aus der bei etwa 70° C erwärmten, wässerigen Lösung des Borax von der Konzentration 30° Baumé = 1.260 scheiden sich rhomboedische Kristalle aus, die nur die halbe Anzahl der

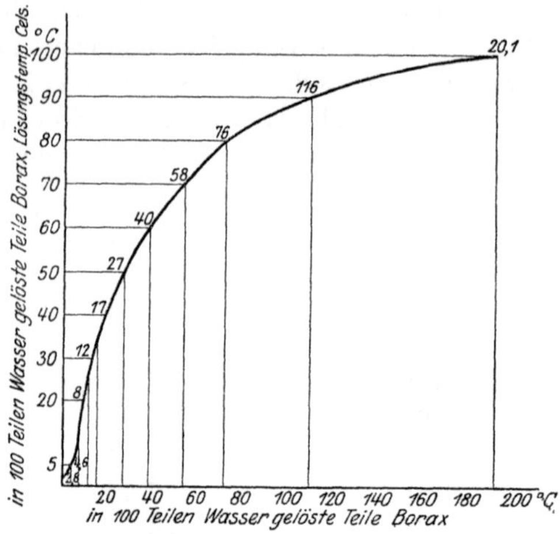

Abb. 3. Lösungskurve des krist. Borax $Na_2B_4O_7 + 10H_2O$.

Moleküle Kristallwasser enthalten, daher die Formel haben: $Na_2B_4O_7 + 5H_2O$ und bestehen aus:

30,8 % H_2O = Wasser
47,9 % B_2O_3 = Borsäureanhydrit
22,6 % Na_2O = Natron,

während wir gesehen haben, daß der gewöhnliche, prismatische Borax (Emaillierborax) die Formel $Na_2B_4O_7 + 10H_2O$ besitzt und besteht aus:

47,15 % H_2O
36,59 % B_2O_3
16,26 % Na_2O

(siehe näheres darüber bei Boraxfabrikation).

Dieser oktaedrische (Juwelierborax) ist infolge seines geringeren Wasser- und höheren Borsäure- und Alkaligehaltes wertvoller als der prismatische, kommt jedoch für die Fabrikation von Emails, Flüssen und Gläsern kaum in Frage.

Er ist fester als der prismatische Borax.

Bevor wir auf die Fabrikation des Borax eingehen, müssen die Rohprodukte desselben besprochen werden. Zu diesen Boraten gehören: Borazit, Borokalzit, Colemanit, Boronatronkalzit. Nachstehende Tabelle (S. 66) gibt eine kurze Übersicht der chemischen Zusammensetzung dieser wichtigen Mineralien.

Der Borokalzit.

Findet sich als Inkrustationen an den Borsäure-Lagunen Toskanas. Seine chemische Zusammensetzung ist entsprechend seiner Formel: $CaB_4O_7 + 6H_2O$ (Kalziumtetraborat) =

20,92 % Kalk (CaO)
52,18 % Borsäure (B_2O_3)
26,90 % Kristallwasser (H_2O).

Ein ganz anologes Mineral ist der Hayesin (nach dem Mineralogen Hayes so genannt), ein Biborat des Kalziumhydroxydes = $CaO(B_2O_3) + 4H_2O$ mit

46,11 % Borsäure (B_2O_3)
18,89 % Kalk (CaO)
35,00 % Kristallwasser.

Der Hayesin bildet Knollen (Tiza genannt) aus zarten, schneeweißen Kristallnadeln und findet sich häufig vermischt mit Mexit = ein Kalk-Natronborat (siehe diesen) und Glauberit ($CaSO_4 + Na_2SO_4$), auch mit Natronsalpeter ($NaNO_3$) vermengt in der Ebene von Iquique in Peru (siehe Salpeter). Nach einigen Mineralogen soll der Hayesin 6 Moleküle Kristallwasser enthalten, nach anderen Natrobovokalzit.

Der Colemanit oder Pandermit.

Kristallisiert monoklin in 47 Formen (nach Jackson und Eakle). Die Kristalle sind bald kurzprismatisch, bald rhomboedisch, bald scheinen sie mehr längsprismatisch und rhombisch. Die Härte ist gleich 3,5 — 4. Das spezifische Gewicht = 2,42. Er hat Glasglanz bis Diamantglanz, ist farblos und

Die Borate oder Bormineralien.

	Chemische Formel	Anzahl der Moleküle					Zusammensetzung in Prozenten					
		Borsäure B_2O_3	Natron Na_2O	Kalk CaO	Magnesia MgO	Krist. Wasser	B_2O_3	Na_2O	CaO	MgO	$MgCl_2$	H_2O
Tinkal	$Na_2B_4O_7 + 10\,H_2O$	$2\,B_2O_3$	Na_2O	—	—	$10\,H_2O$	36,59	16,26	—	—	—	47,15
Borokalzit	$CaB_4O_7 + 6\,H_2O$	$2\,B_2O_3$	—	CaO	—	$6\,H_2O$	52,18	—	20,92	—	—	26,90
Colemanit-Pandermit	$Ca_2B_6O_{11} + 5\,H_2O$	$3\,B_2O_3$	—	$2\,CaO$	—	$5\,H_2O$	50,09	—	27,2	—	—	21,9
Boronatronkalzit	$Na_2Ca_2B_{10}O_{18} + 6\,H_2O$	$5\,B_2O_3$	Na_2O	$2\,CaO$	—	$12\,H_2O$	45,24	8,83	15,4	—	—	30,79
Borazit	$Mg_7Cl_2B_{16}O_{30}$	$8\,B_2O_3$	—	—	$MgO\,6\,MgCl_{12}$	—	62,5	—	—	26,9	10,6	—
Hayesin	$CaB_4O_7 + 4\,H_2O$	$2\,B_2O_3$	—	—	—	$4\,H_2O$	46,11	—	18,89	—	—	35,00

durchsichtig. Seine empirische Formel ist $Ca_2B_6O_{11} + 5 H_2O$ also am Kalkborat mit 5 Kristallwasser darstellend und bestehend aus:

27,2 % Kalk (CaO)
50,9 % Borsäure (B_2O_3) (Anhydrid)
21,9 % Kristallwasser (H_2O).

Vor dem Lötrohre blättert er sich auf, dekrepitierend (in Stücke zerspringend unter Knistern) und unvollständig schmelzend. In heißer Salzsäure löst sich der Kolemanit vollständig und scheiden sich daraus beim Erkalten Kristalle von Borsäure ab. Er findet sich in Death Valley im Inyo Co. und im Kaliko-Distrikt San-Bernardino Co. in Kalifornien, $^1/_2$—2 cm große prachtvolle Kristalle mit Quarz in Drusen einer derberen Abart; letztere erscheint auch als weiche, kreideähnliche Substanz (Priceit genannt). Der Pandermit ist ein dem Kolemanit sehr nahestehendes wasserhaltiges Kalziumborat (vielleicht nur eine kompakte Varietät des Kolemanits) und bildet schneeweiße, feinkristallinische, marmorähnliche Knollen und Stöcke in grauem Gips aus dem Hinterlande von Panderma am Schwarzen Meere.

Der Boronatrokalzit oder Natroborokalzit.

Der Boronatrokalzit auch Mexit genannt, findet sich in Form von weißen, knolligen Massen mit filzigfeinfaseriger Zusammensetzung und dem spezifischen Gewichte = 1,8.

Fundorte sind Iquique (Peru), in der argentinischen Provinz Jujuy, in den Salzmarschen von Esmeraldo Co., Nevada, sowie in Süd-Afrika und Neuschottland. Nach Whitfield kommt dem Mineral die Formel zu: $Na_2Ca_2B_{10}O_{18} + 6 H_2O$, also ein Natrium-Kalziumborat mit 6 Molekülen Kristallwasser und bestehend aus:

15,04 % Kalk (CaO)
8,83 % Natron (Na_2O)
45,24 % Borsäureanhydrid (B_2O_3)
30,79 % Kristallwasser (H_2O).

An der Oberfläche sind die Knollen mit etwas Kochsalz, Gips und Glaubersalz (Na_2SO_4) gemengt; das Pulver ist in verdünnter Salzsäure oder Salpetersäure leicht löslich.

An der Westküste Afrikas finden sich ähnliche Knollen, Tinkalcit genannt. Auch der Franklandit von Tarapaca in

Chile und der Kryptomorphit von Windsor in Nova Scotia gehören in diese Gruppe.

Der Borazit.

Dieses für die Boraxfabrikation in Europa sehr wichtige Ausgangsprodukt, daß sich auch als Staßfurtit in nicht unbedeutenden Mengen in den Staßfurter Abraumsalzen findet, kristallisiert in regulärem System, doch bei gewöhnlicher Temperatur aus rhombischen Teilen bestehend. Die vollständig ausgebildeten Kristalle sind kaum 1 cm groß. Bei Staßfurt finden sich die Kristalle in Drusenform. Der Bruch ist muschelig, spröde: die Härte = 7, das spezifische Gewicht = 2,9 — 3.

Der Borazit ist weiß, farblos, manchmal gelblich-grünlich-graulich-weiß, zeigt Glas- bis Diamantglanz, ist durchsichtig bis kantendurchscheinend, doppeltbrechend, wird durch Erwärmung polarelektrisch.

Die empirische chemische Formel des Borazits ist: $Mg_7Cl_2B_{16}O_{30}$.

Man kann sich das Salz zerlegt denken in:

$6 MgO$ (Magnesiumoxyd)
$MgCl_2$ (Magnesiumchlorid)
$8 B_2O_3$ (Borsäureanhydrit)

oder auch als das von 16 Molekülen der Metaborsäure HBO_2 abgeleitete saure Magnesiumsalz $Mg_2H_2B_{16}O_{32}$, in welchem 2 Hydroxylgruppen (OH) durch 2 Chlor (Cl) ersetzt sind. Der Borazit enthält zufolge seiner Formel:

62,5 % Borsäure (B_2O_3)
26,9 % Magnesia (MgO)
10,6 % Chlormagnesia ($MgCl_2$).

Manchmal wird das MgO durch 1 — 2 % FeO (Eisenoxydul) vertreten. Manche Kristalle (z. B. von Dougloshall) enthalten 7,9 % FeO Spuren von Wasser und Kalziumsulfat (Gyps = $CaSO_4$).

Der Borazit schmilzt vor dem Lötrohre nur schwierig zu einer Perle unter Aufwallen, welche klar und gelblich ist, nach dem Erstarren jedoch ein weißes Aggregat von undurchsichtigen Kristallnadeln darstellt. In Salzsäure ist der Borazit schwer aber völlig löslich.

In Gips und Anhydrit eingewachsene Kristalle finden sich bei Lüneburg und Segeberg, ferner im Karnallit ($KCl + MgCl_2$) von Leopoldshall bei Staßfurt und Douglashall bei Westeregeln (Provinz Sachsen).

In der Karnallitregion von Staßfurt und den anderen subherzynischen Salzlagerstätten findet sich der Borazit auch in mitunter kopfgroßen, kugeligen Knollen, feinkörnig, dicht oder faserig mit spärlichem Wassergehalt (sogenannter Staßfurtit).

Einige wenig wichtige, weil seltenere Borate seien nur kurz erwähnt: Pinnoit $= MgB_2O_4 + 3\,H_2O$ (24,39 % Magnesia, 42,69 % Borsäure, 32,92 % Wasser), findet sich in den höheren Schichten der Kainitregion ($MgSO_4 + KCl + 3\,H_2O$) von Staßfurt und Leopoldshall, häufig verwachsen mit erdigem Borazit oder Kainit.

Ascharit $= 3\,Mg_2B_2O_5 + 2\,H_2O$, reine weiße Knollen in Kainit und Steinsalz von Schmidtmannshall bei Aschersleben.

Szajbelyit, kleine, schneeweiße Kugeln in dem körnigen Kalk von Rezbanya (Ungarn) $= (2\,Mg_5B_4O_{10} + 3\,H_2O) =$

54,65 % Magnesia
38,35 % Borsäure
7 % Wasser.

Härte = 3,5, spezifisches Gewicht = 2,7.

Hydroborazit, gipsähnliche Masse am Kaukasus und bei Staßfurt

$CaMgB_6O_{11} + 6\,H_2O$ mit 13,59 % Kalk
9,67 % Magnesia
50,67 % Borsäure
26,12 % Wasser.

Lagonit, an den Borsäurelagunen Toskanas als gelbe, erdige Substanz. Wasserhaltiges, borsaures Eisenoxyd $Fe_2B_6O_{12} + 3\,H_2O$, also ein Gemenge von Borsäure und Limonitocker.

Hambergit, rhombisch, prismat. Kristalle.

Berylliumborat $= Be_4B_2O_7 + H_2O$ oder

$Be_2(OH)BO_3$ mit 53,3 % Berylerde
37,1 % Borsäure
9,6 % Wasser.

In Flußsäure löslich; sehr selten im Langesundfjord.

Die größten Mengen von Boraxrohmaterialien kommen als sogenannter Borkalk von Argentinien. Über dieses literaturarme, interessante Thema entnehmen wir einem fachmännischen Berichte des Dr. Fr. Reichert in Buenos-Aires nachfolgende Mitteilungen [1]:

Der Boronatronkalzit findet sich in ausgedehnten Lagern in Nordwestargentinien, im „Territorionacional de los Andes". Dieser Borkalk findet sich jedoch zumeist in entlegenen, schwer erreichbaren Orten und ist es daher notwendig, um die hohen Frachtkosten teilweise wieder wett zu machen, ein hochkonzentriertes Rohprodukt zu verladen, also eine evtl. chemische Aufbereitung des Rohproduktes an Ort und Stelle. Dazu dienen mehrere Methoden. Im Vulkangebiete der Puna de Atacama finden sich bedeutende Schwefellager und lag es nahe, dieselben als geeignete Hilfssubstanz zur Zersetzung der Borate zu benützen.

In Buenos Aires hatte sich eine Gesellschaft „Borax argentina limitate" gegründet, in der Absicht, den Borkalk der Puna mit schwefeliger Säure ($SO_2 + H_2O$) zu zersetzen, die erhaltene Borsäure zu kalzinieren und als unreines Anhydrid (B_2O_3) auf den Markt zu bringen. Laboratoriumsversuche ergaben ein 80 bis 85 %iges Borsäurepräparat. Außerdem trachtete Dr. Reichert die Umsetzung des Borkalkes mit natürlich vorkommendem Soda zu versuchen. Der Soda findet sich nämlich im Trockengebiet der Puna massenhaft als sodahaltige Salzeffloreszenz.

Die wichtigsten Fundorte sind:

1. Die Borateras am Salar von Hombre muerto.
2. Die Borateras am Salar von Ratores.
3. Die Borateras von Diablillos.
4. Die Borateras am Salar von Pastos Grandes.
5. Die Borateras am Salar von Caurchari.
6. Die Borateras am Salar von Rincon.
7. Die Borateras an der Saline grande in der Puna von Jujuy usw.

Die Boratschichte findet sich in der Puna in 2 Schichten:

a) das Mineral bildet eine Schicht von den bekannten knolligen Absonderungen,

[1] Die argentinischen Borkalklager. Chem. Ztg. 1906. N. 15. S. 150.

b) das Mineral bildet eine zusammenhängende bankartige Decke von homogener Beschaffenheit.

Der Typus b) ist regional am weitesten verbreitet.

Diese Verschiedenheit des Auftretens des Minerals ist sehr beachtenswert, weil hieraus a priori ein Schluß auf die Qualität des Rohproduktes gezogen werden kann.

Das Rohborat aus den bankartigen Lagern enthält weniger Borsäureanhydrid und mehr Verunreinigungen (Kochsalz, Gips usw.) als das knollige Material, indem die Borkalkbänke sehr poröse Schichten bilden, die die vorhandene Flüssigkeit aufsaugen. Dazu kommt noch, daß diese Bänke über salzhaltigem Grundwasser aufsitzen, wodurch sich durch Infiltration eine Menge gelöster Salze aufspeichern.

Die Knollen hingegen zeigen eine dichtere, undurchlässigere Struktur, bilden keine zusammenhängende Masse, sondern liegen getrennt und verhindern das Fortschreiten des evtl. zutretenden Salzwassers durch die Gesamtmasse.

Die Boratschicht vom Typus a) liefert demnach in der Regel ein reines Produkt. Fast alle Borateras liegen am Ostrande der „Puna von Atacama“ auf 4000 m Meereshöhe. Die günstigsten Eintritts- und Verladestellen sind die Städte Salta und Jujuy am Schienenstrang der argentinischen Nordbahn gelegen.

Das südlichste Vorkommen ist der Borateras:

1. Am Salar von „Hombre Muerts“. Eine riesige Salzfläche, welche an verschiedenen Randstellen Borkalkanhäufungen besitzt, insbesondere am Ostrande „La Calchaguina“ und „La Providencia“. Sie bedecken ein Areal von 1800 ha, mit einer Schichtmächtigkeit von 1 m. Der Borkalk findet sich daselbst in großer Reinheit als Knollen mit mäßigem Kochsalzgehalt: Eine Analyse ergab:

Na_2O	9,12 %	$CaSO_4$	1,05 %
CaO	12,17 %	Fe_2O_3	0,27 %
B_2O_3	39,80 %	Sand	4,34 %
$NaCl$	9,30 %	H_2O	32,92 %

Transport und Frachtkosten sind ungünstig und geschieht ersterer auf Maultierrücken (7 Tage Marsch). Verladestelle ist Zwiria bei Salta und die Ladung kostet — 125 kg — für 1 Tier

7 Pesos Papier = 12,60 M. Es fehlt an Brennmaterial und Futterplätzen für Lasttiere.

2. Die Borateras am Salar von „Ratones" liegen eine Tagereise nördlich vom vorigen Salar und sind noch wenig bekannt. Der Borkalk findet sich daselbst in gekröseähnlichen Bänken. Schlechte Arbeitsbedingungen, Verladestelle, wie oben, ist Zwiria.

3. Die Borateras „Diablillos". 6 km östlich von „Ratones", auf 4000 m Meereshöhe und große isolierte Lager in homogener Schicht bildend. Das Nichtzusammenhängen mit der Salzzone eines Salars verhindert das Ansammeln von Salzen. Das Borat ist daher ziemlich rein von Fremdstoffen.

Eine Probe enthielt:

Na_2O	8,70 %	$CaCO_3$	4,15 %
CaO	9,34 %	$CaSO_4$	0,53 %
B_2O_3	30,64 %	Fe_2O_3	1,34 %
H_2O	30,92 %	Ton	4,10 %
$NaCl$	6,01 %	Sand	4,34 %

Der Borkalk hat ein stark zersetzt aussehendes, weißgraues Gepräge, von einer mittleren Mächtigkeit von 50—100 cm.

Das ganze Areal ist in gesetzlich vorgeschriebene Flächenkomplexe geteilt (1 Pertenencia = 100 ha). Bisher sind 27 solcher Flächen an Konzessionare abgegeben. Der Betrieb liegt darnieder wegen Transportschwierigkeiten und Frachtkosten. Das Lager reicht für Dezennien.

4. Die Borateras am Salar von Pastos Grandes. 2—3 Tagereisen nördlich von Dieblillos am Fuße des 6000 m hohen Nevado de Pastos Grandes und dem über 5000 m hohen Schwefelberg Cerro Azesre liegt in 4100 m Höhe der Salar von Pastos Grandes. An den Rändern dieser Saline liegen die Borateren von „La Paz", „Le blanca Lila", „Aguasamargos", „Sin nombre" usw. Die Schichtenbildung ist ähnlich der des Diablillos. Mächtigkeit des Lagers bis 100 cm. Reichliche Kochsalzablagerungen. Das Mineral enthält:

Na_2O	7,67 %	$NaCl$	17,35 %
CaO	9,24 %	$CaSO_4$	1,98 %
B_2O_3	31,05 %	Fe_2O_3	1,10 %
H_2O	28,01 %	Unlösl.	3,60 %

Die Boratere liegen derzeit verlassen und im Besitze des englischen Konsortiums. Fracht- und Transportverhältnisse liegen günstiger. Stationen sind Zwiria und Cerillos. Letztere ist vorteilhafter, da der größte Teil des Weges auf Karren zurückgelegt werden kann. Die Fracht nach Cerillos (Salta) kostet — die Wagenladung à 2000 kg — vom fahrbaren Weg bis zur Station 24 Pesos Papier = 43,20 Mk. (4 Tage); vom Lager bis zur Fahrtstraße auf Maultieren 2 Pesos = 3,60 Mk. (2 Tage). Futter, Wasser, Brennmaterial reichlich vorhanden, jedoch Mangel an Arbeitskräften.

5. Die Lager von Antuco. Südlich des Salars von Cauchari, am Wege der nach Chile führenden großen Atacamastraße, 80 km nördlich von Pastos Grandes auf 4000 m Seehöhe. Die Zusammensetzung des Antucominerals schwankt je nach der Schicht.

Das Material findet sich in Bänken und in Knollen.

Analyse:

Na_2O	7,88 %	$CaSO_4$	0,63 %
CaO	10,04 %	MgO	0,42 %
B_2O_3	32,25 %	Fe_2O_3	2,41 %
H_2O	24,25 %	Unlösl.	10,19 %
$NaCl$	10,03 %		

Die Mächtigkeit des Lagers ist etwa 100 cm. In Antuco wurde vor Jahren von der deutschen Firma Boden & Co. das Mineral gewonnen und nach Hamburg gebracht. Transportverhältnisse günstig. Verladung erfolgt in Cerilles. Fracht für 2000 kg 35 Pesos = 63 Mk. (6 Tage). Reichliches Wasservorkommen. Weideplätze und Holz in beschränktem Maße.

6. Die Borateras am Salar von Cauchari. Die Borkalklager dieser Gruppen zählen zu den wichtigsten. Es ist dies eine Saline von riesigen Dimensionen mit Borkalklagern für lange Zeiträume reichend. Besonders am westlichen Ufer liegen große Lager, welche man in eine nördliche, zentrale und südliche Gruppe teilt.

Alle 3 Gruppen sind in „Pertenencien" geteilt, die in ihrer Gesamtheit vielleicht das größte borführende Areal bedecken. Die Mächtigkeit ist bis 200 cm. Leider enthalten die Bänke viel Feuchtigkeit und Kochsalzverunreinigung.

Der Cauchariborat zählt daher zu denen, die die meisten Verunreinigungen enthalten.

Eine Analyse ergab:

Na_2O	7,63 %	NaCl	17,83 %
CaO	11,60 %	$CaSO_4$	1,38 %
B_2O_3	37,01 %	Fe_2O_2	0,70 %
H_2O	22,68 %	Unlösl.	1,20 %

Nur einzelne Lager werden bisher abgebaut, wie „Porvenir“ und „Saltena“ von dem Besitzer Schmied-Buenos Aires. Die nächste Eisenbahnstation für die mittlere und südliche Gruppe ist Cerillos bei Salta. Der ganze Weg ist mit Karren befahrbar; die Fracht kostet 36—40 Pesos für 2000 kg (6—7 Tage). Die nördliche Gruppe (Borateren von Olaroz) können in Cerillos verladen, oder einen nach dem näheren Purmamarca an der argent.-bolivian. Eisenbahnlinie führenden Maultierpfad benützen. Der Arbeitslohn (Brechkosten) beträgt 35—40 Centavos für 60 kg. Reichliche Weideplätze und Holz vorhanden. Klima nicht ungünstig.

7. Die Borateras an der Saline Grande (Puna von Jujuy). Noch günstiger wie die Lager von Cauchari bei vorzüglicher Qualität, großer Ausdehnung. Erst durch diese Borateras gelangte der argentinische Borkalkexport zu einer gewissen Bedeutung. Fast an allen Rändern der Saline findet sich Borkalk in geschichteten Knollen in einer Mächtigkeit bis zu 100 cm.

Die wichtigsten Fundplätze sind:

a) Tres Morros, das Abbaugebiet der „Belgischen internationalen Boraxgesellschaft“. Die Boratera liegt auf 3900 m Höhe an vorzüglichen Transportwegen. Das Rohprodukt hat Knollenform, ist sehr rein und trotz des Zusammenhängens mit der Saline nur wenig Verunreinigungen. Analyse:

Na_2O	9,03 %	NaCl	5,08 %
CaO	12,10 %	Sand	3,05 %
B_2O_3	36,90 %	Ton	1,15 %
H_2O	33,20 %		

Infolge Preisfall des Borkalkes hat die belgische Gesellschaft im Jahre 1906 den Betrieb einstweilen eingestellt.

Wagenfracht (2000 kg) von Tres Morros nach Cerrillos 28 Pesos = 50,40 Mk. (4—5 Tage), nach Purmamarca noch billiger und kürzer.

Das Rohborat wurde an Ort und Stelle in rotierenden Trommeln kalziniert und ein 50—55 %iger Borkalk verschickt.

b) Triumvirato. An der gleichen Randseite wie Tres Morros, 6 km südlich. Rohmaterial und Frachten wie oben. In englischem Besitz.

c) Nino muerto. Am südwestlichen Rande der Saline, abwechselnd Bänke und Knollen. Viel Kochsalzgehalt. Analyse:

Na_2O	4,51 %	H_2O	24,58 %
CaO	8,07 %	$NaCl$	29,81 %
B_2O_3	24,78 %	$CaSO_4$	4,45 %
Fe_2O_3	0,70 %	MgO	4,92 %
Sand	1,26 %		

Mächtigkeit 50—100 cm. Besitzerin ist eine deutsche Minengesellschaft, die aber wenig Interesse an der Ausbeutung zu zeigen scheint. Frachtsätze in Cerillos wie in Tres Morros.

8. Die Lager am Salar von Rincon: Im zentralen Teile der Wüste, 3—4 Tagereisen westlich von Antuco, daher wenig lohnend. In englischem Besitze. Rincon hat jedoch den Vorzug, in der Nähe von Schwefel- und Sodalagern zu liegen, was für eine evtl. chemische Aufbereitung Vorteile bietet.

Statistik: Nach dem Berichte des statistischen Amtes in Buenos Aires beläuft sich die Ausfuhr[1]) im Jahre 1908 auf 3755803 kg, im Werte von 187790 Pes. Gold; davon nach Deutschland 880851 kg, Belgien 299529 kg, Frankreich 340280 kg England 1176827 kg. Aufträge 1058316 kg. Zusammen 3755803 kg. An der Spitze der Lieferanten steht die belgische Gesellschaft, ferner die Gesellschaft „Triumvirato“ und der Leiter von „Porvenir“, Schmied.

1906 war letztere Boratera die einzige, die im Betrieb war.

Neuere statistische Angaben:

Im Jahre 1908 wurden nach Deutschland eingeführt 16166500 kg Borkalk und andere Bormaterialien und zwar

---

[1]) Schiffsverladestellen sind: Colostiné (Provinz Santa Fé), Rosario, Buenos Aires.

aus Asien (Türkei) 1452000 kg, Chile 9365500 kg, Peru 4955900 kg.

Ausgeführt wurden im gleichen Zeitraume 539800 kg zumeist nach Rußland.

Österreich-Ungarn führten 1908 ein: 4016800 kg Rohborax im ungefähren Werte von 924000 Kronen.

Raffinierter Borax wurde eingeführt: 157700 kg im Werte von 58000 Kronen und ausgeführt: 2500 kg im Werte von 1000 Kronen.

Die Boraxfabrikation.

In Argentinien pflegt man häufig das Rohprodukt zu konzentrieren und chemisch aufzubereiten, um Transportkosten zu ersparen. Der durchschnittliche Borsäuregehalt von 35 % ist zu niedrig, um den Borkalk in diesem Zustande zu verschicken.

In „Tres Morros“ und „Porvenir“ geschieht die Konzentration in einfacher Weise durch Kalzinieren in rot. Trommeln, wozu als Feuerungsmaterial der Tolastrauch benützt wird. Das kalzinierte Produkt enthält zwischen 50—55 % B_2O_3. In „Porvenir“ entfernt man vor dem Kalzinieren einen Teil des Kochsalzes durch Waschen.

Weitere Verfahren sind das Schwefligsäureverfahren und das Sodaverfahren.

A. Schwefligsäureverfahren. Der zu diesem Verfahren nötige Schwefel kann gewonnen werden an den Vulkanen am Cerro Azufre bei Pastos Grandes (siehe vorhin) und an dem Lager am Cerro Lacco, nahe bei Rincon. Beide Vorkommen finden sich am Kraterrande in 5000 m Höhe.

Die Schwierigkeiten des Abaues des Schwefels sind jedoch zu groß, um das Verfahren rentabel zu machen. Dr. Reichert spricht sich daher gegen das sonst im Prinzipe gute Schwefligsäureverfahren aus.

B. Bei weitem aussichtsvoller erscheint dem genannten Forscher das Sodaverfahren. An den Ufern der Salare bedecken weiße Salzausblühungen den Boden. Diese Effloreszenzen bestehen hauptsächlich aus Kochsalz, schwefelsaurem Natron (Na_2SO_4 = Glaubersalz) und kohlensaurem Natron.

Der Gehalt an Soda beträgt 30—40 %. An einigen günstigen Stellen, wo ein kontinuierlicher Zufluß sodahaltiger

Mutterlaugen stattfindet, erreicht die Mächtigkeit der Ablagerung oft eine Tiefe von 50 cm und noch mehr.

Durch die hier herrschende Trockenheit der Atmosphäre wird der Verdampfungsprozeß außerordentlich beschleunigt.

Während die Antofogastasoda ein geeignetes Rohprodukt abgeben würde, um den Borkalk der Lager von „Hombre Muerto", „Diablillos" und „Ratones" zu zersetzen, ließe sich das Produkt von Checce zum gleichen Zwecke für „Rincon" verwenden. In Checce existiert außerdem eine sodahaltige Lagune.

Nachdem wir vorstehend dem interessanten Berichte Dr. Reicherts Platz gegeben haben, von dem Gedanken geleitet, über das so wichtige Vorkommen von Borkalk in Argentinien zu informieren, schreiten wir zur eigentlichen Boraxfabrikation, die nach verschiedenen Verfahren vor sich geht.

Das einfachste, in vielen Werken durchgeführte Verfahren besteht in der Umsetzung der Borate des Borkalkes, Boracites usw. durch Soda oder Soda und doppelkohlensaures Natrium. Der Borkalk wird in großen mit Rührern versehenen Kesseln unter Zufuhr von Dampf und Zusatz von kalzinierter Soda und Bikarbonat (etwa 6% von ersterer und 11% von letzterer in bezug auf das Gewicht des Borkalks) in Wasser gelöst[1]). Die Lösung, welche nunmehr Borax, Kochsalz usw. enthält, wird durch Filterpressen gepumpt, um dieselbe von den unlöslichen, erdigen und sonstigen Verunreinigungen zu trennen. Die klare, heiße Lösung gelangt in Kristallisationsbottichen aus Gußeisen, in welche eine Reihe von emaillierten Platten eingehängt werden. Man läßt sie nunmehr auskühlen und auskristallisieren.

Die Kristalle lösen sich leicht von den Platten ab, gelangen in Zentrifugen, um das anhaftende Wasser durch Schleudern zu entfernen, werden evtl. noch in Desintegratoren gemahlen und in Säcke gefüllt.

---

[1]) Der analytische Vorgang dabei ist folgender:

$$\underbrace{2(Na_2O, 2B_2O_3 + 2CaO, 3B_2O_3)}_{\text{Boronatrocalcit}} + \underbrace{2Na_2CO_3}_{\text{Soda}} + \underbrace{2NaHCO_3}_{\text{Bikarbonat}}$$

$$= \underbrace{5(Na_2O, 2B_2O_3)}_{\text{Borax}} + \underbrace{4CaCO_2}_{\text{Kohlens. Kalk}}.$$

Will man große Kristalle erzielen, so muß man die Lösung langsam erkalten lassen, die Kristallisation verzögern durch Isolierung der Kristallisationsgefäße mit schlechten Wärmeleitern. Würde man rasch auskristallisieren lassen, so erhielte man den sogenannten oktaedrischen Borax (Juwelierborax), welcher nur die Hälfte des Kristallwassers des vorigen enthält. Es ist klar, daß durch unrichtige Leitung des wichtigen Kristallisationsprozesses nicht nur der Boraxfabrikant Schaden erleiden würde, indem er für denselben Preis einen Borax liefern würde, welcher nur 23 % Kristallwasser statt 47 % enthält. Aber auch der Emailleur käme durch die Verwendung dieses wasserärmeren, demnach borsäurereicheren Produktes insofern zu Schaden, als er ein fehlerhaftes, zu viel Borsäure enthaltendes Email erzeugen würde.

Während in 100 kg des gewöhnlichen Borax, wie wir gesehen haben, 47 % Kristallwasser und nur 36,6 % Borsäure enthalten sind, besitzt der oktaedrische Borax nur 30,8 % Wasser, dafür jedoch 47 % Borsäure und 22,6 % Na_2O.

Wird die boraxhaltige Lauge bis 30° Bé eingedampft und allmählich erkalten gelassen, so bildet sich zwischen 78° C und 56° C auch oktaedrischer Borax. Unter dieser Temperatur scheiden sich die gewöhnlichen prismatischen Kristalle $Na_2B_4O_7 + 10H_2O$ aus, indem die frühere oktaedrische Form allmählich dabei in die neue Form übergeht. Will man daher oktaedrischen Borax erhalten (was für die Emailindustrie nicht gewünscht wird), so muß man die Mutterlauge vor jenem Punkte (56° C und 30° Bé) abgießen; man kann diese Mutterlauge auf prismatischen Borax verarbeiten oder von neuem eindampfen und kristallisieren lassen. Auf dieselbe Weise läßt sich leicht der prismatische (Emaillierborax) Borax in oktaedrischen verwandeln, indem man denselben bis auf den bestimmten Konzentrationspunkt auflöst, den Kessel verschließt und ihn erst dann öffnet und die Lauge abgießt, wenn die Temperatur auf 56° C gefallen ist. Wir sehen daraus, daß die Hauptschwierigkeit des sonst einfachen Prozesses der Boraxerzeugung in der richtigen Einhaltung einer bestimmten Temperatur und Konzentration vor dem Auskristallisieren gelegen ist.

Auch aus Borsäure und Natron hat man versucht Borax herzustellen. Man füllt 500 kg Wasser in einen Kessel, bringt es zum Sieden, und fügt in Portionen à 20 kg nach und nach 600 kg kristallisierte Soda = 222 kg kalzinierte Soda hinzu, läßt die Auflösung wieder sieden und fügt dann nach und nach 500 kg kristallisierte toskanische Borsäure (s. d.) hinzu. Endlich unterbricht man das Erhitzen, bedeckt den Kessel und läßt nach 30 Stunden die klare Flüssigkeit in flache Kristallisationsgefäße einfließen und langsam darin auskristallisieren. Durch Umkristallisation kann der so erhaltene Borax nochmals raffiniert werden.

Die Mutterlauge geht in den Betrieb zurück, bis sie an gewissen verunreinigten Salzen gesättigt ist. Erst dann wird dieselbe beseitigt, sofern man nicht Nebenprodukte daraus herstellen will.

Eine neueste Methode, über welche noch keine Betriebsresultate vorliegen[1]), beruht auf der Umsetzung der borsauren Salze mit Natriumsulfat. Weil dem Verfahren ein Interesse nicht abzusprechen ist, sei es hier kurz beschrieben.

Während nach den bisherigen Verfahren Borax in der Weise hergestellt wird, daß man die natürlichen Kalk- und Magnesiumborate in Borsäure überführt und diese mit kohlensaurem Natron (Soda) behandelt, oder daß man feingemahlenen borsauren Kalk längere Zeit mit Sodalösung kocht, schlägt G. E. Bailey vor, die vorgenannten borsauren Salze im Molekularverhältnis mit Natriumsulfat (schwefelsaures Natrium oder Glaubersalz = Na_2SO_4) zu mischen und in einem geeigneten Ofen zur hellen Rotglut aber nicht bis zum Schmelzen der Masse zu erhitzen.

Nehmen wir als Ausgangsprodukt den Colemanit an, dessen Formel, wie wir gesehen haben, $Ca_2B_6O_{11}$ ist, so wird die Umsetzung mit Natriumsulfat nach folgender Gleichung erfolgen:

$$\underset{\text{Colemanit}}{2\,Ca_2B_6O_{11}} + \underset{\text{Glaubersalz}}{3\,Na_2SO_4} = \underset{\text{Borax}}{3\,Na_2B_4O_7} + \underset{\text{Gips}}{3\,CaSO_4} + \underset{\text{Kalk.}}{CaO}$$

Die Umsetzung geht rasch vor sich. Die so erhaltene Masse wird mit kochendem Wasser ausgelaugt und die klare Lösung von Borax zur Kristallisation gebracht. Zur Ausführung des Verfahrens dient nachstehend abgebildeter Apparat (Abb. 4).

[1]) Amer. Pat. 911 695 vom 9. Febr. 1909 G. E. Bailey, Los Angelos, Kalifornien, übertr. auf A. Stevenson, Los Angelos. Chem.-Ztg. Rpt. 145.

Die Materialien werden durch die Öffnung *9* in den drehbaren Ofen *1* eingefüllt. Die Heizflammen (Ölgas) treten durch die Öffnung *10* ein. Das Einfüllen der zu erhitzenden Rohmaterialien geschieht mittels der Transportvorrichtung *28* und werden dieselben durch die in der Ausfütterung *25* vorgesehenen Erhöhungen *26* weiter durchgemischt und gelangen nach er-

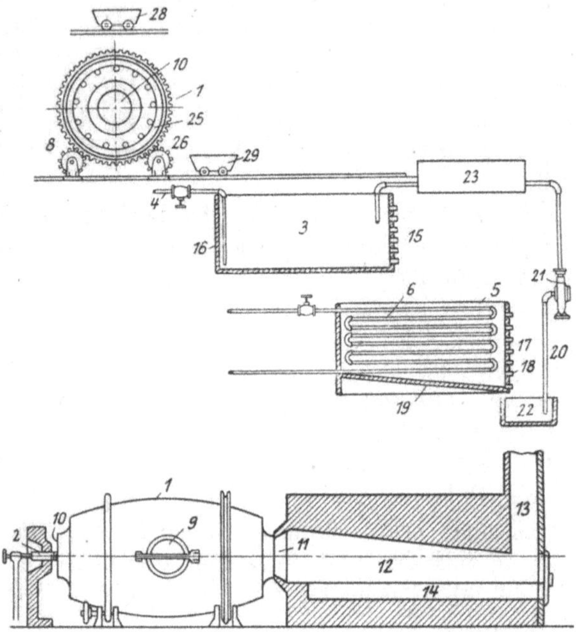

Abb. 4. Boraxfabrikation nach Bailey.

folgter Reaktion durch den Transportwagen *29* in das Auslaugegefäß *3*, in welchem das Reaktionsprodukt mit kochendem, durch die Leitung *4* einfließendem Wasser behandelt wird.

Die Öffnungen *15* dienen zum Abziehen der klaren Lösung, *16* zur Entfernung des unlöslichen Rückstandes (Gips und Kalk). Die Lösung wird dann in der Pfanne *5*, welche mit einem Kühlsystem *6*, Öffnungen *17* zum Abziehen der Flüssigkeit, der Öffnung *18* zur Entleerung des ausgeschiedenen Borax, sowie mit einem schrägen Boden *19* versehen ist, auf 0° C abgekühlt. Die vom Borax getrennte Lauge wird aus der Pfanne *22* von der Pumpe *21* durch die Rohrleitung *20* in den Vorwärmer *23* und von dort in das Auslaugegefäß *3* geleitet. Der Vorwärmer wird durch die bei *11* in die Kammer *12* eintretenden und durch den Schornstein *13* abziehenden Verbrennungsgase geheizt. In derselben Kammer ist ferner eine Verdampfungspfanne *14* aufgestellt, welche dazu dient, die Boraxlösung durch Eindampfen zur Kristallisation zu bringen, falls man auf die Kühlpfanne *5* verzichtet. Durch das Kühlverfahren erhält man den Borax als feines Pulver und erspart das bei langsamer Kristallisation nachher erforderliche Mahlen des Produktes.

Über die Rolle des Borax in der Emailfabrikation.

Der kristallisierte Emaillierborax von der Formel $Na_2B_4O_7 + 10H_2O$ besteht, wie wir bereits gesehen haben aus:

16,26 % Natron (Na_2O)
36,59 % Borsäureanhydrid (B_2O_3)
47,15 % Kristallwasser (H_2O)

Er spielt in den Gläsern, Flüssen und Emails die spezifische Rolle eines Flußmittels infolge der Leichtschmelzbarkeiten von Natron und Borsäure.

Wenn auch andere Alkalien, wie Soda und Pottasche, als Flußmittel aufzufassen sind, so empfiehlt es sich die letzteren nur in mäßiger Weise heranzuziehen. Auch in der Glasfabrikation erzeugt man heute einige Spezialsorten, in welchen ein Teil der Kieselsäure durch Borsäure ersetzt ist (Borosilikatgläser). Borax erniedrigt den Schmelzpunkt der Emails und erlaubt uns denselben innerhalb gewisser Grenzen einen beliebigen Schmelzpunkt zu verleihen. Während im allgemeinen dem Borsäureanhydrid (B_2O_3) eine saure Funktion zugeschrieben wird, indem man Emails als gegenseitige feste Lösungen von Silikaten und Boraten (borsauren Salzen der Alkalien, Tonerde, Kalk) zu definieren sucht, fehlt es nicht an Stimmen, die der Borsäure amphotere Natur zuschreiben, das heißt, daß es sowohl als Base als auch als Säure fungieren kann, nämlich starken Säuren gegenüber als Base, starke Basen gegenüber als Säure.

Schon die Stellung des Elementes Bor im periodischen System, in welchem es den Übergang von den meist säurebildenden Metalloiden zu den meist basenbildenden Metallen bildet, spricht für die Schwierigkeit, die wirkliche Rolle der Borsäure in Emails und in chemischer Beziehung zu fixieren. In seinen Verbindungen nähert sich das Bor den Metallen Beryllium, Aluminium und Scandium[1]). C. B. Binns[2]) stellt fest, daß die Borsäure z. B. in Fritteglasuren die Kieselsäure nicht zu ersetzen vermag und spricht die Möglichkeit aus (wie dies schon Purdy und Fox getan hatten), daß die Wirkung des Borax in Glasuren der des Aluminiums ähnlich sei, indem beide der Entglasung (Kristallisation) entgegenwirken. Diese Theorie stützt Binns auf folgende Beweismethoden:

1. sucht er nachzuweisen, daß wirklich B_2O_3 als Base sich direkt mit SiO_2 verbindet. Durch Zusammenschmelzen der beiden (Borsäureanhydrid und Kieselsäure) im Molekularverhältnis 1:2 bei Segerkegel 6 erhielt er milchweiße Gläser, die durch Wasser gänzlich oder teilweise zersetzt werden. Man vermutet, daß das entstehende Borsilikat die Ursache der von Purdy und Fox beobachteten Opaleszenz in Glasuren ist, denen man Borsäure zusetzte, indem ersteres in den Glasuren suspendiert ist und beim Erkalten kristallisiert.

Bei genügend hoher Erhitzung beim Schmelzen des Gemisches von Borsäure und Kieselsäure im Platintiegel (1100—1200°) trat tatsächlich eine Reaktion ein, bemerkbar durch einen plötzlichen Temperaturanstieg. Nach Binns ist das Schmelzen von $B_2O_3 + 2\,SiO_2$ daher ein ähnlicher Vorgang wie der beim Schmelzen von $Na_2O + 2\,SiO_2$ oder $CaO + SiO_2$.

2. untersuchte Binns die Rolle des Bors in den Glasuren. Nach seiner Ansicht fungiert dasselbe hier tatsächlich als Base und dient dazu Aluminium ganz oder teilweise zu ersetzen, abgesehen von seiner besonderen Einwirkung auf den Schmelzpunkt der Glasuren. Diese Ansicht steht zwar mit den bisherigen Ansichten in der Keramik im Widerspruch, doch scheinen die ausführlichen Versuche Binns' manches Bestechende für dessen Theorie zu haben. Nach ihm verstärkt B_2O_3 die

[1]) Richters Lehrb. d. anorg. Chemie 1906, S. 278.

[2]) Transactions of the Amer. Ceram. Soc. X, S. 158. Sprechsaal 33, 1909, S. 480.

Wirkung des Al_2O_3 (Tonerde) hinsichtlich der Viskosität (Zähflüssigkeit). Er weist darauf hin, daß z. B. die B_2O_3hältigen Fritteglasuren nur unter der Annahme dem Bisilikatgesetz gehorchen, daß die Borsäure die Rolle einer Base darin spielt. Jedenfalls bedarf diese interessante Frage noch weiterer Arbeiten.

Borsäurehaltige Emails sind leichtflüssiger und glänzender, doch geht Hand in Hand mit dem geringeren oder größeren Borsäure- bzw. Boraxgehalt eine größere oder geringere Widerstandsfähigkeit des Emails. Je mehr Borsäure in dem Email enthalten ist, um so mehr entfernt sich das Email von der charakteristischen, bedeutenden Unangreifbarkeit des Glases gegen Säuren und Alkalien.

Übrigens existiert kein Email, daß sich in dieser Beziehung mit dem Glase messen kann. Sogenannte säurefeste Emails, welche wenig Flußmittel, wie Borsäure und Alkalien enthalten, dafür kieselsäurereich sind, sind bis zu einem gewissen Punkte ziemlich widerstandsfähig; allerdings sind solche Emails weniger glänzend und schwer zu behandeln.

Übrigens ist ja die Rolle des Emails eine andere als die des eigentlichen Glases. Der Boraxgehalt in Prozenten in 100 kg Rohmischung schwankt bei guten, ausprobierten Emails innerhalb folgender Grenzen:

Blechgrund Email	30—45 %	zumeist	35—39 %
„ Weiß	20—34 %	„	24—27 %
„ Blau	18—29 %	„	23—29 %
„ säurefestes Email	13—23 %	„	24—29 %
Weiß f. Poterie	21—40 %	„	34—40 %
Puderweiß f. Poterie	40—44 %		

Der Boraxverbrauch für Emails kann für Deutschland mit rund 10000000 kg angenommen werden.

Allgemeine Winke für die Verwendung von Borax in der Emailfabrikation[1]).

Man lasse den Borax niemals im Freien lagern, da er Wasser anzieht, sein Gewicht verändert und dadurch Anlaß zu Mischfehlern geben kann. Aus demselben Grunde bestimme

[1]) Der Verfasser: Theorie und Praxis der Blech- und Gußemailindustrie. S. 7.

man zeitweise den Feuchtigkeitsgehalt ankommender Boraxsendungen, um evtl. den Lieferanten zum Ersatze heranzuziehen. Es konnten in Sendungen bis 6 % Feuchtigkeit oder auch Wiegedifferenzen konstatiert werden. Was dies in großen Emaillierwerken sagen will, bedarf keiner näheren Erläuterung. Man beziehe den Borax genügend fein gemahlen. In Werken, die Borax selbst erzeugen, achte man auf gute Trocknung durch genügend langes Ausschleudern in Zentrifugen und auf kleine Korngröße beim Mahlen. Je feiner der Borax gemahlen ist, um so inniger erfolgt die Mischung mit den anderen Komponenten des Emails, demnach um so gleichmäßiger und schöner dasselbe.

Im allgemeinen ist von der Selbstherstellung des Borax abzusehen, da mannigfache Störungen entstehen können. Nicht als ob der Bezug von Rohmaterialien dazu (Borkalk usw.) infolge des Syndikates unmöglich wäre, denn es gibt stets genügend Outsider-Lieferanten, die das Material besorgen. Wie denn überhaupt eine zu weit gehende Selbstfabrikation (siehe unter Zinnoxyd) von einzelnen Produkten nicht immer ökonomisch ist. Auch hier gilt das Gesetz der Arbeitsteilung und Arbeitsspezialisierung. Die chemische Fabrik, die sich mehr oder weniger ausschließlich mit der Boraxfabrikation oder mit der Erzeugung von Metalloxyden und Farben usw. beschäftigt, wird zumeist leistungs- und konkurrenzfähiger sein.

Die Borsäure.

Wir unterscheiden natürliche und künstliche Borsäure. Die natürliche Borsäure oder Sassolin genannt kristallisiert triklin. Gewöhnlich schuppenförmige oder auch faserige, sechsseitige Tafeln. Die Kristalle sind lose oder zu krustenförmigen und stalaktitischen Aggregaten vereinigt, sind spaltbar, mild und biegsam, farblos, meist gelblichweiß gefärbt, durchschneidend, Perlmutterglanz.

Die Borsäure fühlt sich fettig an, schmeckt schwach säuerlich und bitterlich. Die Borsäure wird in chemischer Beziehung durch die Formel $B(OH)_3$ oder BO_3H_3 dargestellt und kann aufgefaßt werden als aus 1 Molekül Borsäureanhydrid und 3 Molekülen Wasser bestehend, demnach $B_2O_3 \cdot 3H_2O$. Die reine Borsäure besteht demnach aus

56,39 % Borsäureanhydrid B_2O_3
43,61 % Wasser.

Die Borsäure ist leicht in kochendem Wasser, dagegen etwas schwerer in kaltem Wasser löslich, schmilzt vor dem Lötrohre und färbt die Flamme charakteristisch zeisiggrün.

Die Borsäure findet sich in der Natur frei in einigen vulkanischen Gegenden, namentlich in Toskana[1] (in Lardarello) und Sasso entweichen aus der Erde Wasserdämpfe (Fumarollen auf der Insel Volcano und Soffionen genannt), die geringe Mengen von Borsäure enthalten. Diese Dämpfe verdichten sich in kleinen natürlichen Wasseransammlungen (Lagoni) oder werden in gemauerte, mit Wasser gefüllte Bassins geleitet. Beim Eindampfen der wässerigen Lösung scheidet sich Borsäure aus.

Künstliche Borsäure erhält man durch Behandlung von heißer Boraxlösung mit Salpetersäure.

Die Borsäure scheidet sich dabei aus heißer Lösung in farblosen, glänzenden Schuppen aus[2]).

1 Teil Borsäure löst sich in 24 Teilen Wasser von 14° C oder in 3 Teilen Wasser von 100° C.

Die Lösung reagiert schwach sauer. Mit Borsäurelösung befeuchtetes Kurkumapapier färbt sich nach dem Trocknen rotbraun. Beim Kochen der Borsäurelösung verflüchtigt sich ein Teil der Borsäure. Die Borsäure ($B(OH)_3$) verliert beim Erhitzen auf 100° C 1 Molekül Wasser und geht dabei in Metaborsäure über (BO_2H), bei weiterem Erhitzen auf 140° C geht die Metasäure in Tetraborsäure ($B_4O_7H_2$) über. Beim Glühen entsteht das Borsäureanhydrid (B_2O_3) oder auch Bortrioxyd genannt, eine schmelzbare, glasige Masse vom spez. Gewicht 1,8, die nur bei sehr hoher Glühhitze etwas flüchtig ist. In Wasser löst sich das geschmolzene Anhydrid wieder zu Borsäure auf.

---

[1]) Nach H. E. Ashley, Transact. A. C. 12. S. 447, enthaltend etwa 70 % reine Borsäure, 15 % Borax, 15 % flüchtige Bestandteile und Sulfate.

[2]) Außerdem aus Borax und Kalziumborat (Kalifornien und Nevada, Chile), Magnesiumborat in Staßfurt, nach folgender Gleichung:

$$CaB_4O_7 \cdot 6H_2O + H_2SO_4 + H_2O = CaSO_4 \cdot 2H_2O + 2B_2O_3 \cdot 3H_2O.$$

(Siehe Staley, Technolog. Papers of Bur. of Stand. 20. 12. 1919. S. 43.)

Während die meisten Metalloxyde in der Borsäureschmelze löslich sind, zeigen die Oxyde von Beryllium, Aluminium, Chrom, Ittererde, Erbinerde, Silizium, Zirkon, Thor, Zinn, Molybdän (trioxyd), Uran Unlöslichkeit oder Schwerlöslichkeit in borsauren Schmelzen. (Gürtler, Sprechsaal 1907, No. 45.)

Ein Teil der Oxyde verändert nach dem gleichen Forscher beim Schmelzen mit dem Anhydrid die Oxydationsstufe, d. h. es bilden sich niedere Oxyde unter Abgabe von Sauerstoff, so z. B. Urantrioxyd, Chromsäureanhydrid, Manganoxyduloxyd und die höheren Oxyde des Mangans, Cerdioxyd, Thallioxyd und die Oxyde der Edelmetalle.

Antimonpentoxyd geht unter Abgabe von Sauerstoff als Trioxyd in Lösung, bei Zinnverbindungen trat immer Zerfall des Zinoxyds in Zinn und Zinndioxyd ein.

Auf nassem Wege ist die Borsäure chemisch leicht dadurch nachzuweisen, daß man die Probe mit Schwefelsäure erhitzt, dann Alkohol hinzufügt und diesen anzündet; die Flamme wird durch die mit dem Alkohol verdampfende Borsäure sehr deutlich grün gefärbt.

Was die Rolle der Borsäure im Email anbelangt, so wurde darüber im Kapitel „Borax" ausführlich geschrieben. Die Borsäure findet heute nur noch geringere Verwendung in der Emailfabrikation. In welcher Weise sich z. B. 100 kg Borax in einer Emailvorschrift durch entsprechende Mengen von Borsäure und Alkali ersetzen lassen, soll nachstehend gezeigt werden:

100 kg Borax bestehen aus:

16,26 % Natron (Na_2O)
36,59 % Borsäureanhydrid (B_2O_3)
47,15 % Wasser.

Borsäure besteht aus:

59,39 % Borsäureanhydrid
43,61 % Wasser.

Die natürliche toskanische Borsäure (Sassolin) enthält allerdings häufig nur 70 % reine Borsäure $B(OH)_3$. Wir wollen die Berechnung unter der Annahme durchführen, es mit einer reinen 100 %igen Borsäure zu tun zu haben. (Künstliche Borsäure.) Da in 100 kg Borax 36,59 kg B_2O_3 enthalten sind, so entspricht diese Menge $(100:53,39 = \times:36,59) = 68,53$ kg Borsäure. Die

16,26 kg Natron des Borax sind enthalten in 28,13 kg kalzin. Soda, nachdem 1 kg kalzin. Soda = 0,585 kg Natron ist.

Um 100 kg Borax daher zu ersetzen, müßten wir 68,53 kg reine Borsäure und 28,13 kg kalz. Soda vermischen. Eine einfache Berechnung an der Hand der vorliegenden Preise zeigt in den einzelnen Fällen, ob der Ersatz von Borax durch Borsäure und Soda rentabel sei. Für gewisse Farbemails hat sich die Borsäure gut bewährt, indem die Farbentwicklung des Farbkörpers in Email eine kräftigere ist.

Über quantitative Bestimmung von Borsäure und Boraten in Emails sei auf die vorzügliche, maßanalytische Methode von M. Hönig und G. Spitz hingewiesen (Zeitschr. für angewandte Chemie, 1896. Heft 18).

Ferner siehe Gooch und Jones, in derselben Zeitschr. für angewandte Chemie, 1899, Bd. 19, S. 417, oder Classen, „Ausgewählte Methoden der analyt. Chemie", 1903, Bd. 2, S. 592—594, ferner Arndt, Chem. Ztg., 1909, No. 80, S. 725.

VI. Chemische Technologie des Kryoliths und der Kryolithersatzmittel, wie Kieselfluornatrium und über die Rolle des Kryoliths in der Emailfabrikation.

Über die Gewinnung des natürlichen Kryoliths.

Das ackerbautreibende, ungemein regsame Dänemark besitzt in der weltabgeschieden gelegenen Insel Grönland eine durch die eigenartig geologische Beschaffenheit nnd insbesondere durch das Vorkommen von Minen des natürlichen Kryoliths charakterisierte Kolonie.

Insbesondere wichtig ist das Vorkommen von Kryolith in einer großen Mächtigkeit und Reinheit. Bekanntlich findet sich dieses für die Aluminium- und Keramindustrie hervorragend wichtige Mineral in abbauwürdiger Mächtigkeit nur in Grönland. Der Ausgangspunkt der Kryolithgewinnung ist der Ort Ivigtut im Südwesten der Insel, in 61° 12″ nördlicher Breite, was jedoch nicht verhindert, daß das Klima daselbst schon außergewöhnlich rauh und streng ist. Sind es im Winter eisige

Tabelle der theoretischen Zusammensetzung von Kryolith und verwandten Mineralien.

		Na	Al	F	Si	K	H_2O	Si	Ca	Vorkommen
Kryolith. . . .	$3NaF \cdot AlF_3$	32,79	12,85	54,36	—	—	—	—	—	Ivigtut am Arksutfjord, Pikes Peak in Colorado
Kryolitionit. .	$3NaF \cdot 2AlF_3 \cdot 3LiF$	18,5	14,5	61,22	5,66	—	—	—	—	Ivigtut am Arksutfjord, Pikes Peak in Colorado
Chiolith	$5NaF \cdot 3AlF_3$	28,8	17,5	57,7	—	—	—	—	—	Miask am Ural
Hieratit	$2KF \cdot SiF_4$	—	—	51,9	—	35,4	—	12,7	—	Fumarolen der Insel Vulkano (Hiera)
Prosopit. . . .	$CaAl_2(F \cdot OH)_8$	—	14,1	39,8	—	—	—	—	10,4	Pikes Peak, Torvel Co., Utah
Pachnolit . . / Thomsenolith	$NaF \cdot CaF_2 \cdot AlF_3 + H_2O$	10,3	12,2	51,5	—	—	8,1	—	17,9	Ivigtut (Grönland), Pikes Peak
Ralstonit . . .	$(Na_2Mg)F_2 \cdot 3Al(F \cdot HO)_3 + 3H_2O$	9,4	16,2	43,00	—	—	11,1	—	Mg = 4,9	Ivigtut (Grönland), Pikes Peak

Winde, welche über das Eiland in langen Winternächten hinwegstürmen, so sperren im Sommer oft schwimmende, von der Ostsee kommende Eisberge das Land monatelang von jedem Außenverkehr ab.

Die mittlere Jahrestemperatur erhebt sich kaum über 0°. Dementsprechend ist die Vegetation arm, Bäume sind daselbst unbekannt, und trotzdem entbehrt die einheimische Flora im Sommer nicht eines gewissen Reizes. Die Insel wird von fischerei- und jagdtreibenden Eskimos bewohnt.

Es ist daher leicht einzusehen, daß die Förderung von Erzen, in unserem Falle von Kryolith, mit großen Schwierigkeiten verbunden ist. Müssen ja nicht nur Arbeiter, sondern auch die meisten Lebensmittel zugeführt werden, und überdies gestattet das rauhe Klima das Erzfördern nur während weniger Monate im Jahre. In Ivigtut am Arksutfjord findet sich der Kryolith in einem fast senkrechten Stock in dem wesentlich aus Gneis bestehenden Gebirge und oft mit Eisenkies, Kupferkies, Bleiglanz, Zinkblende und Quarz, manchmal sogar mit schönen Kristallen von Columbit und Zinnstein, sowie mit Pachnolith ($NaF : CaF_2 : AlF_3 + H_2O$) vermengt.

Fundorte sind: Evigtok (Ivigtut) am Arksutfjord in Südgrönland (vermengt mit Pachnolith $= NaFCaF_2AlF_3 + H_2O$), wo er einen fast senkrechten Stock in dem wesentlich aus Gneiß bestehenden Gebirge bildet und oft mit Eisenkies, Kupferkies, Bleiglanz, Eisenspat, Quarz gemengt ist, auch manchmal schöne Kristalle von Columbit und Zinnstein (s. d.) enthält. Bei Miask am Ural als Begleiter des Chioliths $= 5\,NaF \cdot 3\,AlF_3$; ferner findet er sich auf einem Quarzgang im Granit in der Nähe des Pikes Peak in Colorado mit anderen Fluoriden ganz wie in Grönland.

Mit dem Kryolith oft zusammen vorkommende ähnliche Minerale sind: Chiolith, Pachnolith, Kryolithionit usw. (Siehe vorstehende Tabelle.)

	Analyse eines natürl. Kryolithes:	eines künstl. Kryolithes:
Aluminium	12,99 %	13,30 %
Natrium	32,29 %	32,50 %
Fluor	52,49 %	52,20 %
Eisen	0,22 %	0,02 %
Kieselsäure	1,74 %	1,— %
Wasser	0,27 %	0,98 %

Bei Miask am Ural finden sich auch ganz unbedeutende Mengen von mit Chiolith ($5NaF:3AlF_3$) vermengtem Kryolith, ebenso in der Nähe des Pikes Peak in Colorado, aber in nicht abbauwürdigen Mengen.

Die Kryolithlager Grönlands sind Eigentum des dänischen Staats, welcher das Alleinrecht des Abbaus dieses Minerals der „Aktieselskabet Kryolith Mine- og Handels Selskabet" verliehen hat.

Der Kryolith bedarf behufs Reinigung und Befreiung von den verunreinigenden Begleitmineralien bloß rein mechanischer, bzw. durch Handsortierung, Mahlung usw. vorzunehmender Operationen.

Diese Reinigung, sowie der ausschließliche Vertrieb für die ganze Welt mit Ausnahme Amerikas geschieht in der weltbekannten „Oeresunds Chemiske Fabriker, Kommanditselskab ved C. F. Jarl" in Kopenhagen.

Hart an dem Öresund gelegen, wo eigene zierliche Frachtsegelschiffe den Rohkryolith von Grönlands Gestaden in 14- bis 20tägiger schwieriger Schiffahrt herbeibringen, liegt der Musterbetrieb von Öresunds Chemiske Fabriker. Keine geringeren als der berühmte Thomsen und später Exzellenz Hagemann waren es, welche zuerst die Bedeutung des echten Kryoliths für die chemische, keramische, Email- und Aluminium-Industrie erkannt haben.

Allen Chemikern ist die Tatsache bekannt, daß es Thomsen gelang (1850), Soda industriell aus Kryolith herzustellen, welche Herstellungsweise erst mit der Einführung der modernen Sodafabrikationsmethoden (Solvayverfahren) ein Ende fand.

Und bei diesem Forschen nach neuen Verwendungsmöglichkeiten des Kryoliths gelangte man zu ganz überraschenden, für die moderne Industrie von ganz außerordentlicher Tragweite sich erweisenden Resultaten.

Bevor auf dieses wichtige Moment ausführlicher eingegangen werden soll, wird sich eine knappe Rekapitulation aller heute bekannten chemischen und physikalischen Eigenschaften des echten Grönlandkryoliths als nützlich für das Verständnis der späteren Ausführungen erweisen.

Der natürliche Kryolith, ein zu den wasserfreien Doppelfluoriden des Mineralreiches zählender Körper, kristallisiert monoklin in würfelähnlichen Kristallen, welche von drei fast aufeinander rechtwinkligen Flächenpaaren begrenzt werden und

Abb. 5. Abbau von grönländischem Kryolith auf Ivigtut.

nach diesen Flächen spaltbar sind. Auf den ersten Anblick erweckt der Kryolith den Eindruck einer quadratischen Täfelung an derben Massen, die sich bisweilen stufenförmig gelagert finden. Der Kryolith ist ein sprödes, farbloses, weißes, manchmal gelblich bis rötlich gefärbtes Mineral von der Härte = 2,5—3 (daher ziemlich weich) und dem spezifischen Gewicht 2,95—2,97; er schmilzt bei etwa 920° C.

Eine amerikanische Sorte ist schmutzig-grau gefärbt, doch ist darin ein Teil des Na durch Mg ersetzt. Der schwarze grönländische Kryolith gehört nicht zu den Seltenheiten. In allen Fällen verschwindet jedoch diese Färbung bsim Erhitzen.

Manchmal sind die Kristalle mit einer äußerst dünnen, leicht ablösbaren Haut bedeckt, die etwas Eisenoxydulhydrat enthält. Der Kryolith hat gewöhnlich Glasglanz, mitunter Perlmutterglanz, meist ist er jedoch nur schwach durchscheinend und fühlt sich etwas fettig an; er zeigt schwache Doppelbrechung des Lichtes. Seine chemische Natur wird ausgedrückt durch die Formel Na_3AlF_6 oder $3\,NaF \cdot AlF_3$ (3 Moleküle Natriumfluorid = Fluornatrium + 1 Molekül Aluminiumfluorid oder Fluoraluminium) und besteht in seiner reinsten Form aus:

Natrium = Na	32,79 %
Aluminium = Al	12,85 %
Fluor = F	54,36 %

oder anders ausgedrückt aus:

Fluornatrium = NaF	60 %
Fluoraluminium = AlF_3	40 %

Vor dem Lötrohr schmilzt er sehr leicht zu einer weißen, emailähnlichen Masse, färbt die Flamme rötlich-gelb und gibt die Fluorreaktion im Glasrohr. Diese Fluorreaktion besteht darin, daß man eine pulverisierte Probe des Kryoliths oder überhaupt der Fluoride mit konzentrierter Schwefelsäure (H_2SO_4) in einem kleinen Platintiegel erwärmt, welcher mit einer Glasplatte bedeckt wird, die vorher mit einer dünnen Wachsschicht überzogen wurde, in welche man mit einer Holzspitze Linien zeichnete, um den Glasgrund stellenweise zu entblößen. Nach einiger Zeit findet man das Glas an diesen Stellen geätzt. Nach Nicklès ist es aber besser, den Tiegel mit einer Platte von Bergkristall zu bedecken, weil die Schwefelsäuredämpfe für sich allein schon auf das Glas wirken. Auf Kohle schmilzt der Kryolith sehr leicht, zersetzt sich unter Hinterlassung von Tonerde (Al_2O_3), welche mit Kobaltsolution (Lösung von Kobaltnitrat) blau wird. Der Kryolith ist in Borax, Phosphorsalz ($NaNH_4HPO_4$) und in Chloraluminium leicht löslich, ebenso in konzentrierter H_2SO_4 unter Entwicklung von Flußsäure.

Der im Kryolith stellenweise vorkommende Bleiglanz erweist sich als stark silberhaltig (0,4—0,7%), und der Kupferkies enthält geringe Mengen von Gold. Ursprünglich kann der natürliche Kryolith bis 20% Beimengungen anderer Mineralien, wie Spateisenstein, Eisen- und Kupferkies, Zink- und Bleiblende, Quarz und einige andere zur Kryolithgruppe gehörige Körper enthalten. Diese Beimengungen sind gewöhnlich mit dem Kryolith verwachsen und kristallinisch.

Kryolith findet sich in den Gebirgsmassen kompakt eingesprengt, in einer Ausdehnung von 170 m Länge und über 60 m Breite. Das Mineral wird im Tagbau abgebaut, dessen tiefste Stelle derzeit 45 m unter dem Meeresspiegel liegt.

Bohrversuche haben ergeben, daß sich die Kryolithlager noch mindestens mehr als 50 m tiefer als der gegenwärtige tiefste Punkt erstrecken, ein Beweis von der Mächtigkeit des Kryolithlagers in Ivigtut.

Die Geologen sahen den Kryolith ursprünglich als ein Urgestein an, welches aus der Tiefe des Erdinnern in geschmolzenem Zustand herausgetreten war.

Die Tatsache jedoch, daß der fast unzertrennliche Begleiter des relativ leicht schmelzbaren Kryoliths (etwa 920° C) der schwerschmelzbare Spateisenstein ist, spricht gegen die ursprüngliche Hypothese der Kryolithbildung.

Man nimmt vielmehr an, daß sowohl der Kryolith als auch der ihn begleitende Spateisenstein simultan von den Fluten des Meeres durch Sedimentierung entstanden sind. Trotzdem halten viele Geologen an der ersten Eruptivtheorie fest. Man bemerkt an den Grenzen der Kryolithlager den granitischen Porphyr, welcher einen Fuß breit an den Grenzstellen charakteristische Formen und Muster zeigt, welche durch die Wirkung von Fluorgasen bei hoher Temperatur und hohem Druck sich erklären zu lassen scheinen.

Zur Erhärtung dieser Ansicht dient die Tatsache, daß breite und scharfkantige Granitfragmente bis zu 4 m Länge inmitten einzelner Kryolithlager gefunden worden sind.

Die flüssige Masse, aus welcher sich demnach der Kryolith gebildet hat, konnte daher keine schwache, verdünnte Lösung in Wasser sein, sondern muß schwerflüssig und von eruptiver Natur gewesen sein.

Die Kryolithbildung gehört daher einer frühen Zeitepoche an, da der ganze Strich der Sitz einer intensiven vulkanischen Tätigkeit gewesen ist.

Es ist als sicher anzunehmen, daß der Kryolith gleich allen Eruptivmassen ursprünglich wasserhaltig war, und dies erklärt Hand in Hand mit wahrscheinlich einem sehr hohen Druck die gleichzeitige Bildung von zwei so heterogenen Massen wie Kryolith und Spateisenstein. Der Schmelzpunkt des Kryoliths liegt unter normalen Umständen bei 920° C, aber unter den oben geschilderten Momenten dürfte er bedeutend niedriger gewesen sein.

Wir können daher schließen, daß die Bildung des Kryoliths in Ivigtut der Endeffekt vorhergegangener unterirdischer Kräfte in dieser Region ist, und daß diese Aktion in einem unterirdischen Hohlraum vor sich gegangen ist, in welchem die verhältnismäßig flüchtigen Fluorverbindungen sich angesammelt hatten.

Auch die äußere Form des Kryoliths selbst spricht für die Hypothese, daß das Mineral unterhalb der Erdkruste zur Erstarrung gelangt ist, und erst nachträglich durch Reißen der Erdkruste und im Lauf zahlloser Jahrhunderte an die Erdoberfläche gelangte.

Der Abbau wurde ursprünglich in Seehöhe begonnen. Durch den fortschreitenden Abbau in Tiefen unter der Seehöhe sind Wasserinfiltrationen in den Kryolithtagbauen häufig, was ein permanentes Auspumpen des Wassers nötig macht. Der Abbau selbst geschieht sehr einfach durch Sprengung und Hauen, und das Material wird auf aufsteigenden Schienenwagen nach oben gefördert. Hier beginnt die erste Sortierung, indem die großen, reinen Stücke mit der Hand ausgesucht und die gröbsten Verunreinigungen beiseite geworfen werden.

Nunmehr wird die Ware in eigenen Seglern verladen und nach Kopenhagen in die Öresunds chemischen Fabriken verschifft.

Die schmucken grönlandischen Kryolithsegler landen im Öresund, dicht an den Toren der Öresund'schen Fabrik, wo ıunmehr der Kryolith aufgearbeitet wird. Diese Aufbereitung ɔesteht im Prinzip in der minutiösen Handsortierung, Zerkleineung, wiederholten Sortierung der absolut reinen Stücke und Stückchen Kryolith von den Begleitmineralien.

In dieser Hinsicht leisten die Öresunds Chemiske Fabriker vohl das Vollkommenste, was man an peinlicher Sauberkeit, Eleganz und technischer Vollkommenheit der hierzu eigens kontruierten Magnetabscheider, Kollergänge, Wäschen usw. verangen kann. Der Laie ist überrascht von der Mühseligkeit ınd Gewissenhaftigkeit, mit der auch die kleinsten fremden Mineraleinsprengungen aus dem Kryolith mit Hilfe von mechaıisch bewegten Sticheln und Hämmern mit anschließender Handıortierung entfernt werden.

Nichts entgeht hierbei den geübten Händen und Augen der ːahlreichen mit dieser Manipulation betrauten Arbeiterinnen.

Das Roherz wird vorerst mittels Hämmer in Stückchen von 50 mm Durchmesser zerschlagen. Die so zerkleinerten Stücke gelangen auf automatisch bewegte Schüttelsiebe von verschiedener Maschenweite und werden hierdurch nach Korngröße sortiert.

Mit Ausnahme der feinen Korngrößen werden die anderen Sortierungen wieder durch gewissenhafte und geschickte Handarbeit von fremden Mineralien befreit, wobei noch kleine, mechaıisch bewegte Stichelhämmerchen benutzt werden, um auch die kleinsten anhaftenden Reste von Verunreinigungen abzulösen ınd abzuschlagen. Die eigentümliche Konstruktion dieser Hämmerchen gestattet der davor sitzenden Arbeiterin den Zwischenraum zwischen Hammer und Amboß ohne spezielle Handbewegung nach Belieben zu variieren, entsprechend der ıngleichmäßigen Größe der zu bearbeitenden Kryolithstückchen. Auf diese Weise ist die Arbeiterin in der Lage, in dem Maße, als die zerkleinerten Stückchen aus dem Hämmerchen heraustreten, dieselben mit den Händen zu sortieren und Verunreinigungen auszuscheiden. Man erhält hierdurch reinen und unreinen Kryolith getrennt (Abb. 6).

Eine große Anzahl dieser technisch hochinteressant konstruierten Hämmerchen ist unausgesetzt im Betriebe.

Die derart erhaltenen unreinen Stückchen gelangen auf ein kombiniertes System von bewegten Flächen, Förderschnecken,

Quetschbecken und eingeblasener Luft. Letztere bewirkt, daß sowohl der Mineralstaub als auch Holzpartikelchen und andere Verunreinigungen weggeblasen und für sich aufgefangen werden.

Durch diesen Prozeß erhält man nunmehr zweierlei Korngrößen, und zwar Kryolithstückchen von 1—14 mm und solche unter 1 mm Siebkorngröße.

Abb. 6. Abklopfen der Begleitmineralien oder Einsprengungen im Kryolith mittels Hämmerchen und Handsortierung.

Beide Produkte werden nunmehr in der üblichen Weise mit Rücksicht auf die verschiedenen spezifischen Gewichte von Kryolith (s = 2,9), Spateisenstein (s = 3,8), Zinkblende (s = 4,0), Kupferkies (s = 7,2), Eisenkies (s = 4,3) und Bleiglanz (s = 7,5) gereinigt (Abb. 7).

Die aus obigem Prozeß resultierenden gröberen Stückchen gelangen in ein System von Revolverschrauben, und jede Feinheitsnummer dieses Produktes wird auf gewöhnliche Weise durch Schüttelsiebe für sich gewonnen.

Das oben gewonnene feinere Produkt von unter 1 mm Korngröße wird zwecks Reinigung von Holzteilchen, Staub usw., sowie behufs Trennung von dem staubförmig feinen Kryolith, der sich sonst nicht abscheiden ließe, mit Wasser gewaschen.

Abb. 7. Handsortierung von Verunreinigungen im Kryolith.

Das gewaschene Material gelangt in einen sogenannten Klassifikator (System Bütgenbach) und dann behufs weiterer Trennung auf Schüttelmaschinen, sowie auf Schüttel- und Drehtischen (Abb. 8).

Das Ergebnis aller bisherigen Operationen besteht in zwei Qualitäten. Die eine ist nahezu vollständig reiner Kryolith, nur noch einige wenige Prozente anderer Mineralien enthaltend, während das zweite Produkt alle spezifisch schwereren Mineralien und etwa 10% Kryolith enthält. Beide Sorten gelangen nunmehr getrennt auf Elektromagnet-Separatoren (System

Wetherill). Hierbei wird das reinere Produkt vollständigt gereinigt (indem auch Zinkblende usw., welche stets etwas Spateisenstein enthält, mit dem letzteren durch die Magnete entfernt wird).

Auch das erwähnte unreine Produkt erfährt durch die Magnete eine weitere Scheidung und Aufarbeitung (Abb. 9).

Abb. 8. Reinigung des Kryoliths durch mechanische Wäschen.

Die gröberen Stückchen der reinen Qualität sind jedoch noch immer nicht vollständig von Verunreinigungen frei und müssen nochmals von Hand sortiert werden.

Der sich dabei ergebende unreine Abfall wird wieder zerkleinert und kehrt in die Naßbearbeitung oder Wäsche zurück. Die schweren Beimengungen, welche auf dem bisherigen Weg abgeschieden wurden, stellen ein Gemisch von Spateisenstein, Kupferkies, Zinkblende, Kryolith, Bleiglanz und geringen

Mengen von Eisenkies dar. Diese Produkte werden durch eine eigene Separation voneinander getrennt und jedes für sich durch Waschen usw. gewonnen.

Abb. 9. Elektromagnetische Separation der Begleitmineralien von Kryolith (System Wetherill).

Der gereinigte Kryolith wird nunmehr fein gemahlen und gelangt in diesem außerordentlich reinen Zustand, absolut blei-, kupfer- und zinkfrei und höchstens 0,12 % Eisen enthaltend auf den Markt.

Der ganze Kryolithbedarf der Erde wird von Grönland gedeckt, wo im südwestlichen Teil auf der Südseite von Arksutfjord, auf dem gleichen Breitegrad wie Bergen, 10 km vom Fjord entfernt, Ivigtut liegt. Dort tritt Kryolith an die Oberfläche. Das Mineral kam gegen Ende des 18. Jahrhunderts zum erstenmal nach Dänemark. Der Chemiker P. C. Albigaard stellte 1800 fest, daß Kryolith Flußsäure, Tonerde und sonstige Alkalien enthielt oder, wie man sich damals ausdrückte, Flußspatsäure, Alaun und Pflanzenasche. Von ihm erhielt der portugiesische Mineraloge d'Andrade e Silva Proben des Minerals und gab ihm den Namen Kryolith (Eisstein), weil es, namentlich in Wasser, rasch gefrorenem Eis gleicht. 1850 nahm Jul. Thomsen, damals Assistent am Laboratorium des Polytechnikums in Kopenhagen, Versuche vor zur Feststellung, ob das Material, das er als Aluminium-Natriumfluorid erkannte, zur Herstellung der damals wertvollen Produkte Soda und Alaun verwendbar war. Die Versuche glückten bei Zersetzung mit gebranntem Kalk sowohl auf trockenem als auch auf nassem Weg und bildeten die Grundlage für die Kryolithindustrie. Thomsen nahm die ersten Patente und machte sich um die Beschaffung des Materials aus dem unwirtlichen Grönland verdient. Gleichzeitig fand der mit ihm zusammen arbeitende Gaswerksdirektor Howitz, daß sich Kryolith zur Herstellung von Eisenemail verwenden ließ. Die Hauptverwendung war damals die für Kristallsoda, für die in Kopenhagen großer Absatz war, und 1858 begann Thomsen den Bau der Fabrik Oeresund am Öresund, die an seinem 33. Geburtstag, 16. Februar 1859, in Betrieb kam. Nach Thomsens Untersuchung war Kryolith eine Fluoraluminium-Fluornatrium-Verbindung, die mit $CaCO_3$ folgende Reaktion eingeht: $2\,AlF_3Na_3F_3 + 6\,CaCO_3 = Al_2O_3\,3\,Na_2O + 6\,CaF_2 + 6\,CO_2$. Der Prozeß erfolgte durch Glühen von Kryolith mit Kreide, zuerst in Retorten, ähnlich den auf Gaswerken benutzten, später in einem besonderen, von Thomsen konstruierten Ofen. Darin dauerte der Prozeß 4 Stunden, worauf man die Masse abkühlen ließ. Dann erfolgte eine systematische Auslaugung, wobei der Flußspat zurückblieb, und man erhielt eine ziemlich konzentrierte Lösung von $Al_2O_3\,3\,Na_2O$. Diese wurde darauf mit der ebenfalls bei dem Prozeß im Ofen erhaltenen CO_2 gefällt. Dabei erhielt man Tonerdehydrat mit etwas Natrongehalt und eine klare Lösung von Soda, die man eindampfen und auskristallisieren konnte. Die ausgelaugte Tonerde trocknete und verkaufte man oder man verarbeitete sie auf Alaun. Nach dem Muster der Fabrik in Öresund errichtete Thomsen solche in Pittsburg, Mannheim, Prag, Hamburg, Goldschmieden und Warschau. Aber 1871 fielen die Sodapreise plötzlich stark infolge der Einführung der Ammoniaksodamethode, und die Fabrik wäre in sehr schlechter Lage gewesen, wenn nicht für das Abfallprodukt Flußspat inzwischen sehr große Nachfrage zur Flaschenglasfabrikation eingetreten wäre. Gleichzeitig fanden in der Alaunfabrikation wesentliche Verbesserungen statt. Die ausländischen Fabriken hörten rasch auf mit der Sodafabrikation aus Kryolith, nur die in Amerika arbeitete noch einige Zeit nach Thomsens Methode.

Auch zur Herstellung von Milchglas fand Kryolith Verwendung und zwar 10% im Satz. Um 1880 begann die Herstellung von Email aus Kryolith, Feldspat, Quarz, Soda, Salpeter, Borax usw. Gleichzeitig fand Héroult die neue Methode zur Aluminiumdarstellung, wobei man durch ein Schmelzbad von Kryolith und Tonerde, im Verhältnis von 1:3 einen elektrischen Strom schickte. Der Kryolith dient hierbei auch nur als Flußmittel, der eigentliche Rohstoff ist Tonerde, die bekanntlich ein Aluminiumoxyd mit 53% Al ist und aus Bauxit (Tonerdehydrat) gewonnen wird. Zur Zeit findet Kryolith seine größte Verwendung in der Aluminiumindustrie, in zweiter Linie in der Emailindustrie und an dritter Stelle für Milchglas.

Ungefähr 50% der Gesamtförderung an natürlichem Kryolith finden heute bei der Aluminiumerzeugung Verwendung. Man kann im Mittel 3–4% Kriolithzusatz zur Tonerde bei der Aluminiumgewinnung annehmen.

Während bekanntlich das Aluminiumoxyd (Bauxit) das eigentliche Rohmaterial für die Aluminiumgewinnung darstellt, dient der unentbehrliche Zusatz von Kryolith dazu, die Schmelztemperatur herabzudrücken, daher Strom zu sparen und die teuren Kohlenelektroden zu schonen.

Die zunehmende Bedeutung des grönländischen Kryoliths geht auch aus der nachfolgenden Tabelle der Oeresunds Chemiske Fabriker in Kopenhagen hervor:

Weltabsatz an natürlichem grönländischen Kryolith (mit Ausnahme von Amerika).

Jahr	Gesamterzeugung an natürlichem Kryolith	Davon für die	
		Aluminium-Industrie	Eisenemail- und Milchglasindustrie
1904	2150 t	543 t	1607 t
1905	2900 „	1325 „	1675 „
1906	3300 „	1572 „	1728 „
1907	3260 „	982 „	2278 „
1908	3300 „	894 „	2406 „
1909	4521 „	1936 „	2585 „
1910	6077 „	2734 „	3343 „
1911	7044 „	3372 „	3672 „
1912	7158 „	3147 „	4011 „
1913	7800 „	3855 „	3945 „

Nach einem Rückgang des Kryolithverbrauches in der Aluminiumindustrie in den Jahren 1907/8, ist der Kryolithverbrauch in außerordentlicher Steigerung begriffen. Die Versuche eines bedeutenden südfranzösischen Aluminiumwerkes, statt des grönländischen Kryoliths ein Surrogat (künstlichen Kryolith) zu fabrizieren, führten bald wieder dazu, daß dieses Werk zu dem echten Naturprodukt zurückkehrte. Wir sehen überhaupt, daß auch in der Eisenemailindustrie, welche neben den Aluminiumwerken die wichtigste Kryolithkonsumentin ist, die in einzelnen Werken vor einigen Jahren aufgetretene Tendenz, den echten Kryolith durch künstliche Kryolithe oder gar durch Kieselfluornatrium zu ersetzen, im Rückgang begriffen ist, trotz aller gegenseitigen Behauptungen.

Im Jahre 1913 wurden von den grönländischen Kryolithlagern durch Oeresunds Chemiske Fabriken in Kopenhagen nach Europa und Asien ausgeführt 7759418 kg, davon gingen nach (in kg):

Frankreich . . .	1855466	Japan	62144
Deutschland . .	1508279	Schweden	87100
Österreich-Ungarn .	818493	Holland	45484
England	999964	Spanien	85374
Belgien	317764	China	2728
Rußland	690266	Portugal	5000
Schweiz	660100	Rumänien	4000
Norwegen . . .	361309	In Dänemark verwendet	37439
Italien	218511		

Die in der Chem.-Ztg. 1914, S. 270, veröffentlichte Statistik bezog sich auf 1911.

Gerade das Anschwellen der Verbrauchsziffern von 2585 t im Jahre 1909 auf rund 4000 t im letzten Jahre, also eine Steigerung von etwa 58 % in den letzten 5 Jahren beweist deutlich die Rückkehr maßgebender Emaillierwerke zu dem in außerordentlicher Reinheit und gleichmäßiger chemischer Zusammensetzung billig auf den Markt kommenden echten grönländischen Kryolith.

Dieser Tatsache muß sich heute auch jener Fachmann beugen, der vorübergehend und in einzelnen Fällen in den in schöner Qualität hergestellten Kunstprodukten einen wirklichen teilweisen Ersatz für den Naturkryolith zu erblicken glaubte.

Die Erfahrungen der letzten Jahre jedoch, die für den kleinsten Fabrikanten unmögliche Unkontrollierbarkeit, der unter mannigfachen, bald unübersehbaren Phantasienamen auf den Markt geworfenen Surrogate für den echten Kryolith, sowie die wechselnde Zusammensetzung dieser Surrogate, deren oft ins Ungemessene steigende Gehalt an nahezu wertloser Kieselsäure, spielen in der Tatsache der Rückkehr zur Verwendung von Naturkryolith eine wesentliche Rolle[1]).

Dabei ist der natürliche Kryolith auf dem besten Wege, neue Verwendung in der Herstellung sehr schöner Kryolith-

---

[1]) Siehe auch Ph. Eyer: „Die Eisenemaillierung", Leipzig 1907, S. 6, unter Kryolith, wo er sagt:

„. . . . Die chemische Industrie bringt auch ein künstliches Produkt in den Handel. Auch wird Kieselfluornatrium als Ersatz für den Kryolith angeboten. Es läßt sich gegen diese Ersatzmittel nichts einwenden, falls man das Rezept danach einrichtet, jedoch können sie nie einen vollwertigen Ersatz für Kryolith bilden.

glasuren für die Keramik, insbesondere für die Ofenkachelindustrie zu gewinnen.

In der modernen Milchglasindustrie spielt heute der grönländische Kryolith eine Rolle von steigender Bedeutung; der Zusatz beträgt bis zu 10 %.

In der Eisenemailindustrie findet der grönländische Kryolith ausgedehnte Verwendung bei der Bereitung von weißen und farbigen Emails.

Der Kryolithgehalt des Emails beträgt ungefähr 10—15 %. Hartmann[1]) weist sogar nach, daß man unter Umständen gute Emails mit 21 % Kryolithgehalt herstellen kann. Die erhöhte Anwendungsfähigkeit des Kryoliths durch Zusatz von reiner Tonerde zur Schmelze ist durch dahin abzielende systematische Versuche wieder zu erwarten.

Unterscheidung von natürlichem und künstlichem Kryolith.

Durch den nächsten Nachtrag zur Anleitung für die Zollabfertigung für das Deutsche Reich wird die technische Erläuterung in Teil II, 34 etwa folgende Fassung erhalten:

„Zu Nr. 232 und 298. 34. Kryolith (Eisstein). Der natürliche Kryolith kommt von seinen abbaufähigen Fundorten in Grönland über Dänemark und Amerika in den Handel.

Besteht die einzuführende Ware in großen, derben Stücken, so wird in der Regel natürlicher Kryolith vorliegen. Dieser bildet glasartig durchscheinende kristallinische Massen von erheblicher Dicke, während künstliche Kryolithe sich als amorphe Schmelzen darstellen würden. Diese sind jedoch bisher, soweit bekannt, im ungemahlenen Zustand nicht in den Verkehr gebracht worden. Sollten Zweifel bestehen, so ist das Gutachten eines chemischen Sachverständigen einzuholen. Im allgemeinen wird der Kryolith jedoch in Pulverform gehandelt. Mit einem als natürlicher Kryolith zur Verzollung vorgeführten Pulver sind die folgenden Prüfungen auszuführen:

1. Je ein Streifen rotes und blaues Lackmuspapier wird angefeuchtet, mit je etwa 0,5 g gepulvertem Kryolith bestreut und darauf mit destilliertem Wasser abgespült. Zeigt eines der

[1]) Zirkonemail. Doktordissertation. München 1910.

Papiere an den mit Pulzer bedeckt gewesenen Stellen eine Farbenveränderung von Rot in Blau oder von Blau in Rot, so wird dadurch die Gegenwart von künstlichem Kryolith angezeigt. Bleiben beide Papiere dagegen unverändert, so kann sowohl natürlicher als auch künstlicher Kryolith vorliegen.

2. Etwa 0,5 g des Pulvers werden mit 10 ccm Bromoform, welches bei 15° die Dichte 2,83 bis 2,84 besitzt, geschüttelt. Schwimmt das Pulver auf der Flüssigkeit, so liegt künstlicher Kryolith vor; sinkt es dagegen im Verlauf einer halben Stunde fast vollständig zu Boden oder halten sich höchstens vereinzelte, sehr kleine Teilchen noch länger an der Oberfläche, so ist anzunehmen, daß natürlicher Kryolith vorliegt.

Ist nach dem Ausfall auch nur einer der Vorprüfungen zu 1 oder 2 anzunehmen, daß die Probe künstlichen Kryolith enthält oder liegen andere Gründe zu Zweifeln vor, so ist eine Untersuchung durch einen Chemiker zu veranlassen.

Bei der chemischen Untersuchung sind vornehmlich folgende Merkmale zu berücksichtigen:

1. Es ist zunächst qualitativ festzustellen, ob überhaupt Fluoride vorliegen.

2. Gepulverter natürlicher Kryolith löst sich beim Kochen von 5 g des Pulvers in 220 ccm einer 20% haltenden, wässerigen Lösung von Aluminiumchlorid langsam auf. Nach Verlauf von 3—4 Stunden bleibt ein Rückstand von nur 2—3%, welcher aus Quarz besteht, zurück. Dieser läßt sich leicht unter dem Mikroskop erkennen. Künstlicher Kryolith löst sich dagegen entweder im ersten Augenblick nahezu vollständig auf oder hinterläßt oft auch ganz bedeutende Rückstände. Diese können aus geglühter Tonerde oder aus Kieselsäure bestehen, auch können sich unlösliche Verbindungen durch Umsetzung des Pulvers mit Aluminiumchlorid, z. B. Aluminiumfluorid, bilden.

3. Künstliche Kryolithe enthalten zuweilen bedeutende Mengen wasserlöslicher Anteile. Betragen diese mehr als 3%, oder lassen sich in dem wasserlöslichen Teil mehr als Spuren von Fluoralkalien, von kohlensauren, doppelt- oder einfachschwefelsauren Alkalien oder von Chloralkalien, von Aluminiumchlorid oder Aluminiumsulfat nachweisen, so handelt es sich um ein Kunsterzeugnis.

Kennzeichnen die Vorprüfung und die vorstehenden Prüfungen den Untersuchungsgegenstand schon unzweideutig als künstlichen Kryolith, so kann von einer vollständigen quantitativen Analyse abgesehen werden.

Ist Grund zu der Annahme vorhanden, daß nicht einmal eine kryolithähnliche Ware vorliegt, so ist die zur Verzollung vorgeführte Ware einer vollständigen quantitativen Analyse zu unterwerfen und gemäß ihrer so ermittelten Zusammenstellung zu tarifieren.

Der natürliche Kryolith besitzt etwa folgende Zusammensetzung:

Aluminium	12,5 %
Natrium	32,5 %
Fluor	52—54 %

Wird eine quantitative Analyse ausgeführt, so ist das Fluor unmittelbar (als Fluorkalzium) zu bestimmen.

Gegen die vorläufige Anwendung des in Aussicht genommenen Verfahrens bestehen keine Bedenken.

Mit Rücksicht darauf, daß der natürliche Kryolith in Grönland gewonnen wird, erscheint besondere Vorsicht geboten, wenn ein als natürlicher Kryolith angemeldetes Erzeugnis über ein anderes Land als Dänemark oder Amerika zur Einfuhr gelangt.

Zur Frage der Unterscheidung von Natur- und Kunstprodukt heißt es auch in einer neueren Publikation[1]):

Bei der weitgehenden Verbreitung, welche der künstlich dargestellte Kryolith, sowie die unter den Namen „Kryolith-Ersatz" in den Handel kommenden Präparate neben dem natürlichen Kryolith gefunden haben, erscheint es angezeigt, die wesentlichen Methoden zusammenzufassen, nach welchen die Kunstprodukte von den Naturprodukten unterschieden und identifiziert werden können. Es sollen daher die nachstehenden Ausführungen den Verbraucher in die Lage setzen, selbst zu ermitteln, ob der ihm zur Verfügung stehende Kryolith natürliches Mineral oder ein auf chemischem Wege erzeugtes Aluminiumnatriumfluorid bzw. eine Mischung der wirksamen Bestandteile desselben — Natriumfluorid und Aluminiumfluorid — ist.

1) Sprechsaal 1914, Nr. 8.

Ein ganz augenfällig verschiedenes Verhalten zeigen die beiden Mineralien, sofern sie sich im Zustande annähernd gleich feiner Pulver befinden, gegenüber Wasser. Schon mit kaltem destilliertem Wasser aufgeschlämmt, setzt sich der natürliche Kryolith fast augenblicklich klar ab, am Boden des Gefäßes einen gallertigen durchscheinenden Schlamm bildend. Der Kryolith-Ersatz dagegen bleibt im Wasser suspendiert und bildet eine trübe Emulsion. Noch deutlicher treten diese Unterschiede zutage, wenn man die beiden Aufschlämmproben einige Minuten kocht. Hierbei erleidet der künstliche Kryolith eine weitgehende Aufschließung, während dies beim natürlichen gar nicht oder nur ganz wenig der Fall ist. Dadurch ermöglichen sich in der Flüssigkeit eine Reihe von unterscheidenden Reaktionen. Natürlich ist es dazu nötig, die Aufschlämmung des Kunstproduktes zu filtrieren, während sich vom natürlichen Kryolith die Flüssigkeit klar abgießen läßt.

Die Lösung des natürlichen Kryoliths bleibt, mit einigen Tropfen Phenolphtaleinlösung versetzt, farblos, die des künstlichen und der Ersatzmittel dagegen gibt eine intensive violettrote Färbung. Beim Abdampfen zur Trockne hinterläßt die Lösung des Naturproduktes keinen, die des Kunstproduktes einen weißen Rückstand.

Mit Barytwasser versetzt gibt der Kryolithabguß keinen Niederschlag, während derselbe im Filtrat des Ersatzmittels einen weißen Niederschlag ausfallen läßt. Ebenso reagiert eine Lösung von salpetersaurem Silber. Essigsaures Blei tropfenweise zu den Lösungen hinzugefügt, führt zunächst in beiden zur Niederschlagsbildung; während jedoch diejenige des Mineralkryoliths auf Zusatz eines Überschusses des Reagens sich wiederlöst, bleibt der Niederschlag im Siedewasser des Kunstkryolithser halten.

Schüttelt man den natürlichen und den künstlichen Kryolith mit verdünnter kalter Salzsäure, so tritt zunächst die gleiche Erscheinung wie beim Behandeln mit Wasser auf; der natürliche Kryolith setzt sich gallertartig durchscheinend klar ab, der künstliche Kryolith bleibt trüb aufgeschlämmt in der Lösung. Filtriert man die beiden Salzsäurebehandlungen und versetzt darauf die Filtrate mit Ammoniak, so wird zwar in beiden die bekannte flockige Fällung der Tonerde sichtbar, allein die Menge des Niederschlages im Salzsäureauszug des natürlichen Kryoliths ist so gering gegenüber jener im Salzsäureauszug des Kryolithersatzes, daß auch hier von einem charakteristischen Unterschied gesprochen werden kann.

Endlich sei noch auf einige trockene Reaktionen hingewiesen, die Coen und Biazzo zum Unterschied der beiden Kryolithsorten anführen. (Berichte der Società chimica italiana, Februar 1911.) Danach soll der natürliche Kryolith beim Erkalten im Probierröhrchen etwas hygroskopisches Wasser abgeben, während der künstliche dies nicht tue, dagegen trete bei diesem, im Gegensatz zum natürlichen, der sich indifferent verhält, eine Entwicklung von Fluorwasserstoffsäure ein. Die Nachprüfung an verschiedenen Produkten hat indessen ergeben, daß diese Reaktionen keineswegs mit Sicherheit eintreten, so daß sie nicht als Unterscheidungsmerkmale gelten können.

Dagegen können die Angaben der genannten Autoren über die Prüfung der Kryolithe unter dem Mikroskop bestätigt werden. Verteilt man nämlich etwas Kryolithpulver in einem Tröpfchen Glyzerin und betrachtet dies unter einfallendem Licht gegen eine dunkle Unterlage, so erscheinen die Partikeln des natürlichen Kryoliths stark glänzend und durchsichtig, während im Gyzerintropfen mit künstlichem Kryolith nur weiße undurchsichtige Massen zu sehen sind.

Die Angaben der italienischen Autoren über das verschiedene spezifische Gewicht der beiden Kryolithsorten wurden nicht nachgeprüft, da sie ihrer umständlichen Methode wegen ohne praktische Bedeutung sind. Auch schwanken natürlich die Zahlenwerte nach den verschiedenen Vorkommen der Kryolithe innerhalb weiter Grenzen. Coen und Biazzo fanden für den künstlichen Kryolith ein scheinbares spezifisches Gewicht von 0,89—1,12, für den natürlichen dagegen 1,50—1,57.

Die Analyse des gereinigten grönländischen Kryoliths des Handels ergab:

Al	12,99 %
Fe_2O_3	0,20 %
CaO	0,02 %
Na	32,29 %
Fl	52,49 %
SiO_2	1,74 %
Feuchtigkeit	0,27 %

Die Analyse einiger Surrogate des natürlichen Kryoliths, sogen. künstlicher Kryolithe, ergab z. B.:

1.

NaF	55,9 %
Na_2CO_3	3,3 %
AlF_3	39,8 %
Glühverlust	1,38 %

2.

$AlF_3 \cdot 3\,NaF$ (Kryolith)	66,6 %
NaF	3,1 %
Na_2SiF_6 (Kieselfluornatrium)	2,5 %
Al_2O_3 (Tonerde)	5,7 %
SiO_2 (Quarz)	17,7 %
Glühverlust	35,4 %

3.

Na_2CO_3	16,7 %
AlF_3	35,8 %
NaF	41,5 %
Unlösliches	1,0 %
Glühverlust	4,15 %

4.

Ein sogen. künstlicher Kryolith des Handels bestand aus:

Na_2SiF_6 (Kieselfluornatrium)	etwa	40 %
Na_2CO_3 (Soda)	„	24 %
$Al_2O_3 \cdot 3\,H_2O$ (Tonerde)	„	36 %

und hatte demnach einen Glühverlust von 35,4 %.

Ein Milchglas, das mit 10,2 % Naturkryolith hergestellt wird, zeigt folgende chemische Zusammensetzung:

SiO_2	72,20 %
Al_2O_3	4,35 %
CaO	3,95 %
K_2O	3,15 %
Na_2O	12,51 %
Fl	3,55 %

Der künstliche Kryolith.

Derselbe wird nach der chemischen Formel des Fluornatriumaluminats ($3\,NaF \cdot AlF_3$) hergestellt durch Ausfällen des in Fluorwasserstoffsäure aufgelösten Tonerdehydrates mit Kochsalz. Je nach der Reinheit des Rohmaterials, insbesondere je nach Gehalt der Flußsäure an Kieselfluorwasserstoffsäure ist der gefällte, künstliche Kryolith mehr oder weniger kieselsäurehaltig.

Die Analyse eines reinen künstlichen Kryoliths, welcher in seiner chemischen Zusammensetzung dem reinsten natürlichen Kryolith sehr nahe steht, ergab:

I.	Aluminium	13,25 %
	Natrium	31,30 %
	Fluor	53,90 %
	Kalzium	1,00 %
	Glühverlust	0,60 %

Natürlicher grönländischer Kryolith besteht aus:

II.	12,85 %	Aluminium
	32,85 %	Natrium
	54,28 %	Fluor

(theoretische Zusammensetzung des natürlichen Kryoliths).

Nachdem derselbe jedoch fast immer 6 % Verunreinigung, insbesondere Kieselsäure enthält, ist dessen faktische Zusammensetzung folgende:

III.	Aluminium	12,07 %—12,99 %
	Natrium	30,88 %—32,30 %
	Fluor	51,02 %—52,50 %
	Kieselsäure usw.	1,00 %— 4,00 %
	Eisen	0,00 %— 0,30 %
	Wasser	0,00 %— 0,27 %

Demnach lehnt sich der reine künstliche Kryolith, wie er von einigen chemischen Werken hergestellt worden ist, noch mehr der Zusammensetzung der idealen Kryolithformel an, als dies bei dem meist verunreinigten grönländischen Kryolith der Fall ist.

Eine zweite Analyse eines künstlichen Kryoliths hat ergeben:

Aluminium	13,80 %
Fluor	47,00 %
Natrium	29,50 %
Kieselsäure	2,00 %
Kohlensaures Natrium	4,00 %
Glühverlust	3,70 %

Spuren von Chlor und Schwefelsäure.

Außer künstlichem Kryolith kommt Kryolithersatz unter verschiedenen Phantasienamen in den Handel, das sind Mischungen von Kryolith mit Flußspat, Kieselfluornatrium, Feldspat usw. Ein Präparat, welches als Ersatz für Kryolith angepriesen wurde, hat einen Gehalt von 12 % Zinkoyxd ergeben.

Wie sehr die Zusammensetzung eines künstlichen Kryoliths variieren kann und wie sehr man beim Ankaufe desselben sich nur einer verläßlichen Firma bedienen sollte, zeigen nachstehende Beispiele der Zusammensetzung einiger solcher Kryolithe:

1.[1]) Ein künstlicher Kryolith enthielt:

95 % Natrium-Aluminiumfluorid ($3\,NaF \cdot Al_2O_3$)
5 % Kieselsäure (SiO_2).

Es ist dies ein ziemlich gutes Produkt, das fast ganz dem reinsten natürlichen Kryolith entspricht. Immerhin sind 5 % minderwertiger Quarz beim Ankaufe und beim Vermischen in Rechnung zu ziehen.

2. Ein anderer künstlicher Kryolith enthielt:

80 % Natrium-Aluminiumfluorid
20 % fast wertlosen Quarz.

Er war natürlich billiger, aber auch schlechter. Manche unfachmännisch geleiteten Emaillierwerke lassen sich eben manchmal durch auffallend billige Preise zum Ankaufe solcher Produkte verleiten. In diesem Falle ist es gewiß nicht der Kryolithlieferant, der den Schaden trägt.

3. Eine noch interessantere Zusammensetzung zeigte nachfolgender künstlicher Kryolith:

---

[1]) Grünwald, Theorie und Praxis d. Blech- u. Gußemailindustrie. S. 11.

18% Aluminiumfluorid (AlF_3)
50% Natriumfluorid (NaF)
32% Kieselsäure (SiO_2).

4. Ein vierter enthielt:

26% AlF_3
40% NaF
32% SiO_2.

Man sieht aus diesen Beispielen die möglichen Variationen und die möglichen Ursachen bei Mißerfolg in der Emailbereitung. Es wäre verfehlt dem künstlichen Kryolith jeden Wert abzusprechen. Insofern er wie in Nr. 1 zusammengesetzt ist, kann er ruhig den Naturkryolith ersetzen, um so mehr, da er in der Regel sich billiger stellt als letzterer. In der Regel ist Ia künstlicher Kryolith sogar fast kieselsäurefrei.

Die Analyse eines solchen Kryolithes ergab gelegentlich folgende schöne Zusammensetzung:

Aluminium	13,30%
Natrium	32,50%
Fluor	52,20%
Eisen	0,02%
Kieselsäure	1,00%
Wasser	0,98%

Es gibt eine Reihe von Verfahren der Herstellung desselben, von denen hier nur ein oder das andere besprochen werden soll. G. Loesekann ließ sich ein Verfahren patentieren (D. R. P. 20. Nov. 1907), um reinen Kryolith aus nur unreinem Flußspat herzustellen. Er glüht Flußspat mit Kaliumsulfat und Kohle, laugt die erhaltene Masse mit Wasser aus, versetzt die Lösung von Kaliumfluorid (KF) mit Natriumsulfat (Na_2SO_4) und behandelt das gefällte Fluornatrium (NaF) mit schwefelsaurer Tonerde ($Al_2(SO_4)_3$), wobei unter Rückbildung von Natriumsulfat Natriumaluminium-Kryolith ausfällt. Man kann auch die Kaliumfluorid enthaltende ursprüngliche Lösung von Tonerdesulfat behandeln, wobei Kaliumaluminiumfluorid-Kryolith entsteht.

Dem Verfasser sind Betriebsresultate über Verwendung dieses Kryoliths unbekannt. Jedenfalls müßten alle Spuren von schwefelsauren Salzen aus dem so hergestellten Kryolith gänzlich entfernt sein, um denselben mit Vertrauen für die Emailfabrikation benützen zu können.

Man verlange beim Einkauf Garantie über die Zusammensetzung des Produktes, insbesondere bezüglich Kieselsäuregehalt und analysiere dasselbe häufig. Welche schädliche Wirkung ein Kryolithersatz, der 32% Quarz enthält, bei Herstellung eines Emails im Gefolge hat, braucht nicht erst gesagt zu werden. Der nichtsahnende Emailleur, der sich über die Zusammensetzung des von ihm vermischten Rohproduktes keine Rechnung ablegen kann, erhöht den Kieselsäuregehalt seines Emails dadurch nicht unwesentlich und erhält ein ungenügend opakes Email von schwankender Zusammensetzung.

Schmelzpunkte von Kryolith.

Schmelzpunkte von Gemischen aus Kryolith und Aluminiumoxyd (Pyne u. Hardcastle, Sprechsaal 1907, Nr. 2).

Kryolith	100	97	96	95	94	93	92	90	85	80 %
Alum.-Oxyd	0	3	4	5	6	7	8	10	15	20 %
Schm.Punkt	1000°	974°	960°	915°	960°	982°	992°	980°	994°	1015°

Das Kieselfluornatrium.

In den letzten Jahren ist das in großen Mengen als Nebenprodukt bei der Fabrikation von künstlichem Dünger (Superphosphat) gewonnene Kieselfluornatrium als Ersatz für Kryolith auf den Markt gebracht worden.

Über die Fabrikation desselben ist folgendes zu sagen:

Bekanntlich wird das Kalziumsuperphosphat $= CaH_4(PO_4)_2$ oder primäres lösliches Kalziumphosphat genannt durch Behandlung von tertiärem Kalziumphosphat (als Mineral Phosphorit genannt) mit Schwefelsäure erhalten. Der Vorgang vollzieht sich nach der Gleichung:

$$Ca_3(PO_4)_2 + 2\,H_2SO_4 = CaH_4(PO_4)_2 + 2\,CaSO_4$$

tert. Phosphat + Schwefelsäure = prim. Phosph. + Gips
= Phosphorit = Superphosphat.

Der natürlich vorkommende Phosphorit enthält jedoch stets Verunreinigungen nicht nur von kohlensaurem Kalk, sondern auch von Flußspat (CaF_2)

$$CaF_2 + H_2SO_4 = CaSO_4 + 2\,HF.$$

Außerdem enthält der natürliche Phosphorit Beimengungen von Quarz und Silikaten. Die entstehende Flußsäure bildet mit denselben gasförmig entweichendes Fluorsilizium SiF_4

$$SiO_2 + 4\,HF = SiF_4 + 2\,H_2O.$$

Das Fluorsilizium ist ein farbloses, stechend riechendes, stark rauchendes Gas.

Dieses Gas wird in Wasser geleitet, wobei sich Kieselfluorwasserstoffsäure (H_2SiF_6) und Kieselsäure (H_4SiO_4) bilden

$$3\,SiF_4 + 4\,H_2O = H_4SiO_4 + 2\,H_2SiF_6.$$

Möglicherweise wird auch die gallertartige Kieselsäure durch eventuell vorhandene Flußsäure noch teilweise in Kieselfluorwasserstoffsäure zersetzt.

Man muß nunmehr die Lösung der Kieselfluorwasserstoffsäure von der unlöslichen Kieselsäure trennen. Durch Zusatz von Kochsalz oder Soda wird das eigentliche kieselfluorsaure Natron, kurz Kieselfluornatrium genannt, als weißer Niederschlag gefällt

$$H_2SiF_6 + 2\,NaCl = Na_2SiF_6 + 2\,HCl$$

Kieselfluornatrium + Salzsäure.

Manche Fabriken fällen mit dem billigeren Kochsalz. Die Emaillierpraxis hat jedoch gezeigt, daß ein durch Füllung mittels Soda hergestelltes Produkt besser und reiner ist, insbesondere frei von den für das Email so schädlichen Chloriden.

Aus der Art der geschilderten Fabrikation ist ersichtlich, daß die Qualität des in den Handel kommenden Kieselfluornatriums eine wechselnde sein kann. Bei nachlässiger Fabrikation kann das Produkt einen nicht unansehnlichen Teil von wertloser, unerwünschter Menge von Kieselsäure enthalten. Die Prüfung des Kieselfluornatriums hat sich daher auf die Feststellung des Gesamtgehaltes an Kieselfluornatrium (unbedingt soll 98% Ware verlangt werden) sowie auf die Anwesenheit von größeren Mengen von Chlor (welches schädlich wirkt und von der eventuellen Fällung mit Kochsalz = NaCl statt mit Soda = Na_2CO_3 herrührt) auszudehnen.

Früher als man diese schädlichen Fluorsiliziumgase nutzlos in die Luft entweichen ließ, hatten die Superphosphatfabriken sehr unter den gerechtfertigten Schadenersatzansprüchen der benachbarten Bewohner und Landwirte zu leiden. Denn es ist klar, daß die in großen Mengen entweichenden Flußsäuregase schädlich auf Pflanzen, aber auch auf die Respirationsorgane einwirken.

Unter dem Drucke der fortwährenden Klagen und der strengen gewerbegesetzlichen Bestimmungen trachtete man diese schädlichen Fluorsiliziumgase aufzufangen und zu verwerten. Allerdings kann hierbei nur etwa die Hälfte der entweichenden Gase als Kieselfluornatrium gewonnen werden, während ein Teil derselben mechanisch als Fluorsilizium (SiF_4) oder als Kieselflußsäure (H_2SiF_6) vom Superphosphat festgehalten wird. Ein Bruchteil des im Phosphorit enthaltenen Flußspates wird durch Schwefelsäure überhaupt nicht zersetzt. Trotz der hohen Kosten, welche eine Anlage zum Auffangen der Flußsäuregase und Überführung derselben in Kieselfluornatrium erfordert, existiert heute wohl kaum eine Superphosphatfabrik, welche die Gase entweichen läßt. Der erzielte Preis für Kieselfluornatrium deckt jedoch reichlich die Kosten und ist meist noch gewinnbringend. (20—30 Mark pro 100 kg Kieselfluornatrium.) Um eine marktfähige Ware zu erzielen, muß das Kieselfluornatrium mindestens 98% rein, weiß und fein gemahlen sein.

Die technische Fabrikation des Kieselfluornatriums geschieht in der Weise, daß man die Fluorgase und insbesondere Fluorsiliziumgase in Wasser leidet, dann durch Filtrieren in Filterpressen die Kieselflußsäure als Lösung in Bottiche aus Pitchpineholz leitet (nur Holz wird am wenigsten davon angegriffen), mittels Soda das Kieselfluornatrium fällt, die überstehende Flüssigkeit abhebt, filtriert, gut wäscht, auf Darren trocknet und fein mahlt. Die chemischen Fabriken sollen nach Mitteilung von fachmännischer Seite[1]) an dem Produkte 30—50% nach der Anlage verdienen[2]).

[1]) Chem. Ztg. 63 (1909) S. 563.

[2]) Diese Ziffer erscheint übrigens stark übertrieben zu sein.

Es gibt in neuerer Zeit verschiedene patentierte Verfahren der Herstellung dieses Produktes, die jedoch kaum mit der Gewinnung desselben als Nebenprodukt bei der Superphosphatfabrikation konkurieren dürften. Das Verfahren der Rütgerswerke A.-G. Berlin (D. R. P. 188651 v. 2. 10. 1906) besteht darin, daß unter Benützung der vorhandenen Absorptionsanlage und gleichzeitiger Gewinnung wertvoller Düngemittel, den in den Superphosphatfabriken zur Verarbeitung gelangenden Rohphosphaten ein Zuschlag von stark fluor- und siliziumhaltigem Material gegeben werden soll. Fachkreise haben sich gegen dieses Verfahren ausgesprochen, indem sie sagen, daß es unpraktisch wäre, durch solche Zusätze hochwertiges Floridaphosphat z. B. zu verschlechtern, um auf Kosten eines niedrigen und geringer beschaffenen Superphosphates die Na_2SiF_6-Produktion zu erhöhen.

Als fluorsiliziumhaltiges Material soll dabei Kalifeldspat zugesetzt werden.

Über die Rolle des Kryoliths und der Fluorverbindungen überhaupt im Email.

Der Kryolith spielt in der Emailfabrikation eine zweifache und interessante Rolle. Er wirkt als Flußmittel und gleichzeitig als Trübungsmittel, um opake Emails zu erhalten.

Allerdings ist die opakmachende Eigenschaft des Kryoliths eine begrenzte und reicht lange nicht an die des Zinnoxyds heran. Letzteres ist dafür auch entsprechend teurer.

Über die eigentümliche den Schmelzpunkt herabsetzende Eigenschaft von Fluoriden ist schon viel gesagt worden. Während bloßer Kalk (CaO) kaum als Schmelzmittel in unserem Falle angenommen werden darf, ist die Fluorverbindung des Kalziums, der bekannte Flußspat (CaF_2), leicht schmelzbar. Der Einfluß des Fluors ist augenscheinlich.

Der Kryolith setzt sich in der Schmelzhitze zum Teil mit der Kieselsäure des Emails zu Natrium- und Aluminiumsilikat um, zum Teil bildet sich flüchtiges Fluorsilizium (SiF_4).

Unbedingt von der Hand zu weisen ist die von einer Seite[1]) aufgestellte Behauptung, daß überhaupt beim Schmelzen des

[1]) Bock, Bedeutung des Fluors in Emailgläsern. Chem. Ztg. 1908, S. 730 und 893.

Emails der gesamte Gehalt an Fluor als Fluorsilizium entweicht. Nach der allerdings nur hypothetischen Ansicht von Erik Encquist[1]) wird die Trübung durch Fluorgase verursacht werden, die im geschmolzenen Glas oder Email nach dem Erkalten eingeschlossen sind, wofern beim Schmelzen keine Überhitzung eintritt.

Beurath[2]) führt die weißtrübende Wirkung des Kryoliths auf die Ausscheidungen überschüssiger Tonerde zurück, die sich bekanntlich in geschmolzenen Fluorverbindungen, wie Fluornatrium, nicht auflöst, sondern fein verteilt darin zurückbleibt und beim Erkalten die Trübung hervorruft.

Karl Riedel[3]) in Reinowitz nahm zur Arbeit von Encquist Stellung und spricht die Meinung aus, daß der Fluornatriumgehalt des Kryoliths für die Trübung des Glases ganz ohne Nutzen sei, weil das Fluor als Fluorsilizium entweiche. Er folgert dies aus nachfolgenden Schmelzversuchen[4]):

1. daß ein Milchglassatz, in welchen an Stelle des Kryoliths eine ebensoviel Aluminium wie dieses liefernde Menge Aluminiumhydroxyd eingeführt wurde, kein getrübtes, sondern ein kristallklares Glas ergibt, daß also der Tonerdegehalt des Kryoliths allein nicht die Ursache der Trübung ist;

2. daß ein Glassatz, in welchem der Kryolith durch die ihm entsprechende Menge Fluornatrium (NaF) ersetzt wurde, ein opalartig getrübtes Glas liefert, wenn man bei nicht zu hoher Temperatur abschmilzt. Die Trübung ist allerdings weniger intensiv als die durch Kryolith erzeugte.

3. Auch durch Zusatz von Flußspat in nicht gar zu geringer Menge ließ sich bei Abwesenheit jeglicher anderer Trübungsmittel ein opalartiges Glas erzielen.

Durch diese Ergebnisse glaubt Riedel, daß es festgestellt ist, daß auch der Fluornatriumgehalt des Kryoliths oder ein Zusatz von Flußspat zur Trübung des Glases beitragen; zu untersuchen wäre aber noch, ob die Trübung durch die Verbindungen selbst oder durch Umsetzungsprodukte oder gar

---

[1]) Chem. Engineer 1909, Bd. 10. S. 54.

[2]) Über Kryolithglas, Die Gl. Pol. J. 192 (1869), S. 239.

[3]) Chem. Ztg. 1919, Nr. 149, S. 1305.

[4]) Referat aus Sprechsaal Nr. 2, 1910, S. 27.

durch Verbindung des Fluors mit Tonerde aus den Schmelzgefäßen hervorgerufen wird.

Den Ausführungen aus dem Depositum fügt Riedel einige Bemerkungen bei, in denen er die Möglichkeit der Trübung von Gläsern und Emails durch ein Gas nicht in Abrede stellt; er weist aber auf eine Reihe von Erscheinungen hin, bei denen ein Gas als Trübungsmittel mit Sicherheit ausgeschlossen ist. So läßt sich z. B. durch Zusatz von 6—10% Knochenasche zu einem geeigneten Glassatz ein beim Ausarbeiten ganz kristallhelles Glas erzielen, das erst beim nochmaligen Anwärmen und Abkühlen opalähnlich sich trübt; bei größerem Phosphatzusatz ist das Glas in der Hitze klar, beim Abkühlen milchweiß. Auch durch Zugabe von Arsenik, Kalisalpeter und Mennige zu einem Glassatz läßt sich ein nach dem Erkalten getrübtes Glas erzielen, indem man nur eine Arsensäureverbindung, aber nicht ein Gas als Trübungsmittel annehmen kann. Dieses Glas zeigt aber auch die Eigenschaft, bei zu starkem Erhitzen die Fähigkeit, trüb zu werden, zu verlieren, was jedenfalls auf Zersetzungserscheinungen der Arsenate zurückzuführen sein dürfte.

Zum Schlusse weist Riedel auch auf das Verhalten des Gold- und Kupferrubinglases hin, ebenso auf dasjenige des mit Schwefelkadmium gefärbten Glases, das beim Wiederanwärmen und Abkühlen prächtig grünlich-gelb wird.

Ob in dem geschmolzenen Email noch Fluor vorhanden ist oder nicht, dürfte in erster Richtung von der Temperatur des Schmelzofens und der Schmelzdauer abhängen. Wir müssen auf Grund vorhandener Analysenbefunde annehmen, daß in den meisten Kryolith oder Flußspat enthaltenden Emails angesichts der relativ mäßigen Schmelztemperatur derselben noch Fluoride vorhanden sind. Nur bei länger andauerndem Schmelzen und bei zu hoher Temperatur kann der Fall eintreten, daß sämtliches Fluor im Email als Fluorsilizium entweicht. Doch auch nur in dem Falle, als genügend Kieselsäure im Email zur Umsetzung vorhanden ist. Die von Bock behaupteten schädlichen Einflüsse der aus den Emailleschmelzöfen entweichenden Fluorgase auf die Vegetation konnte vom Verfasser selbst in den größten Emaillierwerken, die täglich über 12000 kg Email schmolzen, nirgends konstatiert werden. Ob das Fluor wirklich trübend wirkt, ist eigentlich nicht einfach zu bejahen.

Manche Anzeichen sprechen für das Gegenteil und lassen die trübende Wirkung eines Materials überhaupt auf die Ausscheidung unlöslicher Stoffe zurückführen. Von mancher Seite wird ausgeschiedene Kieselsäure als trübend wirkend hingestellt. Sehr kieselsäurereiche Natronkalkgläser trüben sich nämlich beim Erkalten ohne jeden Zusatz.

Ein Patent von Lesmüller (D.R.P. 218316 v. 1. April 1909) baut sich auf der Erscheinung auf, daß beim Zusammenschmelzen von Borax oder Borsäureanhydrid mit den Oxyden der vierwertigen Elemente von Silizium, Zinn, Blei, Titan, Zirkon oder Thorium nur dann farblose Gläser entstehen, wenn genügende Schmelzmittel vorhanden sind. In größerem Maße findet die Löslichkeit statt, wenn gleichzeitig Kieselsäure neben den übrigen genannten Produkten vorhanden ist. Solche mit den genannten vierwertigen Oxyden gesättigte flüssige Schmelzen dieser Borsäuregläser lassen nun beim Erkalten des Schmelzflusses unter gleichzeitigem Überleiten von Wasserdampf oder Säuredampf Trübungen entstehen, welche durch die Ausscheidung einer besonderen Art von Borsäuredoppelverbindungen verursacht werden. Diese Substanzen scheiden sich bei langsamer Abkühlung in äußerst feinen, amorphen Massen aus und durchsetzen den Glasfluß gleichmäßig. Die komplexen Borverbindungen sind Säuren und Laugen gegenüber sehr haltbar und werden nur von Flußsäure in Lösung gebracht. Man schmilzt zur Herstellung solcher Gläser die betreffende Borsäureverbindung mit einem oder mehreren der genannten Oxyde in einem solchen Verhältnisse ein, daß eine mit den Oxyden gesättigte Schmelze entsteht, leitet während des Erkaltens Wasser- oder Säuredampf über oder durch den Schmelzfluß und fügt die erhaltene Masse dann dem Glas- oder Emailsatz zu.

Über die Rolle des Fluors in Emailleglásern liegen mehrere Arbeiten vor, die einen entgegengesetzten Standpunkt vertreten und hier wiedergegeben werden sollen. Bock[1]) ist Anhänger von richtig zusammengesetztem künstlichen Kryolith. Um künstlichen Kryolith von wertlosen Gemengen zu unterscheiden, schlägt er vor, eine Probe desselben in viel destilliertem Wasser stark und anhaltend zu kochen, von dem Rückstande (Tonerde

[1]) Chem. Ztg. 1908 (62), S. 730.

und Kieselsäure) zu filtrieren und das gelöste Kieselfluornatrium mit kochender Chlorbariumlösung zu fällen:

$$Na_2SiF_6 + BaCl_2 = BaSiF_6 + 2\,NaCl.$$

Der leicht irisierende unlösliche Niederschlag von Kieselfluorbaryum soll ein untrüglicher Beweis dafür sein, daß man es mit einem mechanischen Gemenge von Kieselfluornatrium und sonstigen Substanzen zu tun hat.

Bock ist der Ansicht, daß Fluor selbst auf die Glastrübung einen untergeordneten Einfluß besitzt, sondern nur in Form von seinen Salzen auf den Schmelzpunkt erniedrigend wirke. Er nimmt an, daß alles Fluor beim Schmelzen als Fluorsilizium sich verflüchtige. Das Kieselfluornatrium im Schmelzsatz zersetzt sich nach ihm in Fluorsilizium und Natron:

$$2\,Na_2SiF_6 + SiO_2 = 3\,SiF_4 + 2\,Na_2O.$$

Grundbedingung natürlich ist die Anwesenheit von Kieselsäure oder kieselsauren Salzen. Er will dieselbe Trübungsstufe durch Zusatz von reiner Tonerde, Soda usw. erhalten, sofern das resultierende Glas in seinen einzelnen Bestandteilen quantitativ einem mit Kryolith hergestellten Glase gleich oder nahezu gleich ist. Am Schlusse seiner Arbeit knüpft Bock eine Warnung vor dem durch abziehende Fluorgase in Emaillierwerken angerichteten Schaden, eine Auffassung, die, wie bereits erwähnt, in sehr großen Werken noch niemals konstatiert werden konnte. Und gar an eine Verwertung der abziehenden Fluorgase aus den Emailleschmelzöfen zu denken, in Form der Kieselfluornatriumgewinnung in den Superphosphatfabriken, wird wohl keinem Emailleindustriellen einfallen.

Meyer und Havas[1]) haben diese Ansicht Bocks in einer interessanten Arbeit mit Recht bestritten. Bei diesem Anlasse stellen die beiden die irrtümliche Ansicht richtig, daß Flußspat bei 900° schmelze. Nach Beobachtungen von Ruff und Plato geschehe dies erst bei 1400°. Meyer und Havas beweisen an zwei Beispielen, daß nicht nur das Trübungsvermögen des Kryolithes ein bedeutendes ist, sondern daß nur ein Teil des Fluors beim Emailschmelzen verloren geht, nicht zu lange Schmelzdauer vorausgesetzt. Sie analysierten 2 Grund- und 2 Deckemails und fanden:

[1]) Chem. Ztg. 1909, Nr. 83/84, S. 758.

	Grundemail I		Grundemail II		Deckemail		
	berech.	gefund.	berech.	gefund.	berech.	gefund.	
	Zusammensetzung in %		Zusammensetzung in %		Zusammensetzung in %		
SiO_2	50,48	51,—	65,02	64,86	55,86	55,91	SiO_2
B_2O_3	16,34	15,79	9,70	9,46	7,48	6,96	B_2O_3
CaF_2	6,81	5,44	4,83	3,67	4,48	3,95	Al_2F_6
CoO	0,27	0,25	0,20	0,21	6,85	6,03	NaF
MgO	0,67	0,71	0,49	0,51	1,96	1,73	CaF_2
Al_2O_3	7,75	7,86	6,23	6,45	9,59	10,30	Al_2O_3
CaO	0,23	1,51	0,17	1,01	0,36	0,54	CaO
K_2O	2,38	2,60	1,65	1,71	1,66	1,73	K_2O
Na_2O	15,07	14,84	11,71	12,12	11,76	12,85	Na_2O

Aus dem Vergleiche der aus den zusammengemischten Rohmaterialien berechneten Zusammensetzung mit der durch Analyse gefundenen Zusammensetzung ergibt sich in der Tat ein Fluorverlust beim Schmelzen des Emails von 20,2% bzw. 23,8% und daß die Schwankungen des Kieselsäuregehaltes auf den Fluorverlust keine wesentliche Bedeutung hat. Beim Deckemail, das außer Flußspat auch noch Kryolith enthielt, ist der Fluorverlust gar nur 11,85%. Dies würde dafür sprechen, daß der Kryolith schwerer Fluor in der Schmelzhitze des Emails als der Flußspat bei der Umsetzung mit den Emailbestandteilen abgibt.

Vondracek[1]) nimmt als sicher an, daß das Aluminiumfluorid der trübende Bestandteil sei und stellt den Schmelzprozeß schematisch in folgender Gleichung dar:

$$4\,Na_3AlF_6 + n\,SiO_2 = 6\,Na_2O(n-3)SiO_2 + AlF_3 + 3\,SiF_4.$$

Blechemails erfordern ein größeres Ausdehnungsvermögenin der Wärme, was durch erhöhten Zusatz von Kryolith bewirkt wird. Die äußerste Grenze für Kryolithzusatz zu Emails ist mit etwa 15% richtig von Vondracek gegeben. Daß jedoch für Gußeisenemails nur ein Zusatz bis 5% Kryolith statthaft sei, da sonst angeblich Haarrissigkeit des Emails eintrete, konnte vom Verfasser nirgends konstatiert werden. Hoher Kryolithgehalt bei niedrigem Feldspatgehalt veranlassen Rißbildung.

[1]) Sprechsaal 40 (1909), S. 589 und Sprechsaal 42 (1909), S. 584.

Wie sehr die Frage, ob das Fluor im Email zurückbleibt oder gänzlich während des Schmelzens entweicht, aktuell ist, geht aus den zahlreichen oft einander widersprechenden Untersuchungen hervor. G. Vogt, der Direktor der berühmten französischen Porzellanmanufaktur in Sèvres, berichtete über den Einfluß des Fluors in Scharffeuerglasuren:

(Natron- und kalkhaltiges Pegmatit	76,5	gew. T.)
Kaolin	1,3	„ „
Quarzsand	12,0	„ „
Flußspat	11,3	„ „

Die Glasur war nach dem Einbrennen auf Platinblech in oxydierendem Feuer bei 1300° vollständig verglast und durchsichtig.

Er analysierte sowohl das ungeschmolzene Rohgemisch als auch die geschmolzene Glasur, um die Kieselsäure, Tonerde, den Kalk und Fluor (letzteres nach der bekannten Methode von Berzelius) zu bestimmen.

Er fand dabei:		Rohgemisch	Schmelzprodukt
SiO_2		68,22 %	70,84 %
Al_2O_3		13,89 %	14,12 %
CaO		3,06 %	10,41 %
Ca	9,56	4,91 %	—
F		4,65 %	0
Alkali (aus d. Differenz)		5,27 %	4,63 %
		100,00 %	100,00 %

Aus der Analyse des Schmelzproduktes geht hervor, daß alles Fluor verschwunden ist, nach der Gleichung:

$$SiO_2 + 2\,CaF_2 = SiF_4 + 2\,CaO$$

Kieselsäure + Flußspat = Fluorsilizium + Kalk.

Allerdings setzt dies auch hier voraus, daß eine genügende Menge von Kieselsäure vorhanden sei, um das Fluor in flüchtiges Fluorsilizium überzuführen. Trotzdem gibt Vogt zu, daß mit Flußspat hergestellte Glasuren nach dem Brennen größeren Glanz zeigen und die Farbe von zugesetzten Farbkörpern besser entwickeln als eine ohne Flußspat hergestellte Glasur.

---

[1]) VI. Int. Kongreß f. angewandte Chemie. London 27. Mai bis 2. Juni 1909 n. Ref. Sprechsaal Nr. 23, S. 346, 1909.

Eine interessante Untersuchung über die Fluorfrage verdanken wir auch R. Vondracek[1]), von der wir schon früher sprachen.

Auf Grund aller dieser Arbeiten können wir vielleicht folgende Leitsätze aufstellen:

1. Das Fluor scheint nur unter gewissen Bedingungen im schmelzenden Email zu entweichen, nämlich bei sehr hoher Schmelztemperatur, längerer Schmelzdauer und genügenden Mengen von vorhandener Kieselsäure, um als SiF_4 fortzugehen.

2. Bei den für Emailleschmelzen üblichen Temperaturen bleibt ein kleinerer oder größerer Teil des Fluors, von zugesetztem Flußspat, Kryolith, Kieselfluornatrium usw. herrührend, im Email in gebundenem, möglicherweise in eingeschlossenem Zustande zurück.

3. Flußspat verliert leichter seinen Fluor in Emails als Kryolith, trotzdem ersterer erst bei 1400° und letzterer schon bei 1000° schmilzt.

Das Fluor scheint an Kalzium loser gebunden zu sein (geringere Affinität zu besitzen) als an Natron und Aluminium.

Was noch speziell die Emailfabrikation anbelangt, so lehrt die praktische Erfahrung folgendes:

1. Bei der Fabrikation des blauen Emails ist der natürliche Kryolith den meisten ähnlichen Surrogaten vorzuziehen, woferne letztere nicht absolut die Zusammensetzung des natürlichen Kryoliths zeigen.

2. Kieselfluornatrium wirkt weniger trübend und ist ein minderwertigeres, Schmelzpunkt erniedrigendes, Glanz erhöhendes Mittel als natürlicher Kryolith oder als ein demselben ganz analog zusammengesetzter künstlicher Kryolith.

3. Für Grundemails ist im allgemeinen der Zusatz von Kryolith zu unterlassen, da einerseits keine Trübung nötig ist, andererseits solche Grundemails beim Brennen leicht aufkochen und Bläschen bilden.

4. Im allgemeinen soll nur ein Kryolith bester Marke verwendet werden. Auch der natürliche Kryolith ist nicht immer ganz rein, sondern kieselsäurehaltig. Manche erstklassige Sorten von künstlichem Kryolith, welche genau die Zusammensetzung

[1]) Sprechsaal 40 (1909), S. 585.

$3\,NaF \cdot AlF_3$ zeigen und fast keinen Kieselsäuregehalt besitzen, sind solchem natürlichen Kryolith vorzuziehen.

5. Natürlicher Kryolith soll nur in Stücken bezogen werden, um sicher zu sein ein reines, erstklassiges Produkt zu kaufen.

6. Die trübende Wirkung aller Fluorverbindungen ist eine begrenzte und reicht nie an die des Zinnoxyds heran.

Als Beispiele[1]) einiger anderer Kryolithersatzmittel finden wir in der Literatur:

Ein amerik. Patent von Toping (663 618) spricht von einem Gemische aus Flußspat und Feldspat. (Spatglas.) Der Wert dieses Ersatzmittels dürfte ein fraglicher sein.

Tedesco (D.R.P. 31 112) empfiehlt Alkalifluoride oder saure Alkalifluoride (D.R.P. 33 425). In beiden Fällen wird das Vorhandensein von Aluminiumverbindungen vorausgesetzt.

R. F. Wagner (D. R. P. 196 897) schlägt fertiges Fluoraluminium vor.

Schwarz (Verhldn. z. Bef. d. Gerwerbefl. 1877. 117) behauptet, daß auch Zinkfluorid eine Trübung des Glases verursachen könne und gibt das Beispiel eines Spatglases, in welchem Tonerde vollständig fehlt:

SiO_2	67,80 %	MgO	1,22 %
Fe_2O_3	0,28 %	Na_2O	9,05 %
ZnO	9,20 %	K_2O	0,23 %
CaO	8,00 %	F	3,54 %

L. Petrick (D. Tonwarenindustrie 1908, 20, 68, 74) will getrübte Zinnglasuren erhalten haben, die kein Fluor, sondern Borsäure enthielten, ohne sagen zu können in welcher Form Zinkoxyd trübende Eigenschaften besitze.

Auch Tonerde stellt unter gewissen Bedingungen ein Trübungsmittel dar (was ja auch von manchen Seiten als Ursache der trübenden Wirkung von Kryolith überhaupt angesehen wird). Tonerde löst sich in Bleigläsern weniger als in bleifreien Gläsern.

Hock erhielt durch Zusammenschmelzen von 100 T. Feldspat mit 22 T. Mennige, also ohne Fluor, ein gutes Opalglas. Es zeigt dies neuerlich, daß zur Emailherstellung Feldspat dem Quarz vorzuziehen ist.

[1]) Nach der früher erwähnten Arbeit von Vondracek zitiert.

Kempner (D.R.P. 61 777 u. 165 986) schlägt Kieselfluoralkalien als Trübungsmittel vor.

Endlich sei ein Patent von Humann & Teisler in Dohna aus der letzten Zeit erwähnt, dessen Inhalt im Auszuge folgender ist:

Darstellung von Aluminium-Natriumfluorid. Humann & Teisler. — Bekanntlich erhält man vorgenannte Verbindung durch Einwirkung von Tonerde, Natron und Flußsäure aufeinander im stöchiometrischen Verhältnis, wobei sich das Doppelsalz in schwer löslicher Form abscheidet. Es hat sich nun gezeigt, daß man vorteilhaft an Stelle der Flußsäure Natriumfluorsilikat verwenden kann. Man erhält so allerdings ein Produkt, dem in feiner Verteilung Silizium beigemengt ist, das aber für keramische Zwecke durchaus geeignet ist. Die Umsetzung, welche im Sinne der Gleichung: $2\,Na_2SiFl_6 + Al_2O_3 + Na_2CO_3 = Al_2Fl_6 + 6\,NAFl + CO_2 + SiO_2$ stattfindet, vollzieht sich am besten bei Gegenwart von Wasser und bei Anwendung möglichst fein verteilter Materialien. (Franz. Pat. 408 134 vom 20. Okt. 1909.)

Einige neuere Patente über die Erzeugung von künstlichem Kryolith seien hier nach dem Refer. in der Chem. Ztg. (Chem. Repertorium S. 291, 1910) mitgeteilt:

Der zur Darstellung von Natriumaluminat sowie anderer Natrium- bzw. Aluminiumverbindungen (vgl. auch das folgende Ref.) dienende Apparat (Abb. 10) besteht aus der Retorte *A*, dem Ofen *B* und dem Zylinder *C*, welcher die Verbindung der Retorte mit dem Schornstein bildet. Die Retorte kann durch geeignete Verschlüsse mit dem Ofen und Zylinder *C* fest verbunden werden. Anderseits ist sie, sobald diese Verschlüsse gelöst sind, an einem Gestell drehbar aufgehängt. Sie ist von Heizröhren durchzogen und mit Asbest umkleidet, besitzt vier mit Hähnen versehene Abzugsröhren und ist durch Türen verschließbar. Der Ofen enthält ein Ansatzrohr zum Einführen gasförmigen oder flüssigen Feuerungsmaterials, einen Rost und auf der der Retorte zunächst liegenden Seite eine perforierte Platte, deren Öffnungen den Heizrohren der Retorte entsprechen. Das ganze System ist auf Rädern fahrbar eingerichtet, so daß es im ganzen oder in seinen einzelnen Teilen transportabel ist. Der Zylinder *C* dient lediglich dazu, die Verbrennungsprodukte des Feuerungsmaterials nach ihrem Durchgange durch die Heizrohre der Retorte in den Schornstein zu befördern. Für einige mittels dieses Apparates ausführbare Reaktionen wird die Retorte in ihrem Innern mit einer gleichmäßigen Schicht von Gaskohle ausgekleidet. Dies geschieht in der Weise, daß sie mit Kohle gefüllt wird, die der Destillation unterworfen wird. Das sich hierbei entwickelnde Gas wird durch die Hahnröhren in geeignete Behälter zur weiteren Verwendung geleitet, der Koks wird nach beendigter Destillation entfernt. Während der Destillation wird die Retorte mehrmals gedreht, um eine gleichmäßige Verteilung der Gaskohle an allen Teilen der Retorte zu erzielen. Als Ausgangsmaterial für die Herstellung des Natriumaluminats dienen Ton, Bauxit oder Korund. Man erhitze z. B. Ton mit der entsprechenden Menge saurem schwefelsaurem Natrium. Hierdurch entstehen Kieselsäure, Natriumsulfat und eine Doppelverbindung von Aluminiumsulfat und Natriumsulfat von der Zusammensetzung $Al_2(SO_4)_3 \cdot 3Na_2SO_4$. Das Reaktionsprodukt wird dann mit Dampf oder heißem Wasser aus der Retorte entfernt, die ungelöst bleibende Kieselsäure abfiltriert und das aus dem Filtrat zum Trocknen gebrachte Doppelsulfat in einer mit Kohle ausgekleideten Retorte erhitzt. Unter Entwicklung von Schwefeldioxyd (welches zur Herstellung von Schwefelsäure verwendet wird), Kohlenoxyd und Kohlensäure hinterbleibt die Verbindung $Al_2O_3 \cdot 3Na_2S$, welche weiterhin durch Erhitzen mit gebranntem Kalk in die Verbindung $Al_2O_3 \cdot 3Na_2O$ und Schwefelkalzium umgewandelt wird. Durch darauffolgende Behandlung mit Wasser geht Natriumaluminat in Lösung, während das Schwefelkalzium

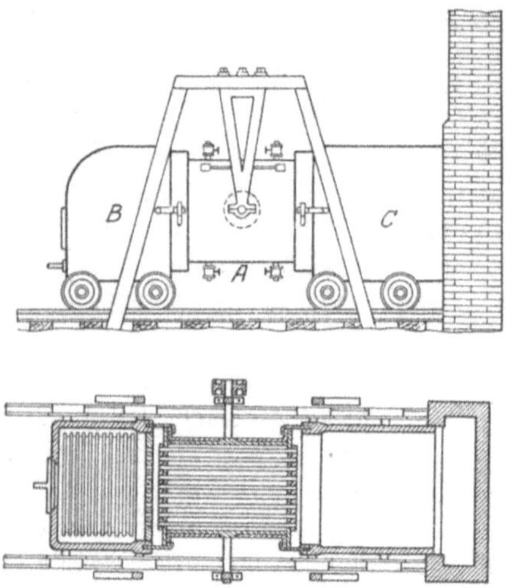

Abb. 10.
Erzeugung von künstlichem Kryolith.

ungelöst bleibt. (Amer. Pat. 957848 vom 10. Mai 1910, angem. 29. Sept. 1909.)

Darstellung von Aluminiumfluorid und anderen Aluminiumverbindungen. Zur Ausführung des Verfahrens dient der (vgl. das vorstehende Ref.) abgebildete Apparat (Abb. 10). Das durch Erhitzen von Ton mit saurem schwefelsaurem Natrium erhaltene Doppelsalz von Aluminiumsulfat und schwefelsaurem Natrium wird mit Kryolith zusammengeschmolzen, wodurch nach der Gleichung $Al_2F_6 \cdot 6\,NaF + Al_2(SO_4)_3 \cdot 3\,Na_2SO_4 = 2\,Al_2F_6 + 6\,Na_2SO_4$ Aluminiumfluorid und schwefelsaures Natrium entstehen, die durch Auslaugen mit Wasser getrennt werden. Aus dem getrockneten Aluminiumfluorid kann man weiterhin durch Einwirkung von metallischem Natrium künstlichen Kryolith neben metallischem Aluminium gewinnen. Die Reaktion geht nach der Gleichung $2\,Al_2F_6 + 6\,Na = 2\,Al + Al_2F_6 \cdot 6\,NaF$ vor sich. Ferner erhält man durch Erhitzen von Natriumsulfat in einer mit Gaskohle ausgekleideten Retorte Schwefelnatrium, welches in derselben Retorte mit gebranntem Kalk auf 800° erhitzt wird, wodurch nach der Gleichung $6\,Na_2S + 6\,CaO + 6\,C = 6\,Na_2 + 6\,CaS + 6\,CO$ metallisches Natrium gewonnen wird. Schließlich kann die Lösung des Natriumaluminates (vgl. das vorstehende Ref.) durch Einleiten von Flußsäure in künstlichen Kryolith übergeführt werden: $Al_2O_3 \cdot 3\,Na_2O + 12\,HF = Al_2F_6 \cdot 6\,NaF + 6\,H_2O$. (V. St. Amer. Pat. 957754 vom 10. Mai 1910, ang. 29. Mai 1909.)

Wird gewonnen bei der Herstellung von Wasserstoffsuperoxyd (H_2O_2) aus Bariumsuperoxyd (BaO_2) Schmelzpunkt 1280° C. In der Wirkung ähnlich wie Flußspat. Selten verwendet.

VII. Der Braunstein.

(MnO_2.)

Der Braunstein findet sich in großen Lagern an einigen Stellen als Polianit und als Pyrolusit.

Beide sind in chemischer Beziehung gleichwertig, nur scheint der Polianit einen anderen Kohäsionszustand als der weichere Pyrolusit darzustellen. Polianit findet sich im Erzgebirge, Schneeberg, Johanngeorgenstadt, Nassau, Cornwall.

Der Pyrolusit, gewöhnlich Braunstein genannt, bildet kurz säulenförmige, vertikal gestreifte, bisweilen in viele einzelne Spitzen zerfaserte Formen, kleine Täfelchen, auch traubige, nierenförmige, stauden-, knospenförmige Aggregate, von radialstengeliger und faseriger Struktur, oder auch verworrenfaserige, dichte und erdige Varietäten. Die Härte ist sehr gering = 2 — 2,5, manchmal noch weicher. Er ist dunkelstahlgrau bis lichteisenschwarz, abfärbend, mit schwachem halbmetallischem Glanz oder Seidenglanz in den faserigen Varietäten.

In technischer Beziehung ist der Braunstein Mangansuperoxyd MnO_2, bisweilen mit kleinem Wassergehalt.

Braunstein ist als ein Umwandlungsprodukt des Manganits (Manganhydroxyd Mn_2O_3, H_2O) aufzufassen. Die Umwandlung erfolgt durch Austausch des Wassers gegen Sauerstoff. Braunstein kann sich jedoch in der Natur auch aus Manganspat ($MnCO_3$) bilden, ebenso bei der Verwitterung von manganhaltigem Eisenspat und Brauneisen. Der Braunstein findet sich in Johanngeorgenstadt, Raschau, Platten, Arzberg, Horhausen, Lindener Mark in Nassau, Eiserfeld, Ilfeld, Ilmenau (Thüringen), Elgersburg, Macska-Mezö in Ungarn, Romanêche in Frankreich, Vermont.

Auch in Japan hat man in neuerer Zeit große Lager in Hokkaido, Aomori-Kew, Kioto-Fou, Oroani (Prov. Mitau) aufgedeckt. Im Jahre 1907 wurden aus Japan um 65 000 Dollars Braunstein ausgeführt.

Flözähnlich mit oolithischem Gefüge im Kaukasus. Ferner in Knollen als Pelagit, die vom Boden des stillen Ozeans heraufgebracht werden.

Wir entnehmen einer Arbeit von Haenig[1]) über Vorkommen und Ausdehnung der wichtigsten Manganmineralien folgende Details.

Die Exportation von Braunstein aus dem Kaukasus erlitt während der letzten politischen Ereignisse in Rußland eine Verminderung und war man genötigt andere Fundorte aufzusuchen.

Was die Verwendung der manganhaltigen Erze anbelangt, so spricht man von armen oder industriellen Manganerzen (zur Herstellung von Ferromangan und Spiegeleisen) und reichen

[1]) A. Haenig, Jahrb. d. kk. montanist. Hochschulen II (1909).

Erzen, der Braunstein, welcher allein für unsere Fabrikation in Frage kommt.

Der in der Natur vorkommende Braunstein entspricht niemals nur der Formel MnO_2, sondern enthält mineralische Beimengungen. So ergab z. B. die vollständige Analyse eines kaukasischen Braunsteins (Pyrolusit) folgende Zusammensetzung:

Mn_2O_3	(Manganoxyd)	1,54 %
MnO	(Manganoxydul)	—
MnO_2	(Braunstein od. Mangansuperoxyd)	84,86 %
SO_3	(Schwefelsäureanhydrid)	0,40 „
FeO	(Eisenoxydul)	0,79 „
PbO	(Bleioxydul)	0,18 „
CuO	(Kupferoxydul)	Spuren
Al_2O_3	(Tonerde)	1,80 %
P_2O_5	(Phosphorsäureanhydrid)	0,36 „
CaO	(Kalk)	0,43 „
MgO	(Magnesia)	0,27 „
BaO	(Baryt)	1,58 „
Alkali		0,41 „
SiO_2	(Kieselsäure)	5,09 „
CO_2	(Kohlensäure)	0,34 „
H_2O	(Wasser)	1,95 „

Manche Braunsteinsorten enthalten Kobalt, Zink und Arsen.

Fundorte in Europa:

Deutschland: Bei Koblenz, Dr. Geyerhütte, Amalienhöhe und Elisenhöhe in Waldagesheim. Ferner der Konkordia- und Schloßbergschacht in Seibersbach.

In Hessen zu Ober- und Niederroßbach bei Weilburg (Bonn), dann bei Obertiefenbach in Nordthüringen. Im Jahre 1905 betrug die Produktion 51 000 t im ung. Werte von 700 000 Fr. Doch reicht die deutsche Produktion an manganreichen Erzen nicht hin, um den Bedarf zu decken.

Frankreich: Romanêche (Psilomelan). Braunstein muß eingeführt werden.

Österr.-Ungarn: Böhmen, Oberösterreich, Steiermark, Bukowina, Kärnthen, Krain. 1907 waren nur 2 Hütten in Betrieb. Die Theresiengrube (Arsita-Ken) in Bukowina liefert ein Mangansilikat- und Braunsteingemisch, welches nach dem Sortieren und Waschen einen Braunstein von 65—72% MnO_2 ergibt.

Die Gesamtproduktion in Österr.-Ungarn ist etwa 100 000 t und zählt daher dieses Land zu den wichtigsten Fundorten. Ungarn ist arm an Manganerzen.

Rußland: a) Kaukasus: Im Tale von Tschiatura bildet der Pyrolusit übereinandergeschichtete Bänke von 120 km Länge, deren Gesamtmächtigkeit auf 90 000 000 t geschätzt wird. Trotz der Verschleuderung der gewährten Konzessionen und des damit getriebenen Mißbrauches ist die Gewinnung an Braunstein auf Jahre hinaus gesichert. $^1/_3$ der Erzeugung geht über Poti und Batum nach England, $^1/_3$ nach Deutschland, $^1/_3$ nach Amerika und Rußland usw.

b. Vorkommen im Gouvernement von Jekaterinoslaw.

Bei Nikopol auf 20 000 ha Fläche mit einem mittleren Gehalte von 45% Mn, und außerordentlichen Reserven. Die gesamtabbaufähige Menge wird auf 33 000 000 t Braunstein geschätzt.

Von einem bedeutenden Vorkommen berichtet Demaret-Freson[1]) bei Ivanovka und Horodisce am Flusse Tomakovka. Die Lager haben eine Mächtigkeit von 1—4 m (im Mittel $2^1/_2$ m) horizontal geschichtet und aus körnigen Pyrolusit (Braunstein) bestehend, welcher leicht von dem anhaftenden tonigen Sande zu trennen ist. Die Gewinnung geschieht unterirdisch und ist einfach. Das Mineral wird in Trommeln gewaschen und besteht aus:

50% MnO_2 (Braunstein)
8% Kieselsäure,
Spuren von Phosphor,
Differenz Erden und Ton.

Spanien: Jahresproduktion an Manganerzen 63 000 t.

Türkei: Zahlreiche noch wenig aufgeschlossene Fundorte in Kleinasien an der Küste des Marmarameeres und bei Smyrna. In Kassandra werden jährlich 60 000 t Mineral gewonnen mit:

44,83% Mn	9,40% SiO =
2,45% Fe	5,18% CaO

[1]) Les Champs de Manganèse de la Tomakovka in: Echo de l'Industrie 28. Okt. 1902.

Tabelle der chem. Zusammensetzung der Manganerze (nach Venator).

Ursprungsland	Mn %	Fe %	SiO_2 %	P %	Al_2O_3 %	CaO %	CO_2 %	S %	H_2O %
Bosnien.									
Celvijanovic, sortiert. Miner. .	46,01	5,30	12,38	0,07	2,76	—	—	0,94	—
„ „ „ .	50,42	3,53	11,48	0,07	0,90	—	—	—	—
Brasilien.									
Miguel Burnier	55,00	—	1,50	0,03	—	—	—	—	—
Carlos Wigg	44,43	2,99	0,94	0,03	2,26	0,54	—	—	4,01
Mittlere Analyse	54,08	0,90	1,05	0,03	—	—	—	—	—
Aus Sendungen n. England 1900	53,35	—	1,02	0,03	—	—	—	—	15,81
„ „ „ N.-Amerika 1900	53,46	—	1,11	0,03	—	—	—	—	13,00
Chile.									
Santiago	53,00	—	—	0,05	—	1,13	—	0,02	—
Coquimbe	52,66	—	—	0,06	—	2,33	—	0,05	—
Frankreich.									
Las Cabesses: Rohmaterial . .	40,92	1,75	6,50	0,04	—	6,00	—	—	—
„ „ Geröst. Mineral	50,56	2,00	8,50	0,05	—	7,00	—	—	—
St. Giron	45,68	—	5,94	0,43	—	—	—	—	—
Griechenland.									
Mils. Im Mittel	34,73	3,00	22,92	0,06	—	2,15	—	—	—
Japan.									
Nr. 1	51,19	—	7,30	0,06	—	—	—	—	—
„ 2	44,09	—	16,10	0,06	—	—	—	—	—
„ 3	48,29	—	10,10	0,09	—	—	—	—	—
Rußland.									
Kaukasus: Höchstgehalt. . .	58,20	0,41	5,22	0,13	0,89	0,08	1,22	0,09	—
„ Niedrigstgehalt . .	45,50	—	7,38	0,48	—	—	—	—	5,78
„ Mittel von 5 Erzen	54,00	0,02	4,62	0,34	0,55	0,27	0,32	—	1,88
Jekaterinenburg	53,70	0,86	8,10	Spur	—	1,37	—	0,08	—
Spanien.									
Huelva: Karbonate v. Mangan 4	28,26	6,58	4,95	—	2,11	—	—	—	—
„ „ „ „ 6	41,15	0,77	14,10	—	1,41	—	—	—	—
Santa Domingo	38,87	1,37	22,50	—	1,80	—	—	—	—
Mn-Carbonat	38,33	2,31	10,85	0,10	0,35	2,87	29,88	—	1,54
Geröstetes Mineral	49,60	—	—	—	—	—	—	—	—
Vereinigte Staaten.									
Ark. Batesville: Schacht 1 . .	56,92	—	2,10	0,10	—	—	—	—	—
„ „ „ 2 . .	54,33	—	1,34	0,29	—	—	—	—	—
Keystonegrube	57,50	1,75	2,31	0,12	—	—	—	—	—
Martingrube	60,50	1,61	1,00	0,17	—	—	—	0,03	10,45
Indien.									
Gosalpur	54,29	—	3,27	0,16	3,19	—	—	2,81	—
Im Mittel	51,43	5,60	9,52	0,09	—	—	—	—	—

In der Zukunft dürften diese Fundorte eine wichtige Rolle spielen.

In Afrika die Kapkolonie (Paarl), in Australien Neusüdwales, Queensland (Mount Miller) Erze mit 79% Braunstein.

Vereinigte Staaten: Zahlreiche Fundorte in Kalifornien, Georgien, Tenessee, Virginien, Arkansas.

West-Texas: Die Insel Cuba ist reich an Manganerzen.

Brasilien in Minas-Geraes mit über 192000 t jährl.

Auch das Braunsteinvorkommen in den Sunder States (Englisch Indien) ist sehr bedeutend und nach Schätzungen könnte ein einzelner Distrikt jährlich 1306782 t liefern. Die Braunsteinlagerung ist viel mächtiger als die Kaukasiens und wird auf etwa 10 Millionen Tonnen geschätzt. Leider sind die Gruben ziemlich hoch gelegen und oft schwer zugänglich. Die teure und seltene Arbeitskraft und das ungesunde Klima verzögern ein intensives Abbauen.

Reiche Lager wurden in Indien erschlossen: Nagpur, Bhandara, Balaghat, Chindoara, Jabalpur. 1906 wurden über 500000 t Manganerze in Indien gefördert.

Japan: 100000 t.

Demnach sind die wichtigsten Länder, die Manganerze abbauen:

Rußland	mit	505000 t	jährlich
Indien	„	500000 „	„
Brasilien	„	200000 „	„
Spanien	„	68000 „	„

Gesamtweltproduktion etwa 1243000 t.

Siehe umstehende Tabelle der Analysen der wichtigeren Manganerze.

Die Rolle des Braunsteins in der Emailfabrikation.

Der Braunstein gibt mit Email zusammengeschmolzen ein rosaviolettes bis schwarzviolettes Email, vorausgesetzt, daß keine reduzierende Gase oder Körper vorhanden sind, da hierdurch der Braunstein in eine niedrigere wenig färbende Oxydationsstufe übergeführt werden würde. Als Oxydationsmittel zur kräftigen Entwicklung der Manganfarbe dient der Zusatz von Salpeter im Email. Für besonders reine Töne[1]) stellt man reines Manganoxyd dadurch her, daß man fein gemahlenen Braunstein mit Salzsäure in der Wärme behandelt. Es tritt eine lebhafte Chlorentwicklung ein. Nach Beendigung derselben verdünnt man mit Wasser und setzt eine verdünnte Ammoniaklösung hinzu. Der entstehende dunkelbraune Niederschlag wird filtriert, gut gewaschen, getrocknet und bei allmählich steigender Hitze bis zur Rotglut unter Rühren erhitzt. Nach dem Kalzinieren wird das Manganoxyd fein gemahlen oder einfacher stellt man sich dieses Oxyd aus einer Lösung von Manganvitriol (Mangansulfat) her, durch Zusatz von Ammoniak, so lange noch ein Niederschlag entsteht.

Dann filtriert, wäscht, trocknet und glüht man den erhaltenen Niederschlag. Dieses so erhaltene Produkt ist eisenfrei, also reiner als das auf die erste Weise erhaltene Oxyd, weil der Braunstein häufig Eisenverbindungen enthält, die bei der Behandlung mit Salzsäure aufgelöst und hernach beim Fällen mittels Ammoniak mit dem Manganoxyd gleichzeitig herausgefällt werden.

Es ist klar, daß ein mit Eisenverbindungen verunreinigtes Manganoxyd weniger rein viollete Farbtöne geben würde als ein eisenfreies Produkt.

Für weiße Emails pflegt man, um eventuelle Mißfärbung bezw. Gelblichfärbung durch das in den Rohmaterialien in geringen Mengen vorhandene Eisenoxyd zu verhindern, ganz kleine Mengen Kobaltoxyd oder Braunstein der Emailmischung zuzusetzen. Dadurch bewirkt man, daß die gelbliche Färbung durch die bläuliche oder violettrötliche Färbung des Braunsteins zu weiß ergänzt wird, ähnlich wie durch Zusatz von Ultramarinblau zur Wäsche, deren gelblicher Ton in eine reinweiße Nuance verwandelt wird. Dabei darf man jedoch nur ganz geringe Mengen von Braunstein zur Entfärbung dem Rohemail zusetzen. (Auf 100 kg Email etwa 20 bis 50 g)[2]).

Nachdem der Braunstein bloß in verhältnismäßig geringen Mengen in der Emailfabrikation Verwendung findet, sollte man

---

[1]) Hermann, Die Glas-, Porzellan- und Emailmalerei.

[2]) Aber auch die leicht Sauerstoff abgebende Eigenschaft des Braunsteins spielt hierbei durch Oxydation der verunreinigenden organischen Substanzen eine Rolle.

stets nur allerbeste Marken beziehen. In Blauemail pflegt man vielfach außer 1% Kobaltoxyd 1—5% Braunstein zuzumischen, um die dunkelblaufärbende Wirkung des teuren Kobaltoxydes durch den billigen Braunstein zu verstärken. Natürlich geschieht dies unter Beeinträchtigung der rein blauen Kobaltfärbung, die durch Zusatz von Braunstein dem Email einen blauvioletten Ton verleiht, wie er vielfach auf dem Markte gerne verlangt wird.

Auch für Grundemails empfiehlt sich ein mäßiger Zusatz von Braunstein (100—250 g pro 100 kg Email), da dieser Zusatz erfahrungsgemäß günstig auf das Haftvermögen des Grundemails einwirkt. Wichtiger ist die Rolle des Braunsteins zur Fabrikation von dunkelvioletten, schwarzen und metallisierenden Emails. Für violette Emails empfiehlt sich ein Zusatz von 4—7% Braunstein zu einer salpeterarmen Glasur. Eventuell fügt man der Rohmischung 4—5% Smalte zu.

Beispiel eines violetten Emails:

Borax	140	kg
Soda	31	„
Feldspat	288	„
Kryolith	36	„
Braunstein	20	„
Smalte	20	„
Salpeter	0,1	„
Sa.	535,1	kg

Durch Vermischen von dem geschmolzenen und feingemahlenen violetten Email mit Weißemail lassen sich sehr zarte rosa bis fliederfarbige Emailssorten herstellen.

Durch Zusatz von Kobaltoxyd, Kupferoxyd, Braunstein eventuell Eisenoxyd zu gewissen Rohmischungen oder Abfallemails läßt sich ein schönes schwarzes Email erschmelzen.

Erhöht man den Braunsteinzusatz in der Emailrohmischung, so entstehen Emails, welche nach dem Brennen einen eigenartigen lüsterartigen Metallglanz zeigen. (Der Braunsteingehalt schwankt in diesem Falle zwischen 10—12%.)

VIII. Chemische Technologie des Zinnoxyds.

Seine Rolle in der Emailfabrikation.

Nachdem das Zinnoxyd zur Weißfärbung des Emails von fundamentaler Wichtigkeit ist und nur unvollkommen oder durch einzelne in manchen Staaten verbotene Surrogate ersetzbar ist, soll es hier ausführlich besprochen werden. Es ist unbedingt erforderlich, daß jeder Emailfachmann nicht nur über die Eigenschaften, sondern auch über die Fabrikation des in großen Mengen in der Emailfabrikation verwendeten Zinnoxyds bestens unterrichtet sei. Zu diesem Behufe müssen wir kurz auf die Chemie des metallischen Zinns eingehen.

Das Wort Zinn stammt aus dem Lateinischen stannum[1]). In der Hauptmenge wird das Zinn nur aus dem Zinnstein oder Kassiterit hergestellt, welcher tetragonal kristallisiert. Kristalle teils kurz säulenförmig, teils pyramidal ausgebildet, mit Flächenstreifung. Manchmal zu Drusen vereinigt. Zumeist Zwillingskristalle. Aber auch derb in fest verwachsenen Aggregaten und eingesprengt in kleinen Körnern sich findend, selten in zartfaserigen, konzentrisch verschiedenartigen Aggregaten (Holzzinnerz); endlich in eckigen Stücken, geschieden und losen Körnern (Seifenzinn).

Schöne Pseudomorphosen von Zinnstein und Quarz nach Orthoklas von St. Agnes in Cornwall. Die Kristalle sind spröde, Härte = 6—7, spezifisches Gewicht = 6—8, farblos, doch meistens gelblichbraun bis pechschwarz gefärbt. In chemischer Beziehung wird der Kassiterit durch die Formel SnO_2 oder Zinnoxyd dargestellt oder auch als $SnSnO_4$ (zinnsaures Zinn) mit 78,62 % Zinn und 21,38 % Sauerstoff. Meist enthält es etwas Eisenoxyd, Kieselsäure, Manganoxyd oder Tantalsäure. Vor dem Lötrohre für sich unveränderlich, wird es auf Kohle im Reduktionsfeuer, insbesondere bei Zusatz von etwas Soda zu Zinn reduziert; von Säuren nicht angreifbar, kann das Kassiterit nur durch Alkalien aufgeschlossen werden. Eingewachsen findet sich der Kassiterit in alten granitischen Gesteinen, als Beteiligung

[1]) Siehe des Verfassers Beitrag zur Geschichte der Verzinnungstechnik. Archiv für die Geschichte der Naturwissenschaften und der Technik, Bd. 1909.

an netzförmigen, sogenannten Stockwerken (stockförmige Ablagerung des Granits, durchschwärmt von reichlichen schmalen Ergänzungen, ferner noch unabhängig von den steilen Gängen in lagerförmig erzhaltigen Zonen übereinanderfolgend das Gestein durchziehend, wie die zinnerzführenden Stockwerke von Geier, Zinnwald, Altenberg i. Erzgeb., Schlaggenwald in Böhmen, Cornwall in England) oder auf Gängen oder Trümmern, welche im Nebengestein von Graniten und Porphyren, z. B. im angrenzenden Tonschiefer, aufsetzen; begleitet insbesondere von Quarz, Wolframit, Fluorit, Apatit, Topas, Zinnwaldit, Turmalin, ferner von Eisenkies, arsenhaltigen Kiesen, Zinkblende, Molybdänglanz. Fundorte: Altenberg, Geier, Ehrenfriedersdorf in Sachsen, Zinnwald, Graupen und Schlaggenwald in Böhmen, Cornwall und Devonshire in England, Penonta in französ. Galizien, Bretagne, Limoges. Gebunden an jüngere trachitische und andesitische Eruptivgesteine am Ostabfall des bolivianischen Hochlandes (Oruro, Potosi), auf sulfidischen Silber-, Blei- und Wismutgängen, gewöhnlich ohne die sonst üblichen Begleiter wie fluorhaltige Mineralien auch zu Campiglia marittima in einer Brauneisenlagerstätte innerhalb sedimentären Liaskalk, welche den eisernen Hut von sulfidischen Erzmassen bildet. Die hauptsächlichsten Zinnseifen finden sich auf der Halbinsel Malakka, den Inseln Banka, Billiton und Karimon, in Neusüdwales, Tasmanien, Herbeston District in Nord-Queensland (Australien) (nach Neumann-Zirkels „Elemente der Mineralogie", 1907). Die wichtigen Fundorte und Zinnerzeugungsorte sind die sogenannten Straits Settlements, sodann Bolivien und Banka (zwischen Sumatra und Borneo), Billiton und Perak auf Malakka, welche sehr reines Zinn geben, das Detroitzinn genannt wird. Auch auf der Insel Elba, Nordamerika, Mexiko, Japan und China finden sich reiche Zinnerzlager. In Französisch-Kochinchina (Tongking) finden sich reiche Zinnerzlager, insbesondere in der Region von Cao-Bang. 1,03 m der dortigen alluvialen Lager gibt 5 kg Erz, das im Mittel 50 % Zinn, etwas Wolfram und Gold enthält.

Die Verhüttung des Zinnsteins zu metallischem Zinn ist sehr einfach.

Die Erze werden sortiert, sorgfältig gewaschen, um auf mechanischem Wege den größten Teil der Gangarten zu entfernen, geröstet (um den Schwefel, das Arsen zu verbrennen), neuerlich gewaschen, wobei Zinnoxyd zurückbleibt, indes die Verunreinigungen als Sulfide in pulverförmigem Zustande hinweggeschlemmt werden. Zum Schluß schmilzt man das Oxyd, um das Rohzinn zu erhalten, welches durch Raffinierung (Umschmelzen) in reines Zinn verwandelt wird. Die Alluvialerze auf Banka und Malakka erfordern wegen der größeren Reinheit des Erzes nur eine Schmelzung. Das Schmelzen der Erze geschieht in Drehöfen oder in sogenannten Schacht- oder Ärmelöfen (siehe Abb. 11).

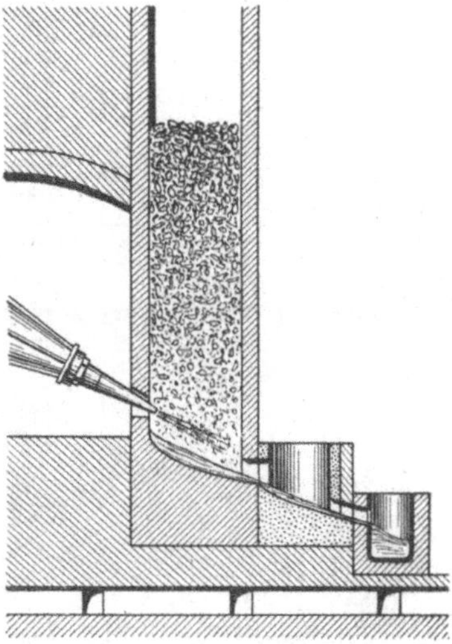

Abb.11.
Schachtofen zur Zinngewinnung (Altenberger Ofen, Sächs. Methode).

Letztere oder die sächsische Methode (Altenberger Ofen) verwendet einen Ofen, der aus einem einzigen Stück Gneiß als Grundstein besteht, mit einem darüber sich befindlichen Schachte von 3 m Höhe, dessen Wände aus Granit gebildet werden. Vor dem Ofen befindet sich ein vorderer Tiegel, wo das reduzierte Zinn sich ansammelt, ferner ein eiserner Kessel, in welchem durch eine Öffnung das im Vordertiegel angesammelte Zinn abfließt. Der Schicht wird abwechselnd mit Kohle und Erz beschickt. Am Boden des Schachtes wird an mehreren Stellen Wind eingeblasen. Die Reduktion des Kassiterits mittels Kohlenstoff vollzieht sich nach der Gleichung:

$$SnO_2 + C = Sn + CO_2$$

Kassiterit + Kohle = Zinn + Kohlensäure.

Das flüssige Metall läuft nach unten in den eisernen Kessel ab. Im Schachte bzw. auf der Schachtsohle bleiben die schwer schmelzbaren Legierungen des Eisens und des Zinns zurück. Diese zinnhaltigen Rückstände werden im Ausmaße von $^1/_3$ bei der neuerlichen Beschickung des Ofens zugesetzt. Nach und nach werden diese Zinnschlacken (Zinnsilikate) zinnärmer und gehen in Eisensilikat und metallisches Zinn über.

In England erfolgt die Reduktion der Zinnerze in Wannenöfen mit vorgelegten Tiegeln (Abb. 12). *JJ* sind zwei Kessel, in welche das geschmolzene Zinn einläuft.

Der Boden der Wanne ist arm an Kieselsäure, um die Bildung von Zinnschlacke zu vermeiden. — Man beschickt die Wanne gleichzeitig mit dem Erze, kleinsortiertem Anthrazit, mit etwas Rückständen der früheren Reduktion (Zinnschlacke und Zinnkrätze) und als Flußmittel fügt man Flußspat hinzu. Man schließt die Fülltüren des Ofens, erhitzt und krükt von Zeit zu Zeit. Nach 5 Stunden zieht man die Zinnschlacke ab (welche bei neuerlicher Beschickung zu $^1/_3$ wieder zugesetzt wird) und läßt das reduzierte Zinn nach *J* ablaufen. Man läßt darin einige Minuten ausruhen, schöpft den Schaum ab und gießt das Zinn in Formen von der bekannten Gestalt. Auf diese Weise hat man das Rohzinn erhalten, welches zu seiner vollständigen Reinigung raffiniert werden muß. Dies geschieht in der Weise, daß man das Rohzinn in demselben oder in einem kleineren Ofen nochmals bei niederer Temperatur schmilzt. Das leichter schmelzbare reine Zinn fließt durch eine Öffnung ab. Man verstopft die Öffnung, erhitzt jetzt stärker und läßt abermals abfließen. Diesmal ist das Zinn weniger rein als nach dem ersten Ablassen und wird dasselbe für sich raffiniert. Die letzten Rückstände wandern in den ursprünglichen

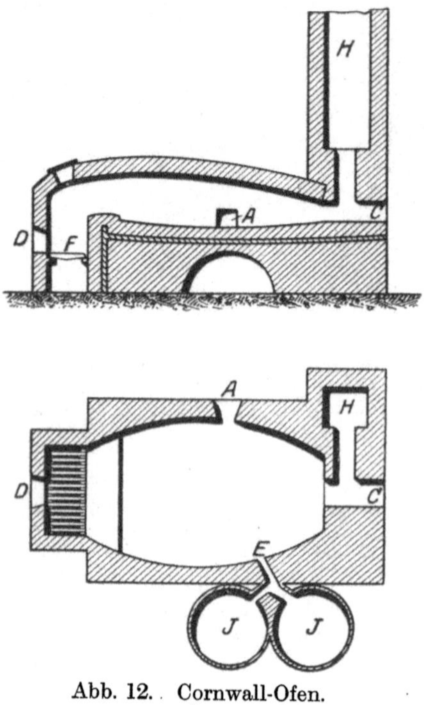

Abb. 12. Cornwall-Ofen.

Reduktionsprozeß des Erzes zurück. In das reine, geschmolzene Zinn, das man oben in einen Tiegel abgelassen hat, senkt man ein Eisengestell, an welches frische Holzzweige befestigt sind. Arsen und Antimon, welche noch im Zinn sich befinden, werden oxydiert, es tritt ein Aufkochen der ganzen Schmelze ein, hervorgerufen durch das eingetauchte Holz. Durch diese wallende Bewegung steigt das Arsen und Antimon an die Oberfläche und werden daselbst abgeschöpft. Das reine Zinn wird abfließen gelassen und am Boden des Tiegels verbleibt die schwere Eisenlegierung, welche für sich allein neuerlich raffiniert wird.

Nach einem vorliegenden, allerdings mit Vorsicht aufzunehmenden Berichte belaufen sich die Gestehungskosten von 100 kg reinem Zinn in Sachsen auf 204.18 Fr., in Böhmen auf 193.75 Fr. und zwar:

Sachsen:

Kosten der Förderung	79.68 Fr.
Transport, Rösten, mechanische Aufbereitung des Erzes	63.— „
Schmelzen und Raffinieren	3.53 „
Allgemeine Unkosten	57.97 „
Gestehungskosten pro 100 kg Zinn	204.18 Fr.

Böhmen:

275 kg gewasch. Mineral, trocken in die Hütte geliefert			136.39 Fr.
Brennmaterial für Rösten, Schmelzen und Raffinieren,			
und zwar:	750 kg Holz	= 9.72 Fr.	
	425 „ Holzkohle	= 16.85 „	
	½ „	= —.28 „	
		26.85 Fr.	26.85 Fr.
Löhne, Kosten und allgemeine Regie			17.80 „
Steuerabgaben auf Zinn			11.63 „
Gestehungskosten pro 100 kg Zinn			192.67 Fr.

Ein Verfahren, um absolut reines Zinn darzustellen, wird von einem französischen Werke[1]) geübt und besteht darin, daß man vom rohen Zinnerz oder einer Zinnlegierung ausgeht und dieselben bei Gegenwart von gas-dampfförmigen Reduktionsmit-

[1]) Soc. Industr. des Produits Chimiques.

teln erhitzt (am besten eignet sich Wasserstoff dazu, weil die Reduktion schon bei 500° beginnt).

Der Sauerstoff, Schwefel, das Arsen und Antimon werden mit einem geringen Wasserstoffüberschuß eliminiert. Nach der Reduktion läßt man erkalten und ersetzt den Wasserstoffstrom durch einen Strom von trockenem Chlorgas. Die dabei sich entwickelnde Wärme wird vorteilhaft durch Kühlen unschädlich gemacht. Es bildet sich gasförmiges Zinntetrachlorid ($SnCl_4$). Man kondensiert diese Dämpfe durch Leiten in gekühlte Schlangenrohre und bringt das flüssige $SnCl_4$ in einen passenden Behälter.

Wenn nötig, wird das Zinntetrachlorid bei Gegenwart von etwas reinem Zinn destilliert (um das überschüssig anhaftende Chlor und Eisenchlorid zu binden) und erhält man derart absolut reines Zinntetrachlorid.

In einem Steinzeugbottich wird das Zinntetrachlorid mit Wasser verdünnt der Elektrolyse unterworfen. An der Anode entwickelt sich Chlor, das in den Prozeß zurückkehrt. An der Kathode scheidet sich manchmal unter Wasserstoffabscheidung pulverförmiges, chemisch reines Zinn ab, das gesammelt, geschmolzen und in Platten gegossen und erstarren gelassen wird.

Falls sich Wasserstoff dabei bildet, so kehrt auch dieser wieder behufs Reduktion der erhitzten Zinnerze oder Zinnlegierungen in den Prozeß zurück. Es empfiehlt sich die Konzentration des Elektrolyten während der Elektrolyse stets auf eine gewisse Gleichmäßigkeit zu erhalten, was am besten dadurch erreicht wird, daß man nach und nach wasserfreie oder eine stark konzentrierte Lösung von Zinntetrachlorid dem Bade zufügt. Dadurch scheidet sich das Zinn in kompakteren Massen aus und ist der Stromverbrauch ein günstigerer, indem die konzentrierte Lösung demselben weniger Widerstand entgegensetzt. Es ist wichtig, daß man während des Chlorierens die Temperatur niedriger hält (etwa 100°), wodurch eine Zurückdestillation des Zinntetrachlorids vermieden wird. Der zur Reduktion nötige Wasserstoff oder sonstige Reduziermittel können nach einem beliebigen Verfahren erzeugt werden. Man muß Chlor im Überschuß anwenden, da die verunreinigenden Beimengungen des Zinnerzes oder der Zinnlegierung auch Chlor verbrauchen.

Während die Zinnverluste bei sonstigen Verfahren der Gewinnung des Zinns aus Erzen usw. 5—15% betragen, sollen nach diesem Verfahren fast keine Verluste auftreten. Wolfram und Molybdän, welche häufig Zinnerze begleiten, können bei der geschilderten Art der Fabrikation in einer für die Gewinnung derselben vorteilhaften Konzentration in der elektrolytischen Flüssigkeit zurückbleiben.

Allgemeines über Zinn.
Chemische und physikalische Eigenschaften desselben.

Zinn ist ein fast silberweißes starkglänzendes Metall. Spezifisches Gewicht = 7,28, d. h. ein Quadratmeter Zinn von 1 mm Stärke wiegt 7280 Gramm. Zinn hat ein kristallinisches Gefüge, daher beim Biegen ein Knistern (Zinngeschrei) wahrzunehmen ist, herrührend von den sich reibenden Kriställchen. Auch beim Übergießen der Zinnoberfläche mit Salzsäure tritt eine charakteristische Zeichnung auf (Zinn moiriert), herrührend von dem kristallinischen Gefüge des Zinns. Interessant ist der Dimorphismus (Zweigestaltigkeit) des Zinns. Schon vor langer Zeit waren namentlich aus russischen Magazinen und Museen Fälle bekannt geworden, daß massive Zinnblöcke allmählich zu Pulver zerfielen. Genauere Untersuchungen führten zur Erkenntnis der sogenannten „Zinnpest", die man auch an zinnernen Geräten, Orgelpfeifen gelegentlich in Form pockennarbiger Auswüchse und endlicher Bildung von Löchern konstatiert hat. Cohen, der diese Frage studierte, hat diese Erscheinung Zinnpest genannt. Das Zinn existiert nämlich in zwei Modifikationen. 1. als gewöhnliches Zinn vom spezifischen Gewicht = 7,3 und 2. als graues, pulverförmiges Zinn vom spezifischen Gewicht = 5,8; deshalb schwillt auch das Zinn bei dem Übergange in graues Zinn (pestkrankes Zinn) auf, als wenn es von kleinen Geschwüren bedeckt würde.

Die Bildung von grauem Zinn tritt unterhalb 20° C ein. Daher befindet sich das Zinn unter dieser Temperatur eigentlich nur im labilen Gleichgewichtszustande und tritt die Zinnpest insbesondere in kalten Ländern auf. Oberhalb dieser Temperatur ist das metallische Zinn stabil. Schmilzt man graues, krankes Zinn um, so erhält man wieder das metallische Zinn.

Man sagt, daß Zinn bei 20° C einen Umwandlungspunkt besitzt. Künstlich kann man die Bildung von grauem Zinn befördern durch Lagern mit bereits krankem oder grauem Zinn, insbesondere bei Befeuchtung mit Pinksalz = Zinnammoniumchlorid (Impfen des Zinns) (Dilatometerprobe. Versuche mit dem Umwandlungselement von Cohen).

Eine neue Zinnpest hat R. v. Haßlinger beobachtet und in den „Wiener Monatsheften der Chemie" beschrieben. Ein Gefäß aus verzinntem Eisen, das zwei Jahre lang im Gebrauch und warmem, aber niemals kochendem Wasser ausgesetzt gewesen war, wurde nach dieser Zeit vollkommen brüchig. Die meisten Leute würden sich über diese Erscheinung vermutlich nicht besonders gewundert und das unbrauchbar gewordene Gefäß einfach auf den Kehrichthaufen geworfen haben. Der Chemiker aber wollte der Sache auf den Grund gehen. Er vermutete als Ursache der Zersetzung einen ähnlichen Vorgang, wie er bei Gegenständen aus Bronze als Bronzekrankheit oder Bronzepest sehr bekannt ist. Auch bei reinem Zinn sind solche Veränderungen schon früher festgestellt worden. Das eigentlich Merkwürdige in diesem Falle bestand darin, daß es gelang, die Krankheit überzuimpfen. Wenn andere Gegenstände aus Zinn mit Stücken von jenem „kranken" Zinn in enge Berührung gebracht wurden, so wurden sie gleichsam angesteckt und selbst dem gleichen Zerfall überliefert. Haßlinger beobachtete, daß diese sonderbare ansteckende Zinnkrankheit innerhalb eines Tages bis zu einem halben Zentimeter im Umkreis um sich griff. Sie konnte auch auf Zinnfolie übertragen werden, die ihrer geringen Dicke entsprechend sehr bald vollkommen brüchig wurde. Eine Erwärmung des Gefäßes vermochte den Fortschritt der Erkrankung nicht aufzuhalten.

Als das einzige Mittel zur Rettung des Metalles erwies sich dessen Einschmelzung. Es ist kaum möglich, die Zinnpest nach dieser Beschreibung nicht mit einer menschlichen Krankheit zu vergleichen, weil alle ihre Erscheinungen durchaus ähnlich vor sich gehen, wie es bei einer epidemischen Krankheit, die durch Bakterien übertragen wird, der Fall ist.

Das metallische Zinn ist weich und sehr dehnbar, walzbar (Stanniol). Bei 200° C wird es spröde und läßt sich pulvern. Es schmilzt bei 231° C, und destilliert in der Weißglut (bei etwa 1700°). An der Luft erhitzt, verbrennt es zu weißem Zinnoxyd.

Die Reinheit des Zinns wird im Handel vielfach beurteilt nach folgenden Erscheinungen:

1. Je reiner das Zinn ist, um so kräftiger das Knistern oder Geräusch beim Biegen einer Zinnstange (je stärker das „Zinngeschrei").

2. Aus dem Vergleichen der Gewichte von zwei Zinnmassen derselben Form, von denen die eine aus ganz reinem Zinn besteht.

3. Man schmilzt das Metall bei sehr niederer Temperatur und füllt damit eine halbkugelförmige Form von 1—2 cm Durchmesser. Das reine Zinn, das in Blättern oder Lingots gegossen ist, zeigt nach dem Erkalten eine ganz glatte Oberfläche, die keinerlei Kristallisation aufweist. Schon geringe Verunreinigungen (Blei usw.) rufen an der erstarrten Oberfläche nadel- oder sternförmige Zeichnungen hervor. Je größer der Gehalt an Fremdmetallen, um so größer die sternförmige Zeichnung. Außerdem ist unreines Zinn matter und weniger glänzend an der Oberfläche. Mit Ausnahme von Banca-, Billiton- und Malakka-Zinn schließen die meisten anderen Sorten geringe Verunreinigungen von Kupfer, Blei, Eisen oder Arsen ein.

Nehmen wir das Wärmeleitungsvermögen des Silbers mit 1000 an, so ist das des Zinns = 145 und sein elektrisches Leitungsvermögen = 11,3, wenn Silber ein solches von 100 besitzt.

Die Wärmekapazität des Zinns ist = 0,0562.

Sein Streckwert in der Walze: zwischen Kupfer und Platin.

Nach dem Schmelzen erleidet das Zinn eine Schwindung:

der Länge nach $^1/a = \frac{1}{128} = 0{,}0078$

„ Oberfläche „ $^2/a = \frac{1}{64} = 0{,}0156$

dem Volumen „ $^3/a = \frac{1}{43} = 0{,}0234.$

Beträgt das Volumen des Modells = 1, so beträgt das Volumen eines aus Zinn hergestellten Gußstückes $1 - {}^3/a = \frac{42}{43} = 0{,}9766.$

Das Gewicht eines Gußstückes aus Zinn erhält man demnach durch Multiplikation des Modellgewichtes mit 0,9766.

Statistisches: Ein- und Ausfuhr an Zinnerzen, Zinn und Zinnoxyd 1910 in kg.

Zinnoxyd: 1910

	Einfuhr:	Ausfuhr:
Deutschland:	43 000 kg	1 184 000 kg
Österreich-Ungarn:	6 000 „	70 000 „
Italien:	48 200 „	600 „
Frankreich:	41 600 „ (1908)	48 300 „

Zinnerze: Ein- und Ausfuhr 1910 in kg.

Deutschland: Einfuhr: 17 343 000 (gegen 9 970 800 kg im Jahre 1907);

davon kamen aus England: 523 200 kg
Spanien: 598 400 „
Bolivien: 9 135 600 „
Chile: 881 900 „
Mexiko: 87 100 „

Ausfuhr: 72 000 kg;

davon gingen nach England: 2600 kg
Österreich-Ungarn: 2200 „

Frankreich: Einfuhr: 1 109 800 kg
Ausfuhr: 357 900 „

Metallisches Zinn: Ein- und Ausfuhr 1910 in kg.

Deutschland:	Einfuhr:	14 297 000 kg
	Ausfuhr:	7 530 000 „
Österreich-Ungarn:	Einfuhr:	4 569 000 „
	Ausfuhr:	547 000 „
Niederlande:	Einfuhr:	—
	Ausfuhr:	15 429 000 „ (aus den Kolonien).

Unsere vollste Aufmerksamkeit verdient Bolivien als ein ganz bedeutendes zinnerzeugendes Land. Bolivien verdankt heute zum Teil seine Prosperität seinem Reichtum an Zinnerzen.

Im Jahre 1907 führte Bolivien 27 677 780 kg Rohzinn („Barillas“ genannt) aus, allerdings nur mit einem mittleren Gehalt von 60 % Zinn. Dies entspricht 16 606 668 kg reinem

Zinn. An dieser Produktion waren fünf Departements beteiligt, und zwar:

Departement	von Potosi, Uyani, Tupeza, Colquechana	mit	16314664 kg
„	„ Oruro	„	9476287 „
„	„ de la Paz	„	1810736 „
„	„ de Cochabamba	„	76093 „
		Total	27677780 kg

Diese Ausfuhr wird entsprechend versteuert und sicherte dem bolivianischen Staate eine Einnahme von 2807142 Fr. Steuern.

Die Sauerstoffverbindungen des Zinns.

Das Zinn ist sehr widerstandsfähig gegen Atmosphärilien, schwache Säuren und Alkalien. Zinn bildet zwei Reihen von chemischen Verbindungen, die sich von Zinnmonoxyd oder Zinnoxydul (SnO) oder von Zinndioxyd = Zinnoxyd (SnO_2) oder Zinnsäureverbindungen ableiten. Letztere sind beständiger als erstere. Für uns kommt hier nur das Zinnoxyd = SnO_2 in Betracht.

Das Zinnoxyd = SnO_2 besteht in theoretisch reinem Zustand aus

78,67 % Zinn (Sn)
21,33 % Sauerstoff (O).

Von diesem Oxyd leiten sich zwei Hydroxyde ab, nämlich die Zinnsäuren H_2SnO_3 und H_4SnO_4. Jede der beiden Zinnsäuren existiert in zwei Formen, die sich in ihrem Verhalten voneinander unterscheiden (Berzelius 1811 und Gay-Lussac 1817).

Man unterscheidet nämlich gewöhnliche oder α Zinnsäure (H_2SnO_3 oder H_4SnO_4) und Metazinnsäure oder β Zinnsäure (H_2SnO_3 oder H_4SnO_4).

Die Metazinnsäure erhält man durch Auflösen von metallischem Zinn in Salpetersäure von spezifischem Gewicht = 1,35 = 37,4° Bé oder 1 l dieser Säure enthält 772 g konzentrierter Salpetersäure von $48^1/_2$° Bé.

Dies war die ältere, heute kaum noch benützte Methode der Erzeugung von Zinnoxyd auf nassem Wege. Beim Erhitzen dieser Metazinnsäure verflüchtigt sich das Wasser und Zinnoxyd bleibt zurück. Will man für manche Zwecke, wo es nur auf die Herstellung kleiner Mengen von Zinnoxyd ankommt (für Schmuckemails), dasselbe auf nassem Wege herstellen, so geht man in der Weise vor, daß man verdünnte Salpetersäure auf zerkleinertes Zinn, das sich in einem Glas- oder Porzellangefäße befindet, langsam einwirken läßt. Es entweichen dabei braune, schädliche Dämpfe von Stickstoffdioxyd (NO_2). Ist die Reaktion beendet, so fügt man neuerdings Säure in kleinen Quantitäten zu. Sobald sich bei erneutem Zusatz von Säure keine Dämpfe von NO_2 mehr bilden, ist das Zinn in weiße Metazinnsäure umgewandelt. Man filtriert, wäscht mit heißem Wasser auf dem Filter, um die überschüssige Salpetersäure auszuwaschen und schlemmt diese Zinnsäure mit viel Wasser, so daß nur die feinsten, milchigweißen Partikelchen abfließen, während ein Teil von noch unzersetztem, metallischem Zinn als spezifisch schwerer in Form von kleinen Kügelchen, umschlossen von Zinnsäure, zurückbleibt. Das durch den Schlemmprozeß erhaltene feine Pulver läßt man ruhig absitzen, dekantiert das Wasser, trocknet die Metazinnsäure und glüht zum Schlusse, um reinweißes, wasserfreies Zinnoxyd zu erhalten:

$$H_2SnO_3 - H_2O = SnO_2$$

Metazinnsäure weniger Wasser = Zinnoxyd.

Dieses so bereitete Zinnoxyd ist spezifisch schwerer, als das durch oxydierendes Schmelzen im Wannenofen erhaltene Oxyd. Es vermischt sich daher weniger gut mit dem Email und der Verbrauch ist entsprechend dem kleineren Volumen desselben größer, als wenn wir gewöhnliches Zinnoxyd benützen.

Wie gesagt spielt heute das auf nassem Wege bereitete Zinnoxyd in der Industrie eine ganz untergeordnete Rolle.

Die gewöhnliche oder α Zinnsäure wird erhalten durch Zusatz von Alkali zu frischen Lösungen von Zinntetrachlorid ($SnCl_4$) als weißes voluminöses Pulver, das leicht in Mineralsäuren und in Natronlauge löslich ist. In salzsaurer Lösung geht die α Zinnsäure allmählich in die beständigere Metazinnsäure über.

Die Metallsalze der Zinnsäuren (sog. Stannate) sind beständiger. Zinnoxyd ist im elektrischen Ofen schmelzbar, unlöslich in Säuren und Alkalien und ungiftig.

Die Zinnoxydfabrikation.

Die industrielle Fabrikation von Zinnoxyd geschieht heute nach mehrfachen Verfahren, die im Prinzip darauf auslaufen, das metallische Zinn in geschmolzenem Zustande durch den Luftsauerstoff oberflächlich zu Zinnoxyd zu oxydieren. Eine andere Methode beruht im Prinzip darauf, daß das Zinn in feinverteiltem Zustande (z. B. durch Zerstäubung) unter Erhitzung auf die Oxydationstemperatur und mit einem direkten Luftstrome in Berührung gebracht wird.

Über die Art der Herstellung von Zinnoxyd unterscheiden wir drei Wege, erstens die Erzeugung durch trockene Oxydation im Flammofen, zweitens durch Zerstäubung flüssigen Zinns und Oxydation in offener Flamme und drittens durch Herstellung aus entzinnten Weißblechabfällen.

Während die Oxydation im Flammenofen unstreitig die sicherste Arbeitsmethode darstellt, zumal sie eine beständige Kontrolle des Arbeitsganges ermöglicht, dabei ein für alle Zwecke verwendbares Produkt liefert, ist die mehrfach patentierte Methode des Zerstäubungsverfahrens mancherlei Wechselfällen ausgesetzt, auch ist das solcherart erzeugte Zinnoxyd nicht unbesehen für Gußemaille zu verwenden. — Die Erzeugung von Zinnoxyd aus Weißblechabfällen hat bis heute eine wirtschaftliche Bedeutung noch nicht erlangt, wenn auch die Entzinnung der Weißblechabfälle seit etwa 20 Jahren einen wichtigen Industriezweig besonders zur Herstellung von Zinnchlorid darstellt. Neben rein chemischen Schwierigkeiten in der Herstellung von reinem Zinnoxyd zu Emaillierzwecken bestehen solche technischer Art, die es verhindern, daß aus den durch mancherlei Beimengungen verunreinigten und elektrochemisch behandelten Weißblechabfällen ein brauchbares Zinnoxyd in den Handel kommt, daß es ebenso schwierig wie kostspielig sein wird, die vorkommenden Verunreinigungen vollkommen zu entfernen.

Allerdings sind auch hierin Verbesserungen und Fortschritte nicht ausgeschlossen.

Von den zahlreichen in den letzten Jahren bekannt gewordenen, zumeist patentierten Methoden seien hier einige der interessantesten kurz geschildert.

Ein Verfahren von Herm. Mühlinghaus[1]) (D.R.P. 214735 Kl. 40a Gr. 44) besteht in der vereinigten Einwirkung von Kohlenstoff und Luft auf zinnhaltige Materialien, derart, daß das verflüchtigte Zinnoxyd abgezogen wird, ohne daß es störende Schichten zu durchdringen braucht. Die zinnhaltigen Rohstoffe werden nach ihrer Schmelzung einem getrennten Ofen zugeführt, in dem die Verflüchtigung durch Einwirkung von Kohle und Luft bewirkt wird, und der mit dem unmittelbaren Abzug für das verflüchtigte Zinnoxyd versehen ist. (Siehe Abb. 13.) Es war schon früher vorgeschlagen worden, Erze oder zinnhaltige Schlacken in feinverteiltem Zustande mit Koks gemischt zu erhitzen, dabei Luft einzublasen, welche das reduzierte Zinn als Zinnoxyd fortführt und die geschmolzene oder schmelzende Schlacke mit überschüssigen Reduktionsmitteln in Gegenwart von Luft behandelt.

Es zeigte sich, daß es vorteilhafter sei, den Weg der Oxydationsprodukte aus den flüssigen Zinnerzen oder Schlacken zu verkürzen und zwar auf folgende Weise: Abb. 13a ist ein Querschnitt des Ofens. Die zinnhaltigen Materialien werden mit oder ohne Reduktionsmittel auf beliebige Weise geschmolzen. Der Prozeß und die Erfindung beginnt erst mit der Benutzung von irgendwie flüssig gemachten zinnhaltigen Rohstoffen. Letztere werden aus dem Ofen *a* in einem niedrigeren Ofen *b* abgeleitet, *b* wird dauernd mit Kohle, Koks, Anthrazit usw. beschickt, bei *h* wird Luft zugeführt (möglichst unter Pressung). Dadurch wird das gebildete Zinnoxyd mit dem Luftstrom durch *g* fortgeführt. Oder auch so, daß man das in den flüssigen Massen erhaltene Zinn zu Zinnoxyd oxydiert, während die in den Massen enthaltenen Zinnsauerstoffverbindungen eine doppelte Umsetzung erfahren: erst eine Reduktion zu Zinn und gleichzeitig (im statu nascendi) eine Oxydation und Verflüchtigung zu Zinnoxyd.

Das Verfahren bietet den Vorteil, daß das flüchtige Zinnoxyd nicht die in der Vorbereitung befindlichen schmelzenden Massen zu durchdringen braucht. In Abb. 13b wird ein Beispiel gezeigt, daß man den Prozeß ohne Reduktionsstoff bis zur Schmelze der Zinnmaterialien durchführen kann. Es ist hier ein elektrischer Ofen *o* vorgesehen, in dem die zinnhaltigen

[1]) Dieses Verfahren dürfte kaum Verwendung finden.

Massen wie gewöhnlich geschmolzen werden. (Man kann dabei, um die Schmelzung zu erleichtern, Zusätze geben.) Der Reduktions- bzw. Oxydationsprozeß tritt zwischen 1300 bis 1500° ein. Nach dem Schmelzen gelangt das Zinn in den verengten Raster, an welcher bei *s* ein Luftkasten *f* angeschlossen ist, vor dem durch den Rost *t* Luft seitlich durch die Rast durchgepreßt oder gesaugt wird.

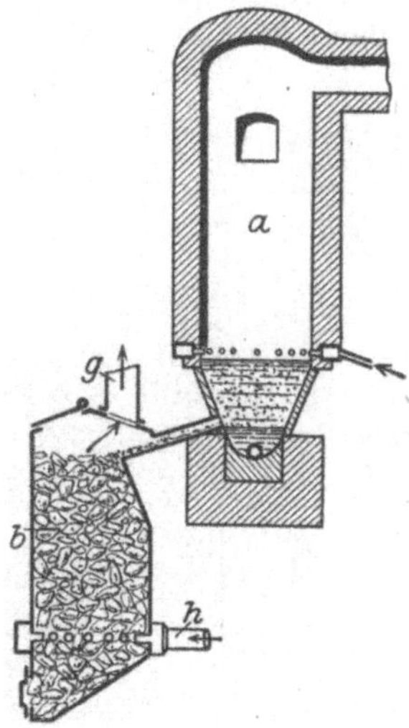

Abb. 13 a.

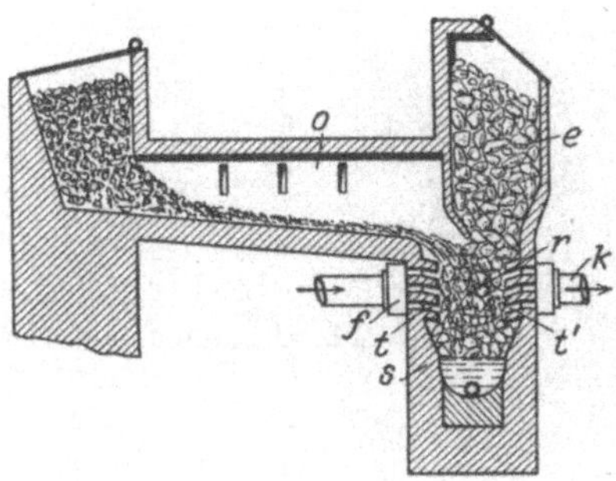

Abb. 13 b.

Zinnoxydofen nach Mühlinghaus.

Das Zinnoxyd entweicht durch den hinteren Rost *t'* in den Kanal *k*. Durch den Aufsatz *e* tritt dauernd Koks in die untere Rast ein, über die sich die flüssige Schlacke aus dem elektrischen Ofen ergießt.

Der Prozeß kann auch in einer Bessemerbirne durchgeführt werden, indem man durch die Düsen der Birne Luft mit Kohlenstaub gemengt in die zinnhaltige Schmelze einpreßt.

Nach diesem Verfahren sollen bis zu 0,18 % des gesamten im Rohmaterial vorhandenen Zinns in Zinnoxyd verwandelt werden.

Ein der Elektrizitätsgesellschaft Gelnhausen geschütztes Verfahren (D. R. P. 116758, Kl. 12n) zur Herstellung von Zinnoxyd unter Einführung des Zinns in verkleinertem Zustande in heiße Luft ist dadurch gekennzeichnet, daß das Zinn in staubförmiger Zerteilung zur Verwendung gelangt, daß die entstehende Oxydschicht jedes Zinnpartikels sich überall bis zum Mittelpunkt desselben erstreckt und das Zinn demnach bei einmaliger Behandlung völlig in Oxyd umgewandelt wird. Der Durchmesser eines Zinnpartikels soll höchstens 0,1 mm betragen.

Ähnlich ist das Verfahren von L. Fink-Huguento (Belg. Pat. 179151 vom 25. Aug. 1904). Es dient hierzu ein Apparat

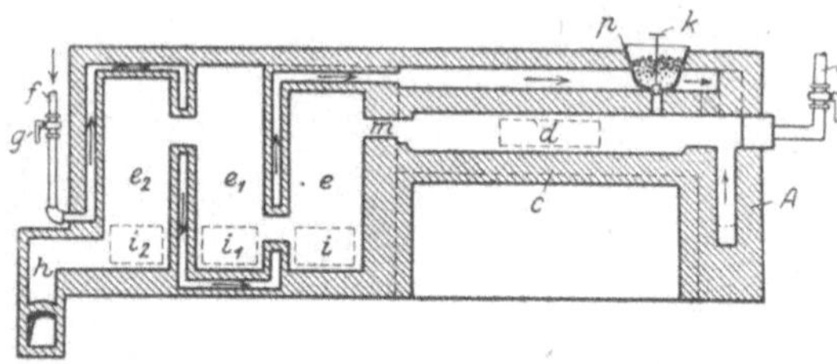

Abb. 14. Flammenofen (senkrechter Längsschnitt).

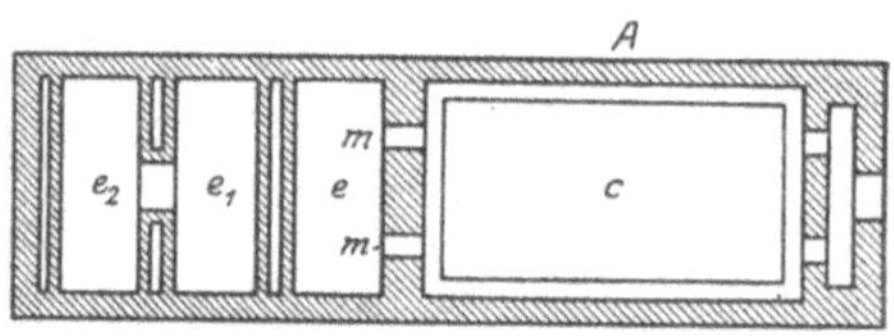

Abb. 15. Flammenofen (wagerechter Schnitt).

zur direkten Verbrennung des staubfein zerstäubten Zinns in kontinuierlichem Betriebe.

Eine andere Herstellungsmethode schlägt H. Foersterling in Perth Amboy (D. R. P. 173774, Kl. 12e, Gr. 9) vor.

Das Zinnmetall wird in einem Flammenofen bei Anwesenheit von vorher erhitzter Luft von der über den Herd streichenden Flamme direkt erhitzt. Die Temperatur dabei ist hoch genug, um die Bildung mißfärbiger Oxyde (Zinnoxydul) zu verhindern und nur Zinnoxyd zu bilden, welches kontinuierlich aus dem Ofen entfernt wird.

Abb. 14 zeigt den senkrechten Längsschnitt, Abb. 15 den wagerechten Schnitt der Linie *1—1* von Abb. 14. Zu dem Ofen *A* führt eine Rohrleitung *a*, durch welche Heizgas (Generatorgas usw.) zugeführt wird, regelbar mittels Ventre *b*. In *e* wird Zinn geschmolzen und das Zinnoxyd aus *d* abgezogen.

m stellt die Verbindung des Metallofens mit den Kammern e, e_1, e_2 her, in welcher das mitgerissene Zinnoxyd gesammelt wird. Zwischen den Doppelwänden der Kammern wird die Luft vor Eintritt in den Schmelraum hoch vorgehitzt. Bei *f* tritt die Luft ein und mischt sich mit dem aus *a* austretenden Gase. Ventil *g* regelt die Luftzufuhr. Nachdem der Ofen mit dem Zinn auf 900—1000° C erhitzt worden ist, entfernt man das Oxyd durch *d* und führt in kurzen Intervallen neues Zinn zu. Das etwa mitgerissene in den Kammern e, e_1, e_2 abgesetzte Oxyd wird durch i, i_1, i_2 entfernt. Die vorerhitzte Luft trägt zur Erhöhung der Temperatur und zur Bildung des weißen Zinnoxyds bei.

Ein ähnliches Verfahren finden wir im Patente Wassermann & Jaeger (D. R. P. 34653, Kl. 12) vom Jahre 1885. Das Zinn wird in einer geschlossenen, nur hinten mit einer Windleitung und vorn mit Kammern in Verbindung stehenden Muffel, welche, in einem Ofen liegend, von der Flamme umspült wird, eingeschmolzen.

Der Ersatz des oxydierten Zinns erfolgt durch ein in das Metallbad eintauchendes Trichterrohr aus feuerfestem Ton.

In das Metallbad tritt erhitzte, gepreßte Gebläseluft ein, und wird das gebildete Zinnoxyd dadurch direkt in die vorgelegten Kammern abgeblasen, wodurch ein Schornsteinverlust vermieden wird. Dabei wird das Metallbad durch das stetige Abblasen stets blank erhalten und ist bei dem Überschuß von Luft eine Bildung von Zinnoxydul unmöglich. Etwa dem Oxyd beigemengte Zinnpartikel fließen in das Bad wieder zurück, da das von der Muffel direkt in die Kammern führende Rohr etwas ansteigt. In den Kammern erhält man nur reines Zinnoxyd und ist ein nachträgliches Mahlen, Sieben, Schlemmen und Reduzieren der Rückstände unnötig.

Dr. Rickmann und Rappe (D. R. P. 99165) schlagen zum Opakmachen des Emails einen Zusatz von Silikofluoriden des Zinns oder Cers vor (5—25%).

Ein Verfahren von Lomax (L'Ind. électro-chem. 1903, 7, 69) beruht in einem auf dem Gérardschen Frinzip beruhenden Ofen, dessen Boden aus einem horizontalen mit zwei Aushöhlungen versehenen Kanal besteht, in welchen das fast kalte Metall mit den fünf oder sechs Elektroden in Berührung steht. In dem dazwischen liegenden Teile des Kanals erhält es eine sehr hohe Temperatur und wird hier einem aus drei oder vier Röhren austretenden Strome kalter oder heißer Luft ausgesetzt, welcher das Oxyd bildet und in einen besonderen Raum führt. Lomax gibt an, reines Zinnoxyd SnO_2 zu erhalten, wenn Luft von 400° in Zinn von 1200° geblasen wird.

Charles Paul Bary in Paris ließ sich ein Verfahren der Zinnoxyderzeugung patentieren (Österr. Pat. Nr. 4370, Kl. 12, 10. Juni 1901), welches darin besteht, daß metallisches Zinn unter Luftabschluß bis auf etwa 1700° C arhitzt wird; dabei verdampft es, die Zinndämpfe werden in eine benachbarte Kammer geleitet, wo sie mit einem eventuell erhitzten Luft- oder Sauerstoffstrome zusammentreffen, entflammt werden und zu Zinnoxyd verbrennen. Die Temperatur von 1700° kann in gewöhnlichen Öfen(?), oder Regenerativöfen, oder am besten im elektrischen Ofen erzeugt werden. Das so erhaltene Zinnoxyd soll sehr gleichmäßig, äußerst fein sein. Je feiner das Zinnoxyd im Korn ist, um so leichter kann eine geringere Menge desselben eine Trübung von Email auf größere Flächen erzeugen.

Es würde nach dem Verfahren demnach in einer Operation reines, gebrauchsfertiges Zinnoxyd erzielt werden.

Das Zinnoxyd spielt nach wie vor eine dominierende Rolle als Trübungsmittel für Emails, Gläser und Glaswaren. Die zahlreichen Ersatzmittel, von denen später gesprochen werden soll, haben an dieser Tatsache um so weniger geändert, als entweder deren Trübkraft in keinem richtigen Verhältnisse zum Preise dieser Produkte steht, oder daß infolge der strengen hygienischen Vorschriften in vielen Staaten, die Verbindungen von Blei und Antimon zur Herstellung von Emails für Küchengeräte betreffend, deren Verwendung beschränkt ist. Aber wie wir sehen werden, stellen sich häufig der Anwendung solcher Surrogate technische Schwierigkeiten entgegen.

Gerade der Umstand, daß sich die Emailindustrie im Gegensatze zur Tonwaren- und Fayence-Industrie absolut unabhängig von Bleiverbindungen z. B. zu machen gewußt hat, hat wesentlich zur Entwicklung derselben beigetragen. Wir sagten früher schon, daß die Zinnverbindungen absolut unschädlich und ungiftig seien. Im Mittelalter ging man sogar so weit, dem Zinn Heilwirkung zuzuschreiben.

Nachdem die Herstellung von Zinnoxyd ihre primitiven Wege verlassen hat und sich die chemischen Fabriken im großen mit der Fabrikation dieses wichtigen Artikels befaßt haben, übernahm die Führung in der Belieferung der Emaillierwerke mit Zinnoxyd eine eigens zu diesem Zwecke erbaute Fabrik in Kalk bei Köln, der sich bald andere Unternehmungen der gleichen Art anschlossen. — Mit der Ausdehnung der Emaillegeschirrfabrikation übernahmen weitere Werke die Herstellung von Zinnoxyd als Spezialfach, so daß als notwendige Folge davon bald eine Überproduktion eintrat, die zu außerordentlich verlustbringenden Preiskämpfen führte. Notgedrungen schlossen sich im Jahre 1898 eine Anzahl dieser Fabriken zu einem Syndikat zusammen, das jedoch die Früchte einer im allgemeinen gemäßigten Preispolitik nicht lange genießen konnte. Schon bald nachher trat neuer Wettbewerb auf, es gründeten sich Unternehmungen auf Grund von patentierten Verfahren in Deutschland, England, Frankreich und Amerika, so daß heute mehr als 20 verschiedene Fabrikanten sich um die Versorgung des Marktes mit Zinnoxyd den Rang abzulaufen suchen.

Diese auffallend große Zahl von Zinnoxydfabrikanten rührt teilweise daher, daß es noch immer Leute gibt, die sich entweder selbst wunderbare Gewinnkalkulationen vorrechnen, oder sich solche von berufsmäßigen Installateuren vorrechnen lassen. Man rechnet dabei stets mit viel zu hohen Ausbeutungsziffern, verleitet durch die chemische Formel von Zinnoxyd und mit viel zu geringen Herstellungskosten und läßt vor allen Dingen die durchaus unsichere Grundlage des Einkaufes von Rohzinn außer Betracht, die oft durch plötzlich sich ändernde Marktverhältnisse die beste Fabrikationseinrichtung illusorisch macht. Bei dieser Gelegenheit muß auch die Frage gestreift werden, ob es heute überhaupt noch angezeigt erscheint, Zinnoxyd für eigenen Bedarf selbst zu erzeugen. Hierauf kann auf Grund eigener langjähriger Erfahrungen in den bedeutendsten europäischen Emaillierwerken nur mit nein geantwortet werden. In früheren Jahren pflegten die meisten größeren Emaillierwerke das Zinnoxyd in eigener Regie herzustellen. Auch heute geschieht dies noch in einzelnen Werken, sei es um sich von den

Spezialfabriken unabhängig zu machen oder um die vorhandenen Ofenanlagen usw. auszunützen, sei es deshalb, daß sie sich überhaupt nicht Rechnung legen über die Gestehungskosten von Zinnoxyd im eigenen Betriebe, der meistens veraltet, in irgendeinem Winkel der Fabrik eingerichtet ist und nach altherkömmlicher Weise arbeitet und einen nicht unwesentlichen Prozentsatz von Zinnoxyd durch zu hohe Temperatur im Zinnoxydofen oder durch zu lebhaften Zug und Flammenführung in den Schornstein jagen. Kurz und gut ist es Tatsache, daß in solchen Werken vielfach die Gestehungskosten mangelhaft oder überhaupt nicht kontrollierbar sind und zwischen Theorie und Praxis eine fast unüberbrückbare Kluft besteht. Und welche Mengen Zinn gehen dabei durch Unredlichkeit manches Bediensteten, durch unvorteilhafte Ausnützung der Schlacke, der Zinnkrätze verloren. In manchen Emaillierwerken wird aus den Rückständen der Zinnoxydfabrikation ein Teil des Zinns durch Reduktion in einer oft außerordentlich primitiven Weise zurückgewonnen, die Schlacke als wertlos weggeworfen oder zu Spottpreisen verkauft. Dazu kommt noch, daß sich ein modernes Emaillierwerk kaum derart spezialisieren kann, um die Zinnoxydfabrikation, die schließlich doch nur ein Nebenbetrieb ist, gehörig zu überwachen und technisch zu vervollkommnen. Andererseits kann eine chemische Fabrik, die nur ausschließlich Zinnoxyd erzeugt, sich mit der technischen und kommerziellen Überwachung, mit der Kontrolle des Ein- und Ausganges, mit dem Studium der Marktlage von Rohzinn sowie neuer Verfahren, mit Laboratoriumsversuchen und mit bestmöglichster Ausnützung der Rückstände derart befassen, daß ein Selbstproduzent im Preise mit einer solchen Spezialfabrik nicht konkurrieren kann. Der Fabrikant von Zinnoxyd im großen ist außerdem infolge seiner größeren Produktion und seiner ausschließlichen Beschäftigung mit dem einzigen Produkte eher in der Lage die Zinnmarktlage richtig wahrzunehmen und zu günstigeren Bedingungen seinen Bedarf an Zinn zu decken. Tatsächlich liefern heute die großen Zinnoxydfabrikanten Zinnoxyd zu Preisen, die nicht nur einen geringen Nutzen vermuten lassen, sondern eine Vollkommenheit der Fabrikation und der Organisation zur Voraussetzung haben, wie wir sie vergebens in den Zinnoxyd erzeugenden Emaillierwerken suchen würden. Dabei ist die Qualität des beim Spezialisten gekauften Zinnoxyds in der Regel eine weit bessere. Manch großes Emaillierwerk, das früher Zinnoxyd selbst erzeugte, war häufig genötigt fremdes Zinnoxyd zu kaufen, wenn es sich darum handelte, besonders schöne Emailwaren zu erzeugen. Vom Standpunkte des Emailtechnikers wiederum kann es gewiß nichts Angenehmeres geben, als ein gutes Zinnoxyd nach Bedarf fertig in Fässern zu beziehen, ohne genötigt zu sein, wie sonst, große Vorräte an teurem Zinn zu halten. Fällt dann eine Sendung nicht zur Zufriedenheit aus, was übrigens selten vorkommt, so wird solche einfach zur Verfügung gestellt, während in den Fällen, in welchen das Emaillierwerk selbst Zinnoxyd erzeugt, gute Miene zum bösen Spiel gemacht werden muß, falls ein- oder das andere Mal die Qualität des Oxyds zu wünschen übrig läßt.

Nach dieser uns notwendig erschienenen Abschweifung kehren wir zum Thema der Rolle des Zinnoxyds im Email zurück.

In früheren Zeiten, in der Porzellanindustrie auch heute manchmal noch, wurden nicht Zinnoxyd allein, sondern ein Gemisch desselben mit Bleioxyd, sogenannte „Calzine", verwendet, durch Oxydation und Schmelzen einer Bleizinnlegierung. Für die modernen Emaillierwerke kommt die „Calzine" nicht in Betracht.

Man setzte in früheren Jahren einen Großteil oder die Gesamtmenge des Zinnoxyds zur Rohmischung des Emails hinzu und schmolz dasselbe gleichzeitig mit dem Email in Wannen- oder Tiegelöfen.

Man ist jedoch zur Erkenntnis gelangt, daß es rationeller ist, das Zinnoxyd erst bei dem Naßmahlen des Emails auf die Mühle zuzusetzen, indem beim Mitschmelzen des Zinnoxyds immerhin ein Teil desselben durch die im Schmelzofen herrschende hohe Temperatur in ungetrübtes Zinnsilikat verwandelt wird, ein geringer Anteil des Zinnoxyds kann dabei auch verdampfen. Es ist bekannt, daß die Deckkraft, d. h. die Opazität eines weißen Emails durch die übliche Art des Einlaufens der feurigflüssigen Glasur in kaltes Wasser (Abschrecken) nach dem Schmelzen geringer ist, als wenn wir das geschmolzene weiße Email ohne im Wasser abzuschrecken aus dem Schmelzofen auslaufen lassen würden. Wahrscheinlich beruht diese Erscheinung, soweit Zinnoxyd dabei in Frage kommt, auf einem physikalischen Vorgang wie die Bildung von Goldrubinglas oder gelber Emaille mittels Schwefelkadmium.

Der Verfasser fand z. B., daß ein Zusatz von Schwefelkadmium zur Rohmischung nach dem Schmelzen nur dann das Email gelb färbt, wenn das Email langsam abkühlte, also nicht in Wasser abgeschreckt wurde. Allerdings tritt die Gelbfärbung nach dem Auftragen und Brennen der damit emaillierten Ware wieder ein, weil die fertige Ware relativ langsam erkaltet. Das Zinnoxyd dürfte sich beim raschen Abkühlen des geschmolzenen Emails möglicherweise weniger energisch verteilen und in größerer Menge im Email in Lösung verharren.

Im allgemeinen müssen wir annehmen, daß das Zinnoxyd im Email ungelöst und fein verteilt (suspendiert) bleibt und daß in dieser charakteristischen Eigentümlichkeit das außerordentlich hohe Weißtrübungsvermögen des Zinnoxyds in Gläsern und Emails beruht.

Nur bei zu hoher Schmelz- und Brenntemperatur im Schmelz- bzw. im Muffelofen geht ein Teil der Wirkung dadurch verloren, daß sich, wie oben erwähnt wurde, durchsichtiges, geschmolzenes Zinnsilikat bildet. Eine zu stark gebrannte weiße Emailware verliert daher an Opazität, die Ware erscheint weniger weiß, man sagt, die Ware sei „verbrannt".

Eine weitere unaufgeklärte dem Praktiker jedoch wohlbekannte Tatsache besteht darin, daß ein mit Zinnoxyd versetztes weißes Email auf der Kugelmühle naß gemahlen weniger weiß erscheint, als dasselbe Email auf kleineren Naßsteinmühlen gemahlen.

Kugelmühlen eignen sich daher trotz ihrer zweifellosen Überlegenheit bezüglich Produktion weniger zum Mahlen von weißen Emails.

Der Zinnoxydzusatz zur Mühle schwankt im allgemeinen zwischen 6 bis 14% vom Gewicht des geschmolzenen Emails.

Emailvorschriften mit unter 6% Zinnoxydzusatz sind für bessere Zwecke skeptisch aufzufassen. Bei einer 16 bis 20% Zinnoxyd zur Mühle übersteigender Menge ist eine wesentlich höhere Deckkraft des Emails nicht zu konstatieren. Diese 20% übersteigende Ziffer wäre daher als Verschwendung anzusehen, um so mehr als das Email an Schönheit und Glanz dadurch verliert. Das Zinnoxyd macht das Email zweifellos zähflüssiger.

Weiße Emails, welche zum ersten Auftrag dienen, sollten in der Regel weißer sein als das sog. zweite Weiß, das der Ware eigentlich nur Glanz verleihen sollte. Übrigens herrschen darüber in Fachkreisen divergierende Ansichten.

Es sollte in der Regel nur erstklassiges aus reinstem Zinn hergestelltes Zinnoxyd Verwendung finden und jede Sendung Zinnoxyd in dieser Beziehung ausprobiert werden. Es gibt eben, um landläufig zu reden, Zinnoxyd und Zinnoxyd, welches in seinem Verhalten, je nach der Art seiner Herstellung, des hierzu benutzten Zinns (ob reines Zinn, überschmolzenes Zinn oder elektrolytisch gewonnenes Zinn), wesentlich variieren kann.

Manchmal konstatiert man in der aufgetragenen und gebrannten Emaille schwarze Pünktchen[1]), die dem Gesamteindruck der Ware schaden. Man führt diese Pünktchen auf Staub, Magnesia usw. zurück. In der Tat hat man es aber mit metallischen, nicht oxydierten Zinnpartikelchen zu tun, die in mangelhaft hergestelltem Zinnoxyd enthalten sein können. Sobald diese Erscheinung beobachtet wird, mache man folgende Untersuchung:

Man wasche 1 kg Zinnoxyd mit Wasser, oder besser gesagt, man schlemme es unter einer Wasserleitung und unter fleißigem Rühren und periodischem ganz kurzen Absitzenlassen von 10 Sekunden. Das Zinnoxyd geht mit dem Schlammwasser ab. Man wasche immer vorsichtiger so lange, bis das abgegossene Wasser klar erscheint. Am Boden des Gefäßes verbleibt ein grauer, körniger Niederschlag von metallischem Zinn. Dieses ist spezifisch schwerer als das Oxyd und setzt sich beim Schlemmen leicht ab. Man sammle diesen Rückstand, trockne und wäge ihn. In manchen Zinnoxydsorten konnten bis 20 g Metallzinn pro 1 kg Zinnoxyd nachgewiesen werden, demnach 2%. Bei der Fabrikation des Zinnoxyds kann es sich nämlich ereignen, daß Zinnteilchen nur oberflächlich oxydiert sind und im Innern noch einen kleinen Zinnkern enthalten. Daher das Zinnoxyd in den erzeugenden Werken stets gesiebt und möglichst noch einmal in einem Spezialofen geglüht wird.

Je feiner das Korn des Zinnoxyds ist, um so voluminöser, um so ausgiebiger wird dasselbe im Email sein.

Denn die trübende Wirkung des Zinnoxyds ist eine Funktion des angewendeten Volumens desselben und erst in zweiter Richtung des Gewichtes.

[1]) J. Grünwald, Theorie u. Praxis der Blech- und Gußemailindustrie, Leipzig 1908, S. 13.

Der Ausdehnungskoeffizient eines Emails scheint durch Zinnoxydzusatz sich nur unwesentlich zu verändern, wohl aber die Leichtschmelzbarkeit.

Das Maximum des Zinnoxydzusatzes kann mit 20% angenommen werden. Darüber hinaus nimmt die Deckkraft nicht mehr zu, hingegen der Glanz und die physikalischen Eigenschaften des Emails in einem Maße ab, daß letzteres für die Praxis kaum verwendbar wird.

Im allgemeinen ist es vorteilhafter mit einem einzigen dünnen aber gut deckenden Weißemailauftrag (z. B mit 10 bis 12% Zinnoxyd) statt mit zwei Aufträgen zu je 6% Zinnoxydgehalt zu arbeiten. Leider stellen sich dieser Forderung in der Praxis Schwierigkeiten entgegen.

Je dünner die Deckemailschicht bei gleicher Deckkraft ist, um so dauerhafter wird die Emaillierung sein.

IX. Sonstige Weißfärbemittel.

Das Antimonoxyd und metaantimonsaures Natron.

Der Ausgangspunkt für die Darstellung des Antimonoxydes ist das metallische Antimon (Stibium = St). Das Metall selbst wird aus dem Mineral Grauspießglanz (Schwefelantimon = Sb_2S_3) durch Rösten desselben in Flammenöfen bei Luftzutritt hergestellt:

$$2\,Sb_2S_3 + 9O_2 = 2\,Sb_2O_3 + 6\,SO_2.$$

Das Oxyd wird dann mit Kohle geglüht und zu Metall reduziert. Auch durch Erhitzen von Schwefelantimon mit Eisen, wobei sich Antimon als Regulus unter dem Schwefel absetzt (Niederschlagarbeit), gewinnt man dieses Metall:

$$Sb_2S_3 + 3\,Fe = 2\,Sb + 3\,FS.$$

Das so erhaltene käufliche Antimon wird in der Art gereinigt, daß man es mehrmals mit Salpeter schmilzt, wodurch Arsen, Schwefel und Blei entfernt werden.

Das Antimon bildet eine Reihe von Sauerstoffverbindungen. Das Antimontrioxyd Sb_2O_3, das Antimonsäureanhydrid Sb_2O_5 und das Antimontetraoxyd oder antimonsaures Antimonoxyd Sb_2O_4 oder SbO_3SbO.

Das Antimontrioxyd (gewöhnlich Antimonoxyd genannt, antimoniges Säureanhydrid) entsteht ähnlich wie Zinnoxyd durch Verbrennen des Antimons an der Luft oder durch Oxydation mittels verdünnter Salpetersäure. Das Oxyd und das Hydrat lösen sich in Kali- oder Natronlauge auf, indem sie Salze bilden, die sich indessen schon beim Verdampfen der Lösungen zersetzen. Durch höhere Oxydation entsteht das Antimonpentoxyd, dessen Hydrat bei 275° C die Metaantimonsäure bildet. Sowohl das Antimontrioxyd als das Pentoxyd gehen beim Glühen in das reine weiße Antimontetraoxyd über. Das Antimontrioxyd ist gelblich gefärbt, färbt auch die Emails gelblich, während das Antimontetraoxyd, das beständigste der Antimonoxyde, reinweiß färbt.

Das metaantimonsaure Natron wird von deren Herstellern Dr. Rickmann und Rappe unter dem Namen Leukonin in den Handel gebracht, dessen Formel ist Na_2SbO_3. Das Leukonin enthält außer Natriummetaantimoniat geringe Mengen von Antimonantimoniat (Sb_2O_4).

Um zu prüfen ob Leukonin Antimonoxyd enthält, sind die von Bunsen und Rose angegebenen Methoden zu empfehlen, welche darauf hinauslaufen, die zu prüfende Substanz mit Kalilauge zu behandeln und der erhaltenen Lösung bei Gegenwart von überschüssigem Ammoniak Silbernitrat zuzusetzen. Ist Antimonoxyd vorhanden, so entsteht eine bleibende Ausscheidung von Silberoxydul.

Leukonin ist unlöslich in Wasser, Alkalien und Säuren, jedoch etwas löslich in kochender konzentrierter Schwefelsäure, Königswasser und Weinsteinsäurelösung. 100 Teile getrocknetes Leukonin enthalten 69,16 Teile metallisches Antimon. Das D.R.P. 134 774, Klasse 12i von Dr. Rickmann und Rappe bezüglich Fabrikation von Leukonin lautet: (14. August 1901).

Bei der Herstellung antimonsaurer Alkalien in größerem Maßstabe zeigt sich der Übelstand, daß das aus Antimon bzw. Antimonoxyd oder Schwefelantimon, Salpeter und Alkalihydrat in bekannter Weise gebildete Antimoniat als zusammengesinterte, mißfarbige Masse auftritt. Ein derartiges Präparat ist für viele Zwecke, z. B. zum Weißfärben von Glas, Emaille und Glasuren, nicht zu verwenden.

Für diesen Zweck muß das antimonsaure Alkali ein weißes, amorphes Pulver darstellen. In einer entsprechenden Form erhält man es auch beim Arbeiten mit größeren Mengen, also auch bei fabrikmäßiger Herstellung, wenn man dem üblichen Schmelzgemenge ein größeres Quantum eines an der Reaktion nicht teilnehmenden Körpers, z. B. Kochsalz, Soda usw., zusetzt. Nach dem Auslaugen hinterbleibt das antimonsaure Alkali bei dieser Arbeitsweise als trockene weiße, amorphe Masse. Durch die Anwesenheit an der Reaktion nicht teilnehmender Verbindungen wird dieselbe verlangsamt und ein Zusammensintern der antimonsauren Alkalien verhindert; auch werden letztere gegen die reduzierende Wirkung der Feuerungsgase geschützt.

Patent-Anspruch: Verfahren zur Herstellung antimonsaurer Alkalien in Form einer lockeren weißen, amorphen Masse, gekennzeichnet durch den Zusatz an der Reaktion nicht teilnehmender Verbindungen, wie Chloralkalien, kohlensaure, schwefelsaure Alkalien oder ähnliche Verbindungen zu dem üblichen aus Antimon bzw. Antimonoxyd oder Schwefelantimon, Alkalihydrat und Salpeter bestehenden Reaktionsgemenge.

Über die Verwendung von Antimonoxyd und Antimonpräparaten zur Weißtrübung von Emails herrschen zum Teil noch widerstreitende Ansichten, welche hier aus Gründen der Objektivität nicht näher besprochen werden sollen.

Streng genommen ist das deutsche Reichsgesetz vom 25. Juni 1887 und 5. Juli 1887, welches den Verkehr mit Eß-, Trink- und Kochgeschirren in hygienischer Hinsicht regelt, sehr unbestimmt, indem es bei dem Verbote von angeblich gesundheitsschädlichen Farben (§ 1) fast die meisten Metalle verwirft, also nicht nur Antimon, sondern auch daß gewiß harmlose Zinn. Glücklicherweise hebt der § 2 des zitierten Reichsgesetzes diese unverständliche Einschränkung wieder auf, indem er sagt, daß zur Aufbewahrung oder Verpackung von Nahrungs- und Genußmitteln, welche zum Verkauf bestimmt sind, zwar Gefäße, Umhüllungen oder Schutzbedeckungen, zu deren Herstellung Farben der im § 1 Absatz 2 bezeichneten Art verwendet sind (Antimon, Arsen, Uran, Blei, Kadmium, Chrom, Kupfer, Quecksilber, Zink, Zinn usw.) nicht benutzt werden dürfen, mit Ausnahme von Chromoxyd, Zinnoxyd.

Im gleichen § 2 heißt es ferner zum Schluß:

„Auf alle in Glasmassen, Glasuren oder Emails eingebrannte Farben und auf den äußeren Anstrich von Gefäßen aus wasserdichten Stoffen findet die Bestimmung (§ 2 Absatz 1, Verbot gewisser Farben) nicht Anwendung."

Die zweifellos vorhandene Trübfähigkeit von Emails der Gruppe Zinn-Antimon-Arsenoxyde findet im Zinnoxyd ihr Maximum.

Ist Arsen für Emaillierzwecke aus leicht begreiflichen Gründen ausgeschlossen (nur einige englische Schilder- und Gußemaillierwerke arbeiten noch mit arsenhaltigen Puderemails), so ist andererseits auch die Anwendbarkeit des Antimonoxydes eine technisch beschränkte, weil nach meinen Erfahrungen ein größerer Zusatz von Antimonoxyd (3—4% übersteigend) zum Email, dasselbe schwer auftragbar macht. Das Email wird seifig, bildet Schlieren und rutscht leicht ab.

Übrigens erfordert die rationelle Verwendung von Antimonoxyd zur Weißtrübung von Emails und zur Erzielung eines wirklich guten Effektes ganz besondere chemische Bedingungen in der Emailmischung, welche natürlich das Geheimnis einiger weniger Fachleute bildet.

Die löslichen Antimonsalze sind zweifellos giftig. Auf die näheren Umstände, ob und unter welchen Umständen man Antimonoxyd aus dem Email lösen kann, kann hier nicht eingegangen werden.

Die österreichisch-ungarischen, deutschen und russischen Emaillierwerke sind unbedingte Gegner des Antimonoxydes.

Die Titansäure und das Rutil (TiO_2).

Rutil findet sich in tetragonalen Kriställchen, oft derb, eingesprengt und in körnigen Aggregaten, auf sekundärer Lagerstätte öfter in Sanden mit Quarz und kristallinischen Schiefern, Graniten, Kalken in Krummhennersdorf bei Freiberg, Bärnau in Bayern, Sanalpe in Kärnten, Modriach in Steiermark, Arendal in Norwegen, Buitrago in Spanien, Takowaya und Tjoplyie Ključi im Ural, Minas Geraës in Brasilien. Seine Farbe ist rötlichbraun, hyazinthrot bis dunkelblutrot, manchmal gelblichbraun bis schwarz (Nigrin). Rutil hat metallartigen Diamantglanz, ist undurchsichtig. Seine chemische Formel ist $Ti_2O_4 = 2\,TiO_2$ mit 61,15% Titan, 38,85% Sauerstoff und gewöhnlich 1,5% Eisenoxyd. Vor dem Lötrohre unschmelzbar, von Säuren nicht angreifbar, Gläser und Emails trübend.

Lange Zeit war es schwer die reinweiße Titansäure TiO_2 im großen aus dem Rutil zu gewinnen.

Ein Patent von Carl Dreher (D.R.P. 13192, Kl. 12i vom 2. September 1903) gibt hierzu folgende Vorschrift:

100 g Rutil werden behandelt mit einer warmen Lösung von

a.	100	Teilen	konzent. Schwefelsäure
	300	„	Natriumbisulfat
	1000	„	Wasser.

Man filtriert vom unlöslichen Rückstand und unterwirft die Lösung der Elektrolyse, so daß man eine Tonzelle als Diaphragma benutzt, als Kathodenflüssigkeit obige Lösung a und als Anodenflüssigkeit angesäuertes Wasser. Als Elektroden an beiden Polen Blei. Die zuerst schwach graue Lösung wird allmählich blau, worauf man Sodalösung (90% der zur Neutralisation nötigen Menge) zusetzt. Dadurch fällt alles Titan frei von Eisen. Man filtriert und wäscht den bläulichen Niederschlag wiederholt mit Wasser und etwas Bisulfit. Der gewaschene Niederschlag an der Luft getrocknet ist weiß.

Einen weiteren Schritt zur Herstellung von reiner Titansäure und Verwendung in der Emailfabrikation bedeutet das Patent von Dr. Hillringhaus und Dr. Heilmann in Güstrow (D. R. P. 207011): Verwendung der Titansäure zur Trübung von Emails.

Die Titansäure ruft erst in gewissen Mengen dem Email zugesetzt eine Trübung hervor. Der damit erzielte Farbenton ist meistens grauweiß bis gelblichweiß. Die Versuche mit dem Produkte sind noch nicht abgeschlossen, man ist über Laboratoriumversuche zurzeit noch nicht hinausgekommen. Vondracek empfiehlt hierzu folgende Mischung:

Für durchsichtige Glasuren: 15—30 Teile Natriumnitrat, 116 T. Soda, 33—50 T. Kalkstein, 60—360 T. Quarz, 62—83 T. Borsäure, 20—80 T. Titansäure,

oder 15—30 T. Salpeter, 116 T. Soda, 100 T. Kalkstein, 240—360 T. Quarz, 20—80 T. Titansäure.

Für Emails: 15—30 T. Salpeter, 116 T. Soda, 100 T. Kreide, 60—180 T. Quarz, 80 T. Titansäure.

Diese Emaillierung führte nicht zu dem gewünschten Ziele.

Wuppermann (Österr. Pat. 5560) ließ sich die Verwendung von künstlich dargestellter, weißer Titansäure zur Weißfärbung von Emails patentieren. Nach Wuppermann genügt ein Zusatz von 10%. Die Praxis hat diese Ansicht nicht bestätigt, insbesondere wegen der eintretenden Gelb- bis Graufärbung des Emails.

Nach Dr. Hillringhaus und Dr. Heilmann gelingt es, diese Mißfärbung durch Zusatz geringer Mengen von Kobaltoxyd, eventuell durch Verwendung der Titansäure als titansaures Baryum, das vor der Benutzung geglüht werden muß (900° C und darüber), zu beseitigen.

Die Deckkraft solcher damit hergestellter Emails soll genügend sein, jedoch vereinzelt Glasbläschen zeigen.

Das Produkt wird als Gemisch von salpetersaurem Baryum und Titansäure geliefert, das vor dem Gebrauche geglüht werden muß, um titansaures Baryum zu erhalten. Als Menge des hiervon zuzusetzenden Zusatzes wird 7% angegeben. Die titanhaltigen Glasuren sollen besser der Feuchtigkeit und den Säuren widerstehen, machen jedoch nach Eyer die Glasuren spröde.

Auch Salze der Titansäure wurden als Trübungsmittel empfohlen, z. B. im Engl. Patent 12583, A. D., 1907, H. W. Loke, worin von titansaurem Kalzium und Baryum, gemischt mit Zinnoxyd, Phosphaten zur Mühle (5—10%) die Rede ist.

Das Antimonoxyd.

Metaantimonsaures Natrium (Leukonin).

Das bei dem Rickmannschen Verfahren als an der Reaktion nicht teilnehmende verwendete Salz spielt wahrscheinlich nur eine rein mechanische Rolle dabei.

Rudolph Weimer in Sheboygan zeigt in seinem Amerik. Pat. Nr. 932839 vom 31. Aug. 1909, daß metaantimonsaures Alkali auch ohne Zuhilfenahme eines inaktiven Salzes hergestellt werden kann.

Das metaantimonsaure Alkali muß bei der Erzeugung gut gewaschen werden, damit es absolut frei von Salz- oder Schwefelsäure ist, deren Anwesenheit auch in Spuren ein Mattwerden des gebrannten Emails verursachen kann.

Leukonin soll rund 84 % Antimonoxyd enthalten[1]).

Weiße Emails, welche Flußspat und Antimonoxyd enthalten, zeigen einen blau-grünlichen Stich, welcher Fehler durch Kryolithzusatz verbessert werden kann.

Andere Fluoride, wie NaF und AlF_3 erzeugen bei Gegenwart von Antimonverbindungen seltener Mißfärbung. In allen Fällen wirkt ein Zusatz von Salpeter oxydierend und die Mißfärbung mehr oder weniger kompensierend.

Andere Trübungsmittel, bzw. Zinnoxydersatzmittel.

Die Reihe der vorgeschlagenen Produkte ist namhaft.

Als solche kommen in Betracht:

Phosphorsaurer Kalk (Knochenasche). Die Trübwirkung der Knochenasche, noch besser des reinen chemisch hergestellten Präparates ist seit langer Zeit bekannt. Wenn das Produkt trotzdem den Verbrauch von Zinnoxyd nicht einschränken konnte, so liegt dies in dem relativ geringeren Trübungsvermögen der Phosphate, so daß man dieselben in Mengen dem Email zusetzen müßte, daß letzteres schwer brauchbar würde. Außerdem ist der Kalkgehalt schädlich, und verursacht ein gewisser Zusatz von Knochenasche leicht Blasenbildung im Email. R. F. Wagner (D. R. P. 196 897) schlägt fertiges Aluminiumfluorid vor, H. Schwarz (Verhandlungen zur Beförderung des Gewerbefleißes, 1877, 117) Zinkfluorid. Sogar Kalk und Asbest wurden von Reimann (Amerik. Patent 851 317) vorgeschlagen. (100 T. Sand, 42 T. Soda, 20 T. Asbest, 1 T. Arsenik, 4 T. Salpeter, 20 T. Kalk!)

Nach dem Patent von Hermsdorf und Wagner (D. R. P. 166 672) werden leichtschmelzende, durch Kalziumphosphat weißgetrübte Glasuren erzielt, wenn man die Bildung dieses Phosphates erst beim Einbrennen des Emails, also im letzten Augenblicke hervorruft.

Zu diesem Zwecke schmilzt man zwei getrennte Gläser, von denen das eine die Phosphorsäure und das andere die Kalziumverbindungen enthält. Man mischt die beiden Gläser in entsprechenden Verhältnissen und mahlt feinst auf der Naßmühle. Die Erfinder geben hierzu folgende Sätze an:

---

[1]) Siehe die mehrfach zitierte Arbeit von Shaw und Staley.

I. Glas: Kali 9,2%, Natron 12,2%, Tonerde 10%, Phosphorsäure 14%, Borsäure 13,8%, Kieselsäure 40,4%, Nickeloxyd (für Grund) 0,4%.

II. Glas: Kali 5,3%, Natron 14,3%, Fluornatrium 5,2%, Fluoraluminium 3,5%, Tonerde 5,9%, Fluorkalzium 16,9%, Borsäure 14,9%, Kieselsäure 33,6%, Nickeloxyd 0,4%. Läßt man das Nickeloxyd hinweg, so erhält man weißes Email.

Man nimmt auf der Mühle 100 Teile von Glas I und 15 bis 25 Teile von Glas II.

Die beiden Erfinder schlagen später vor (D. R. P. 186423) statt der Kalziumverbindungen die entsprechenden Strontium- oder Baryumphosphate zu verwenden, weil man hierdurch in der Lage ist, größere Menge des trübenden Phosphates zuzusetzen, bei Erzielung höheren Glanzes, genügender Schwerschmelzbarkeit und Viskosität.

Zur Herstellung opaker Emails mittels Kalziumphosphates kann außer dem Verfahren nach dem D. R. P. 166672 auch das folgende Verfahren (D. R. P. 179440, Wagner) dienen, bei welchem alles zur Verhütung des Verschlackens und Verbrennens der Eisenoberfläche, sowie zur Trübung des Emails in Anwendung kommende Kalziumphosphat von vornherein fertig gebildet in den zu benutzenden Gläsern vorhanden ist. Dieses Verfahren besteht in der Anwendung von Mischungen aus Gläsern, von denen die einen als Mittel zur Trübung, die anderen als Glasfluß dienen. Die Ausdehnungskoeffizienten der als Mischungsbestandteile zu verwendenden Gläser dürfen voneinander nicht wesentlich verschieden sein. Beispielsweise werden Gläser von folgender Zusammensetzung verwendet:

Schwer schmelzbares Glas: Natron 16,58, Fluorkalzium 5,21, Kalk 11,23, Phosphorsäure 9,49, Borsäure 9,36, Kieselsäure 48,13.

Leicht schmelzbares Glas: Natron 18,03, Fluorkalzium 11,33, Fluoraluminium 8,14, Borsäure 10,17, Kieselsäure 52,33.

Es werden 4 Teile des schwer schmelzbaren mit 1 Teil leicht schmelzbaren Glases gemischt.

Durch Zusammenschmelzen von phosphorsauren Alkalien und Kalkspat wird die Kalziumphosphattrübung nach dem Amer. Patent 589554 (Trainer) hergestellt. Ein derartiges Email bekommt man aus 32 T. Quarz, 20 T. Feldspat, 20 T. Natriumphosphat, 20 T. Kalkspat, 18 T. Soda, 4 T. Kaliumnitrat, 10 T. Flußspat, 2 T. Ton, 0,005 Kobaltoxyd. Zu demselben Zweck wurde auch seinerzeit phosphorsaures Bleioxyd vorgeschlagen.

Knöspel[1]) (D.R.P. 133943) ersetzt bei der Herstellung mittels Kalziumphosphat teilweise oder ganz getrübter Gläser das kohlensaure Kali durch Baryumverbindungen (Oxyd, Hydroxyd, Karbonat, Chlorat, Nitrat, Sulfat usw.). Auf diese Weise erhält er ein Glas, welches im feuerflüssigen Zustand geschmeidig und leicht formbar, im erstarrten Zustand aber genügend hart ist.

Im Gegensatz zu den oben besprochenen Verfahren besteht der Gegenstand des D. R. P. 81754 (Trainer) darin, daß man Borax und Kryolith entweder ganz oder teilweise durch phosphorsaure Alkalien unter Ausschluß von Erdalkalien ersetzt. Man erhält dadurch Glasflüsse, die sehr zähe und elastisch, von genügendem Fluß und gutem Glanz sind. Gleichzeitig wird eine Trübung der Glasur (Aluminiumphosphat?) hervorgerufen, die besonders intensiv ist, wenn Schwermetalle zugegeben sind. Auf keinen Fall darf die Menge der phosphorsauren Alkalien 5 % der Gesamtmasse unterschreiten, da sonst die gewünschte Wirkung als Fluß- und Trübungsmittel, sowie eine nennenswerte Verbilligung nicht eintritt.

Im allgemeinen kann die Verwendung von Phosphaten als Trübungsmittel nicht empfohlen werden. Die Emails werden spröde, reißen leicht, neigen zur Bläschenbildung und erhalten eine matte, glanzlose Decke.

Das Zirkonoxyd.

Auch dieses Mittel ist verschiedentlich zur Herstellung getrübter Gläser und Emaillen genannt worden. Einstweilen ist die zur Trübung benötigte Menge noch viel zu groß und daher im Preise zu kostspielig, um als Ersatz für Zinnoxyd in Frage zu kommen, wenn es auch theoretisch möglich und durch Versuche festgestellt ist, daß man Zirkonoxyd zu Trübungszwecken verwenden kann.

Die Frage der Verwendung von Zirkonoxyd und von Zirkonverbindungen überhaupt wurde in neuerer Zeit eingehend von Dr. Ing. August Hartmann behandelt[2]). Die von Hartmann

---

[1]) Vondracek, Sprechsaal 1909 (41). S. 598—599.

[2]) Zirkonemail. Dissertationsarbeit, Techn. Hochschule München 1910.

aufgestellten Behauptungen über das gute Trübvermögen von reinem Zirkonoxyd (dieses wird einwandfrei und nach neuen Methoden hergestellt von der Chemischen Fabrik Wesenfeld, Dicke & Co. in Barmen, ferner von der Chemischen Fabrik Güstrow i. Meckl.) bei Anwesenheit großer Mengen von Kryolith können von dem Verfasser vorläufig nicht geteilt werden[1]. Es ist fraglich, ob die von Hartmann verlangten außerordentlichen Mengen von Kryolithzusatz (18—21%) bei Anwesenheit von 14% Zirkonoxyd ein widerstandsfähiges, verläßliches Email ergeben. Hartmann führt unter anderem folgendes Paradigma an:

Feldspat	37,5%
Borax	18 %
Kryolith	21 %
Quarz	10,5%
Salpeter	0,7%
Zirkonoxyd in der Schmelze .	8 %
Zirkonoxydzusatz zur Mühle .	6 %
Tonzusatz auf der Mühle . .	7 %

Die größere Trübkraft kann in diesem Falle wesentlich auf den abnormal hohen Kryolithgehalt zurückgeführt werden (wahrscheinlich durch ausgeschiedene und in Suspension bleibende Tonerde). Im allgemeinen fand ich, daß die trübende Wirkung sowohl von Titansäure als Zirkonoxyd, so relativ mäßig dieselbe auch sei, an die Anwesenheit von Tonerde im Email gebunden ist. Bei steigendem Tonerdegehalt desselben innerhalb gewisser Grenzen nimmt auch die trübende Wirkung dieser Metalloxyde zu. Das Zirkon findet sich in der Natur als Zirkonerde (ZrO_2) und als Zirkonsilikat ($ZrSiO_4$). Das natürlich vorkommende Zirkonsilikat ist stets verunreinigt und enthält höchstens 66% ZrO_2, hingegen soll die in Brasilien in großen Mengen sich findende Zirkonerde bis 83% ZrO_2 enthalten.

Der Preis dieses Erzes wird von Hartmann mit 580 Mk. pro 1000 kg angegeben. 1 kg chemisch reines Zirkonoxyd soll 2—2,50 Mk. kosten.

---

[1] Dr. Jul. Grünwald, Über Zirkonoxyd in der Emailindustrie. Sprechsaal Nr. 5, 1911.

Das erste Patent der Verwendung von Zirkonoxyd zur Emailfabrikation wurde der Firma Dr. Hillringhaus & Dr. Heilmann in Güstrow verliehen (D. R. P. Nr. 189364).

Dr. Hartmann will bei seinen Versuchen im großen, ausgeführt in dem Emaillierwerk Gebr. Baumann in Amberg, mit Zirkonoxyd sehr gute Resultate erzielt haben, die allerdings im Gegensatz zu anderweitigen Erfahrungen stehen. Die Ungiftigkeit des Zirkonoxydes scheint festzustehen.

Die Analyse eines von der Chemischen Fabrik Wesenfeld, Dicke & Co. in Barmen-R. erzeugten Zirkonoxydes ergab:

ZrO_2	99,91 %
TiO_2	0,04 %
Fe_2O_3	0,01 %
Al_2O_3	0,01 %
SiO_2	0,02 %
	100,09 %

Das reine Zirkonoxyd wird fabrikmäßig angeblich durch Aufschließen des Roherzes mit Natriumbisulfat und Fällung der neutralisierten wässerigen Lösung mit schwefelsaurem Anilin erzeugt.

Nach Dr. Hartmann kommt dem Zirkonsilikat eine weit unbedeutendere Trübkraft zu als dem reinen Zirkonoxyd. Noch bessere Resultate verspricht er sich von der Verwendung von Zirkonborat, das zur Mühle ähnlich wie Zinnoxyd zugesetzt wird. Es ist zweifelhaft, ob der Zusatz eines Borates in größeren Mengen zur Mühle nicht Schwierigkeiten beim Auftragen ergibt und müssen hierüber erst weitere Erfahrungen gesammelt werden.

Nach dem heutigen Stande der Zirkonemailfrage wird der Praktiker gut tun, sich vorerst skeptisch und reserviert zu verhalten, um vor ähnlichen Enttäuschungen bewahrt zu bleiben, welche so manches angepriesene Zinnoxydersatzmittel ihm bereitet haben.

Ähnlich wie bei Verwendung von Titansäure ergibt auch das Zirkonoxyd ein grau- bis schmutziggelbliches Email, das weit entfernt von dem sattweißen Ansehen des Zinnoxydemails sich befindet.

Ferner wird arsenige Säure als Trübungsmittel für gewisse Schilderemails anempfohlen. Arsenemails sind leicht durch die bläulich durchscheinenden Kanten erkenntlich. Die Verwendung der Arsenprodukte kann nicht empfohlen werden, obwohl nicht geleugnet werden kann, daß der Zusatz von arseniger Säure zu dem Email dessen Glanz erhöht, allerdings auch dessen Widerstandsfähigkeit gegen chemische Einflüsse erniedrigt.

A. Lesmüller nahm ein Patent zur Trübung von Emails mittels der Oxyde der vierwertigen Elemente.

Die Trübung von Glas und Email.

Schmilzt man Borsäureverbindungen, insbesondere Borax oder Bortrioxyd mit den Oxyden der vierwertigen Elemente, also mit Oxyden von Silizium, Zinn, Blei, Titan, Zirkon oder Thorium, so werden sie zu farblosen Gläsern aufgelöst, wenn genügende Mengen der Schmelzmittel angewendet werden. In größerem Maße findet die Löslichkeit statt, wenn gleichzeitig Kieselsäure neben den übrigen genannten Oxyden vorhanden ist. Solche mit den genannten vierwertigen Oxyden gesättigte flüssige Schmelzen dieser Borsäuregläser lassen nun beim Erkalten des Schmelzflusses unter gleichzeitigem Überleiten von Wasserdampf oder Säuredampf Trübungen entstehen, welche durch Abscheidung einer besonderen Art von Borsäuredoppelverbindungen verursacht werden. Diese Substanzen scheiden sich bei langsamer Abkühlung in äußerst feinen amorphen Massen aus und durchsetzen den Glasfluß gleichmäßig. Die komplexen Borverbindungen sind Säuren und Laugen gegenüber sehr haltbar und werden nur von Flußsäure in Lösung gebracht. Man schmilzt zur Herstellung solcher Gläser die betreffende Borsäureverbindung mit einem oder mehreren der genannten Oxyde in solchem Verhältnisse ein, daß eine mit den Oxyden gesättigte Schmelze entsteht, leitet während des Erkaltens Wasser- oder Säuredampf über oder durch den Schmelzfluß und fügt die erhaltene Masse dann dem Glas- oder Emailsatz zu. (D. R. P. 218 316 vom 1. April 1909.)

Auch gepulverte Porzellanscherben wurden als Trübungsmittel vorgeschlagen und unter phantastischen Namen in den Handel gebracht.

Ein neueres Produkt, „Byllonit“ genannt, der Firma Landau & Cie. in Wien, macht in der letzten Zeit von sich reden und ist mit Interesse zu verfolgen. Genaueres darüber liegt nicht vor. Das Produkt scheint Beryllium, Zirkon und Ceroxyd zu enthalten und auf komplizierte Weise herstellbar zu sein.

Die Theorie der Weißtrübung (Opak). Rohmaterialien.

Nach H. H. Staley, Technol. Papers of the bureau of Standard. Nr. 142. 20. Dez. 1914. S. 50—51.

Die weiß-trübenden Emailrohmaterialen werden entsprechend ihrer Trübkraft eingeteilt in echte und zufällige Trübungsmittel. Nur die ersten sind fähig, ein vollständig opakes Email hervorzubringen, während die sogenannten akzessorischen Weißtrübungsmaterialien nur in Verbindung mit einem oder mehreren der echten Weißtrübungsmittel für Trübungen von untergeordneter Bedeutung verwendet werden.

Die echten Weißtrüber enthalten die Oxyde oder andere Verbindungen des Zinns, Zirkoniums, Titans, Antimoniums und Arseniks, sowie kalzinierten Spinelle (wie Zinkspinell $ZnOAl_2O_3$ oder Magnesiumspinell $MgOAl_2O_3$).

Die einzigen wichtigen akzessorischen Weißtrübungsagenzien, welche derzeit in Gebrauch stehen, sind die verschiedenen Fluoride. Knochenasche und andere Phosphate werden als akzessorische Trübungsmittel heute nur in beschränktem Maße verwendet.

Mit Ausnahme der Spinelle sind die echten Weißtrüber Oxyde oder andere Verbindungen von Elementen, welche sich dicht an das Zinn in dem periodischen System der Elemente anschließen.

Die Oxyde dieser Elementengruppe, welche Zinn, Zirkon, Titan, Antimon und Arsenik einschließt, sind in chemischer Hinsicht charakterisiert durch ihre chemische Trägheit, da sie weder streng basische noch saure Eigenschaften besitzen.

Aus diesem Grunde gehen sie schwer chemische Verbindungen ein und lösen sich schwer in dem Emailfluß auf. Auch die bei hoher Temperatur geglühten Spinelle sind chemisch träge und nicht leicht in geschmolzenen Emails löslich. Wir können daher sagen, daß ein Charakteristikum der echten Weißtrübungsstoffe in der verhältnismäßigen Unlöslichkeit in Emails zu suchen ist.

Im Gegensatz zur volkstümlichen Auffassung sind die echten Emailweißtrübungsmittel selbst nicht opak. Unter dem Mikroskop in dünnen Schnitten gesehen, sind Zinnoxyd, Titanoxyd, Zirkonoxyd, Zirkonsilikat, Antimonoxyd, metaantimonsaures Natron, Arsenoxyd und die Spinelle transparent. Diese Materialien können daher das Email nicht durch bloße Suspension weißtrüben.

Sie sind weiter charakterisiert durch einen hohen Grad von Feuerfestigkeit, welcher bedeutend höher ist als der des Emailflusses, in welchen sie suspendiert sind. Dies im Vereine mit ihrer Unlöslichkeit und dem Zustande der feinen Verteilung ist wahrscheinlich die Erklärung für ihr Weißtrübvermögen.

Schott und Herschkowitz (Journal f. Gasbel. u. Wasserversorg. 1901. Nr. 26., ebenso Jena Glas S. 397) zeigten 1901, daß Opalglas durch Lichtdiffusion, erzeugt durch vollkommen durchsichtige Partikelchen, welche einen von dem Material, in welchem sie eingebettet sind, verschiedenen Brechungsindex haben, hergestellt werden kann.

Fritz Haber (Journ. Soc. Chem. Ind. 33. S. 491, 1914) dehnte endgültig diese Theorie auch auf die Opazität von Emails aus.

Die Theorie hierbei ist, daß das Licht, welches die Teilchen eines von dem Glase, in welchem sie eingebettet sind, verschiedenen Brechungsvermögen streift, in verschiedenen Richtungen gebrochen wird. Nachdem bei einem fein verteilten Trübungsmittel große Mengen dieser Partikelchen in jedem kleinen Teile des Emails enthalten, und dieselben außerdem in dem Glase in allen Winkelstellungen eingelagert sind, ist die Lichtdiffusion so groß, daß das Email weißgetrübt erscheint.

X. Das Nickeloxyd.

Entsprechend der minder wichtigen Rolle, welche dieses Oxyd in der Emailfabrikation spielt, müssen wir uns mit der sonst sehr interessanten chemischen Technologie des Nickels kurz fassen.

Das Nickel ist schon sehr lange bekannt, obwohl es sich metallisch sehr selten in der Natur findet, dafür meist in Verbindungen. Die Chinesen kannten schon das Nickel. Das Wort stammt aus der schwedischen Mythologie (Nickel = boshafter Kobold, siehe Kobalt). Cronsted entdeckte das Nickel 1751.

Er hielt es für ein Halbmetall, von der Zersetzung des Kobalts herrührend. Bergmann stellte es 1775 zum ersten Male rein dar. In allen baktrischen Münzen aus dem Jahre 235 v. Chr. wurden 22—23 % Nickel und 77—78 % Kupfer gefunden. Hüttenmännisch wurde es erst 1824 im großen auf der Nickelhütte in Gloggnitz in Nieder-Österreich gewonnen.

Man unterscheidet 3 Klassen von Nickelerzen:

1. Arsen- bzw. antimonhaltige Nickelerze, wie:

a) Kupfernickel (Arsennickel, Nickelin, Rotnickelkies) $NiAs$ mit 43,61% Nickel, wovon häufig ein Teil durch Kobalt oder Eisen vertreten ist.

Fundorte: Im Harz, Freiberg, Schneeberg, Erzgebirge, Schlademig (Österreich), Dobschau (Österreich), Allemont in Frankreich usw., Chalam in Connecticut (Amerika).

b) Weißnickelkies (Chloanlit) $NiAs_2$ mit 28,2 % Nickel. Zinnweiß. Fundort wie bei a.

c) Antimonnickel oder Breithauptit $NiSb$ mit 31,5 % Nickel

d) Nickelantimonglanz oder Ullmannit ($NiSb_2 + NiAs_2$) mit 26 % Nickel.

e) Nickelglanz = Nickelarsenglanz = Gersdorffit ($NiAs_2 + NiS_2$) mit 35 % Nickel.

2. Schwefelhaltige Nickelerze, verunreinigt mit Eisen- oder Kupferkiesen:

a) Millerit oder Haarkies = NiS mit 64,5 % Nickel. Fundorte: Kanada, Schweden usw.

b) Eisennickelkies = Nekopyrit ($2\,FeS + NiS$) mit 18—21% in Süd-Norwegen.

3. Oxydische Nickelerze:

a) Nickelmagnesiumhydrosilikate (Pimelit, Alipit, Redwanskit, Garnierit). Hiervon ist besonders der Garnierit das heute wichtigste Erz.

Entdeckt von Garnier in Neukaledonien ($(MgO, NiO) SiO_2 + nH_2O$ mit 14—25 % Ni).

b) Nickelblüte (Nickelocker, Nickelgrün, Annabergit, $Ni_2As_2O_8 + 8\,H_2O$) mit 29,5 % Ni.

Deutschland, Erzgebirge, Newada, Ural usw.

Übersicht der Nickelmineralien.

Benennung	Synonym	Chemische Formel	Farbe	Nickelgehalt in %	Fundorte
Nickelin	Kupfernickel	Ni_2A_5	kupferrot	44	Sachsen, Böhmen
Chloanthit . . .	Weißnickelkies	NiAs	weiß, metallisch	28	„ Hessen
Annabergit . . .	Nickelocker	$3\ NiO, A_5O_5 + 8\ H_2O$	grünlich	29,6	„ Böhmen
Gersdorffit . . .	Nickelglanz	$NiS_2 + NiAs$	stahlgrau	31,8	Steiermark, Harz
Millerit	Haarkies	NiS	messinggelb	61,8	Nassau, Nordamerika
Siegenit	Linneit	$(Ni \cdot Co)_3\ S_4$	stahlgrau	22	Musen, Batnaes (Schweden)
Penthlandit . .	Nikopyrit	$2\ FeS \cdot NiS$	bronzegelb	18,3	Norwegen
Grumanit	Wismutnickel	Nickelbismutsulfid	stahlgrau	40	„
Breithauptit . .	Antimonnickel	Ni_2Sb	violett, kupferrot	32,6	Harz, Pyrenäen
Ullmannit . . .	Nickelglanz	$Ni\ S_2,\ Sb$	hellstahlgrau	26,1	„ „
Genthit	Nickelgymnit	$RO\ (SiO_2)_2\ H_3O$	apfelgrün	12,6	Ural
Bunsenit	selten	NiO	„	12,6	„
Texasit	Zazarit	$NiO \cdot CO_2 + 2\,NiO \cdot H_2O + 4\,H_2O$	smaragdgrün	51	Texas, Shetland
Morenosit . . .	Nickelvitriol	$NiSO_4 + 7\ H_2O$	hellgrün	21	Cap Ortegal, Hessen
Pimelit . . . . , .	Comarit	Aluminium-Nickelsilikat	grün	15 – 20	Frankenstein (Schles.) Sachsen
Weiß. Pyrit . .	—	„ „	grauweiß	15—20	Steiermark
Garnierit	Numeait	$(MgO, NiO)\ SiO_3 + nH_2O$	grün	14 – 25	Neukaledonien

Die Gewinnung des Nickeloxydes ist ähnlich der des Kobaltoxydes. Die meisten Methoden der Nickelgewinnung treten heute gegenüber dem aus Garnierit erzeugten Nickel zurück. Letzterer wird ähnlich wie Eisenerze im Hochofen und Konverter auf Nickel im großen Maßstabe verarbeitet.

Reines Nickeloxyd wird man am besten aus chemisch reinem Nickel selbst herstellen, z. B. durch Auflösen in Salpetersäure und Glühen des erhaltenen salpetersauren Nickeloxydes.

Auf die ausführliche Schilderung der Nickelfabrikation kann hier nicht eingegangen werden.

Man röstet das schwefelhaltige Erz, gewinnt den „Rohstein" der noch Schwefelnickel enthält, und schmilzt diesen in Schachtöfen mit Koks und passenden Zuschlägen im reduzierenden Feuer.

Der so erhaltene eisenhaltige „Nickelstein" ist arm an Nickel, reich an Eisen und muß durch Konzentrationsarbeiten angereichert werden, und zwar indem man den nickelarmen Stein noch einmal oxydierend röstet und wiederum reduzierend-solvierend schmilzt. Durch oxydierendes Schmelzen des konzentrierten Nickelsteines in Flammenöfen oder Konvertern und bei Anwesenheit von Kieselsäure (zur Verschlackung des Eisens) entfernt man das Eisen.

Durch das nunmehr folgende sog. Totrösten des eisenfreien Nickelsteines in Flammenöfen erhält man das Nickeloxydul (NiO).

Aus arsenhaltigen Nickelerzen wird das Nickel bzw. dessen Oxyd gewonnen:

1. Durch Verarbeitung der Erze auf Rohspeise (eisenhaltig).
2. Diese Rohspeise wird auf Nickelspeise verarbeitet (eisenarme, nickelreiche Speise) durch wiederholte Röst- und Schmelzprozesse.
3. Die Nickelspeise wird auf Rohnickel verarbeitet, und zwar zerfällt dieser Prozeß wieder in folgende Stadien:

Totrösten der raffinierten Nickelspeise, Zuschläge von kohlenstoffhaltigen Substanzen zum Röstprodukte, um Nickelarseniat zu erzeugen.

Zuschläge von Salpeter und Soda, um die Arseniate in lösliches arsensaures Alkali überzuführen.

Es bildet sich außerdem Nickeloxydul = NiO.

Die Verarbeitung oxydischer Nickelerze, besonders des Garnierits[1]).

Garnierit ist wie wir sahen ein Nickelmagnesiumhydrosilikat. Zuerst wurden diese Erze bei Kumea in Neukaledonien in Hochöfen mit Koks und Zuschlägen auf eine Eisennickellegierung verschmolzen, die dann in Europa durch oxydierende Schmelzprozesse raffiniert wurden. Heute werden diese neukaledonischen Erze im rohen Zustande nach Europa gebracht, und in Deutschland, England und Frankreich mit schwefelhaltigen Zuschlägen in Schachtöfen auf Nickelstein verschmolzen, raffiniert, totgeröstet und wie oben Rohnickel erzeugt.

Die Roherze enthalten:

6—8 %	Ni
10—12%	Fe_2O_3
40—45%	SiO_2
6—9 %	MgO
3—4 %	Al_2O_3
12—15%	Wasser.

Als schwefelhaltige Zuschläge in Schachtöfen verwendet man die Rückstände der Sodafabrikation (siehe diese), die hauptsächlich aus Schwefelkalzium (CaS) bestehen. Das Schwefelkalzium setzt sich mit dem Nickelsilikat des Erzes in Schwefelnickel und Kalziumsilikat um. Gips wird im Ofen durch den Koks zu Schwefelkalzium reduziert und wirkt wie das Schwefelkalzium der Sodarückstände.

In einem 5 m hohen Schachtofen werden 30 t Erz in 24 Stunden durchgesetzt.

In Frankenstein in Schlesien finden sich auch ähnliche Erze, wie der Pimelith mit 2,5—3,5 % Nickelgehalt; und hat sich daselbst eine lebhafte Industrie entwickelt.

Die Verwendung des Nickeloxyds in der Emailfabrikation ist auf den Ersatz von Kobaltoxyd in manchen Grundemails beschränkt (siehe Kobaltoxyd). Im Handel findet man grünes Nickeloxyd, eigentlich Nickeloxydul = NiO mit 78,5 % Nickelgehalt, und grauschwarzes Nickeloxyd = Ni_2O_3 mit 70,9 % Nickelgehalt.

---

[1]) A. Rzehulka, Der gegenwärtige Stand der Nickelgewinnung.

Wie bereits in einem früheren Kapitel (s. Kobaltoxyd) ausgeführt wurde, verwenden viele Emaillierwerke das Nickeloxyd für Grundemail. Jedenfalls lehrt die Praxis, daß Nickeloxyd mit Vorsicht darin angewendet werden darf und das Kobaltoxyd nicht vollständig zu ersetzen vermag. Für Massenartikel wird ein Grundemail vielfach benutzt, worin das Kobaltoxyd gänzlich oder teilweise durch Nickeloxyd ersetzt ist. Wenn ein solches Grundemail auch vielfach sich bewährt hat, vorausgesetzt, daß ein weniger strenger Maßstab an die Widerstandsfähigkeit eines Grundemails angelegt wird, so kann ein wirklich vorzügliches Grundemail nur mit Kobaltoxyd hergestellt werden. Durch gegenteilige Behauptung von meist wenig kompetenten Fachleuten, die kaum mehr als einige Jahre in kleinen Werken tätig waren, wird der Emailindustrie kein Dienst geleistet. Ist schon der Nickelgrund mit Vorsicht zu benutzen, mit wieviel größerem Rechte muß ein kobalt- und nickeloxydfreier Grund, sog. „weißer Grund“, aus einer modernen Emailhütte verbannt werden, die Wert auf eine gleichmäßig gute und sichere Qualität legt.

In den Fällen jedoch, wo Nickeloxyd im Grunde angewendet wird, empfiehlt es sich größere Nickeloxydmengen als Kobaltoxyd ursprünglich im Rezept vorgeschlagen war, zu benutzen[1]), was um so weniger ins Gewicht fällt, als Nickeloxyd heute relativ billiger ist.

XI. Das Kobaltoxyd und Kobaltverbindungen.

Die Verbindungen des Kobalts, insbesondere dessen Oxyde liefern der keramischen Industrie den wertvollen, unersetzbaren Farbkörper zur Erzielung der bekannten dunkelblauen, eventuell hellblauen, oder durch geeignete Vermischung mit Chromoxyd blaugrünen Nuancen.

Im allgemeinen entbehrt der Emailtechniker häufig die Kenntnis der chemischen Technologie, dieses so überaus interessanten Körpers. Das metallische Kobalt findet im Gegensatz zu Nickel als solches eine verschwindend kleine technische

[1]) Siehe des Verfassers Buch: Theorie und Praxis d. Bl. u. G. Em.-Ind. S. 22.

Verwendung. Anders steht es mit den in der keramischen Blaufärbung unerläßlichen Kobaltverbindungen.

Das Wort Kobalt stammt aus der schwedischen Mythologie. Die Bergleute, welche im Mittelalter nach kostbaren Erzen schürften, empfanden es als Enttäuschung, wenn sie statt Silber Kobalt- oder Nickelerze zutage förderten, und schrieben ihr Mißgeschick einem bösen Dämon, dem „Kobold", bzw. dem „Nickel" zu. Der Ausdruck „Kobold" und „Bosnickel" hat auch heute noch eine ähnliche Bedeutung im deutschen Sprachschatze.

Das metallische Kobalt wurde 1733 von dem schwedischen Chemiker Brandt zum ersten Male hergestellt, und wird im reinen Zustande durch Glühen von Kobaltoxydul (CoO) mit Kohle oder im Wasserstoffstrome erhalten. Es ist ein rötlichweißes Metall, sehr zähe, schwer schmelzbar (nach neueren Bestimmungen von Gürtler und Tammann schmilzt Kobalt bei 1528° C). Sein spezifisches Gewicht ist 8,5. Es ist also schwerer wie Eisen (7,78). Es ist schwächer magnetisch als Eisen, verändert sich an der Luft und im Wasser nicht. Durch Salzsäure und Schwefelsäure wird Kobalt schwierig angegriffen, hingegen durch Salpetersäure (HNO_3) leicht zu Kobaltnitrat ($Co(NO_3)_2$) gelöst.

Die wichtigsten Verbindungen leiten sich vom Kobaltoxydul ab. Die Kobaltoxydderivate sind weniger beständig.

Die wichtigsten Oxydulverbindungen sind:

Das Kobaltchlorür ($CoCl_2$), durch Auflösen von Kobaltoxydul in Salzsäure erhalten.

Das Kobalthydroxyd $= Co(OH)_2$ wird durch Ausfällen mittels Alkalien aus heißen Lösungen der Kobaltoxydulsalze erhalten.

Das Kobaltsulfat $= CoSO_4 + 7\,H_2O$, dunkelrote monokline Kristalle.

Das Kobaltnitrat $= Co(NO_3)_2 + 6\,H_2O$ bildet rote, an der Luft zerfließliche Kristalle.

Kobaltsilikat = Smalte. Eine wichtige blaue Farbe wird im großen durch Schmelzen von Kobalterzen mit Pottasche und Quarz erhalten, wobei das Kobalt mit der Kieselsäure und Kali ein Silikat (die Smalte) bildet, während die übrigen das Kobalt in seinen Erzen begleitenden Metalle, wie Wismut, Arsen und namentlich Nickel sich geschmolzen als „Regulus"

Tabelle der wichtigsten Kobaltmineralien und chemische Zusammensetzung derselben.

Bezeichnung	Chemische Formel	Zusammensetzung	Farbe	Gehalt an Kobalt in %	Fundort
Speiskobalt = Smaltin	$CoAs_2$	28,12 % Kobalt 71,88 % Arsen	stahlgrau	28,12	Schneeberg, Freiberg, Annaberg, Joachimsthal, Allemont
Kobaltglanz = Kobaltin	CoAsS	35,41 % Kobalt 19,33 % Schwefel 45,26 % Arsen	rötlich-silberweiß, metallisch	35,41	Tunaberg, Vena, Skullerud
Tesseralkies = Skutterudit	$CoAs_3$	20,68 % Kobalt 79,32 % Arsen	zinnweiß bis bleigrau	20,68	Skullerud in Norwegen, Crête d'Amberenza
Kobaltblüte = Erythrin	$(AsO_4)_2 CO_3 + 8 H_2O$	37,47 % Kobaltoxydul 38,46 % Arsensäure 24,07 % Wasser	pfirsichrot	20	Skullerud, Allemond
Kobaltmanganerz = Asbolan	$CoO \cdot 2 MnO_2 + 4 H_2O$	20 % Kobaltoxydul 21 % Wasser	schwarz	wechselnd	Kamsdorf, Saalfeld usw.
Kobaltnickelkies = Kobaltkies	R_3S_4 R = Co und Ni	wechselnd	„	„	Freiberg, Bastnaes
Arsenkupfer	$(CuNiCo)_3As$	„	„	„	Chile, Zwickau
Kobaltarsenkies	(FeCo) AsS	„	„	„	Norwegen
Kobaltspat	$CoCO_3$	63 % CoO 37 % CO_2	„	„	Schneeberg

abscheiden. (Kobaltspeise genannt und wird daraus Nickel dargestellt.) Näheres siehe bei Fabrikation der Smalte. Das Kobaltoxyd $= Co_2O_3$ geht in der Rotglut in Kobaltoxyduloxyd $= Co_3O_4 = Co_2O_3 + CoO$ über.

Kobalthydroxyd $= Co(OH)_3$ scheidet sich als dunkelbraunes Pulver aus, wenn man in die mit Natronlauge versetzte Lösung eines Kobaltoxydulsalzes Chlor einleitet. Näheres darüber folgt später.

Die Kobaltsalze sind nicht giftig.

Bevor wir kurz auf die Metallurgie des Kobalts eingehen, seien die wichtigsten Kobalterze besprochen.

Zu den wichtigsten Kobalterzen zählen der Kobaltglanz und Speisekobalt.

Der Kobaltglanz

(Glanzkobalt oder Kobaltin genannt).

Kristallisiert regulär, ist spaltbar. Härte = 5,5, spezifisches Gewicht = 6 bis 6,3, rötlich silberweiß, oft grau angelaufen, grauschwarzen Strich, stark glänzend. Es stellt eine Verbindung des Kobalts mit Arsen und Schwefel dar.

Formel: CoAsS.

Chemische Zusammensetzung:

	im Mittel	größter und	kleinster Kobaltgehalt:
Kobalt	28,90 %	39,0 %	18,5 %
Eisen	8,50 %	2,0 %	16,3 %
Arsen	42,30 %	34,7 %	45,0 %
Schwefel	20,04 %	21,7 %	19,1 %

Wichtigste Fundorte: auf Erzlagern in kristallinischen Schiefern, häufig begleitet von Kupferkies in: Tunaberg, Vena, Riddarhytta in Schweden, Skutternd in Norwegen. Im Glimmerschiefer von Auerbach in Schlesien. Auf Erzgängen bei Siegen; Daschkessan bei Elisabethpol am Kaukasus (bis 2 Fuß mächtiges Lager). Es ist das reichste Erz für die Blaufarbenfabrikation.

Der Speiskobalt oder Smaltin.

Kristallisiert regulär, meist in Drusen, traubig, nierenförmige Massen, spröd. Härte = 5,5, spezifisches Gewicht = 6,37 bis 7,3, zinnweiß bis lichtstahlgrau durch Umwandlung in Kolbatblüte häufig rot beschlagend.

Chemische Zusammensetzung: $CoAs_2$ = 28,12% Kobalt
71,88% Arsen

Die mittlere Zusammensetzung ist jedoch:

Kobalt	25,0%
Nickel	5,4%
Eisen	5,1%
Arsen	64,5%

Fundorte sind: Auf den sog. Kobaltgängen des Erzgebirges mit Silbererzen, Wismut usw. zu Schneeberg in Sachsen (ein Teil des dortigen Speiskobalts ist Chloanthit = Weißnickelkies und Arsennickelkies = $NiAs_2$), Marienberg, Annaberg, Johanngeorgenstadt; auf Rügen in Kupferschiefer zu Riechelsdorf und Bieber; mit Eisenspat und Kupfererzen zu Schladming, Dobschau in Ungarn, ferner Wittichen, Allemont, Cornwall, La Motte in Missouri.

Der Speiskobalt ist neben Glanzkobalt das wichtigste Kobalterz- In neuerer Zeit gelangen reiche Kobalterze aus Neu-Kaledonien.

Kaledonische Kobalterze.

Bisher kennt man 2 Arten solcher Mineralien, beide sind manganhaltig; das eine wird von den kaledonischen Hüttenleuten „truffe" genannt, weil es trüffelartige Struktur hat, das andere formlose und viel häufigere Erz hat einen mittleren Gehalt von 5% Kobaltoxyd.

Nach einer Analyse von E. Capelle enthalten die kaledonischen Kobalterze:

Unlösliches (zum Teil etwas Chromeisen enthaltend)		4,593%
Glühverlust		25,600%
Eisenoxydul	FeO	14,531%
Tonerde	Al_2O_3	27,549%
Kalk	CaO	1,400%
Magnesia	MgO	0,956%
Manganoxyd	Mn_2O_3	13,658%
Kobaltoxyd	Co_2O_3	4,519%
Nickeloxyd	Ni_2O_3	2,691%
Überschüssiger Sauerstoff		4,313%
		99,810%
In metallisches Kobalt umgerechnet		3,558%

Nach Prof. Carmot enthalten die Erze von Koé und Canala:

	Koé I	Koé II	Canala I	Canala II
Kieselsäure SiO_2	8,40%	8,00%	4,50%	31,00%
Eisenoxyd + Tonerde $Fe_2O_3 + Al_2O_3$	18,40%	39,00%	39,33%	40,60%
Manganoxyd Mn_2O_3	20,20%	18,60%	18,60%	10,60%
Kobaltoxyd Co_2O_3	21,10%	8,70%	14,50%	10,60%
Magnesia MgO	6,20%	2,10%	Spuren	0,60%
Glühverlust	25,60%	24,00%	23,30%	11,00%
Daher metallisches Kobalt	15,80%	6,51%	10,11%	4,27%

Natürlich müssen diese kaledonischen Erze vor der Aufbereitung gut sortiert werden, da der Kobaltgehalt nur selten 10 bis 15% übersteigt. Im Mittel kann man nur mit 5% rechnen. Es ist auffallend, daß in vorstehenden Analysen von dem unzertrennlichen Begleiter, des Kobalts, dem Nickel keine Rede ist.

A. M. Villon[1]) fand folgende Zusammensetzung:

		I	II
Glühverlust		25,415%	25,120%
Eisenoxyd + Tonerde	$Fe_2O_3 + Al_2O_3$	41,122%	38,920%
Kalk + Magnesia	CaO + MgO	2,111%	0,800%
Manganoxyd	Mn_2O_3	15,311%	20,190%
Kobaltoxyd	Co_2O_3	4,502%	5,135%
Nickeloxyd	Ni_2O_3	2,144%	3,155%
Kieselsäure	SiO_2	8,712%	6,545%

Die Erzeugung von Smalte und Kobaltoxyd.

1. Smaltefabrikation.

a) Chinesische Methode[2]).

In den chinesischen Glashütten in Canton wird zur Blaufärbung des Glases und des Porzellans sog. lam-o-li-shek, d. h. „Stein aus blauem Glase“ verwendet. Es scheint als ob die

[1]) Encyclop. Chim. Nickel et Cobalt. Tome V.

[2]) Thas Id Bowler in Chemical News, 31. August 1888.

Chinesen nicht verständen farbloses Glas zu erzeugen. Sie kaufen amerikanische und europäische Glasscherben, welche sie nach Farbe und Qualität sortieren und in Töpfen von 67 cm Höhe und 40 cm unterem Durchmesser und 11 cm oberem Durchmesser zum Schmelzen bringen. Ein oder zwei dieser Töpfe werden in einen außerordentlich primitiven rechteckigen kleinen Ofen eingesetzt, welcher mit Anthrazit geheizt wird. Man braucht etwa 150 bis 200 kg Anthrazit pro Topf. Das Blasrohr ist sehr breit und kurz. Die Formen werden aus Ton und Staub verfertigt. Es ist staunenswert, daß die Chinesen mittels ihres kleinen Apparates imstande sind das Kobalt vom Eisen, Mangan und Nickel zu trennen, sobald der Kobaltgehalt im Erze 2,4% nicht überschreitet.

Das rohe Kobaltmineral wird vorerst sorgfältig gewaschen und jedes einzelne Stück davon mit einer Bürste gerieben, um den anhaftenden eisenhaltigen Ton zu entfernen. Hierauf wird das Erz getrocknet und pulverförmig zerkleinert. Dieses Pulver wird in einer Handmühle mit Wasser gemahlen. Das Ganze wird hernach in ein Gefäß gebracht. Ein Arbeiter rührt gegen Abend das Gemisch kräftig um und läßt über Nacht absitzen. Am folgenden Tage wird das Wasser abgelassen und führt dabei die oberste Schicht des abgesetzten Pulvers mit fort. Diese oberste Schicht besteht aus den spezifisch leichteren erdigen Substanzen, während die zurückbleibende Masse aus den Oxyden des Eisens, Mangans, Nickels und Kobalts besteht. Diese Masse wird herausgehoben, mit einer kleinen Menge Borax vermengt und in einen der eingangs erwähnten mit Glas gefüllten Töpfe gebracht. Man bringt nunmehr zum Schmelzen. In den ersten 12 Stunden hat die so geschmolzene Masse und das Glas eine schmutzig grünlichschwarze Färbung. Nach und nach verwandelt sich diese Mischfärbung in ein Hellblauviolett von der Farbe des Amethystes. Es scheint, als ob das Eisen und Nickel vollständig reduziert seien, denn nach 36 bis 40 stündigem Erhitzen kann man kaum mehr eine Eisen- oder Manganfärbung in dem Satze wahrnehmen.

Der unterste Teil des im Topf sich befindlichen, geschmolzenen Glases wird als wertlos weggeworfen. (Wahrscheinlich enthält dieser Teil sämtliche Verunreinigungen durch Eisen, Nickel, Mangan usw.)

Für die Zwecke der Porzellanmalerei fritten die Chinesen dasselbe Material mit Feldspat, Kaolin und viel Borax. Diese Fritte wird zu feinem Pulver vermahlen und zum Malen auf Biskuit angewendet. Der Vorgang in Canton ist dabei folgender:

Der Arbeiter nimmt das gebrannte Biskuit und überzieht dasselbe mit einer Glasur aus Borax, Feldspat und Ton bestehend, und sobald dieselbe genügend trocken ist, malt er darauf und brennt in einer Operation das Email und die Farbe ein.

Eine Probe des Kobaltminerals zeigte folgende Zusammensetzung:

Eisenoxyd	35,00%
Manganoxyd	13,10%
Nickeloxyd	3,50%
Kobaltoxyd	3,50%
Gangarten	46,00%

Die Gangart bestand größtenteils aus Kieselsäure und Aluminiumsilikat.

Das Kobaltmineral findet sich am Fuße einer sandigen Hügelkette in der Nähe der Stadt Msang-Sheng. Die geologische Formation entspricht wahrscheinlich dem oberen Kambrian.

b) Sächsische Methode der Smaltebereitung.

Das mit Kobalt gefärbte Glas war in China schon lange bekannt. In Europa jedoch erst gegen 1540. Ein Nürnberger Glasmacher, namens Schürer, scheint der erste gewesen zu sein, der um 1540 herum versucht hat, das Kobalterz, „Kobold" genannt, mit dem Glas zu schmelzen und erhielt er zu seinem Erstaunen eine prächtige Blaufärbung damit. Bald verbreitete sich diese Nachricht und die Holländer bemächtigten sich dieser Erfindung um blaue Gläser zu erzeugen, welche sie im pulverisierten Zustande zur Färbung des Glases und zur Dekoration von Töpferwaren in den Handel brachten.

In Sachsen geschieht die Smaltebereitung wie folgt:

Das Mineral wird zerkleinert, sorgfältig sortiert und gewaschen. Dieses Produkt heißt der „Schlich".

Der Schlich wird hierauf in einem drehbaren Ofen geröstet. Oberhalb des Röstofens befinden sich Kondensationskammern, um die beim Rösten entweichenden Dämpfe der arsenigen Säure zu verdichten. Ist das Erz nickelarm, so wird vollständig geröstet. Im umgekehrten Falle jedoch röstet man nur so weit, daß das Nickel sich nicht zu Nickeloxyd oxydiert, sondern als Arsennickel erhalten bleibt. Das Rösten hat gleichzeitig den Zweck, das Kobalt in Oxyd zu verwandeln. Während des Röstens wendet man das Erz von Zeit zu Zeit mit einer Krücke um. Gewöhnlich ist die Fabrikation, soweit es sich um arsenhaltige Kobalterze handelt, mit einer Gewinnung von Arsenoxyd verbunden, welches sich in den beschriebenen Kammern (Giftfang) absetzt.

Das Rösten dauert 10 bis 12 Stunden. Hernach läßt man die aus dem Ofen gezogene Masse erkalten, mahlt sie fein und siebt durch ein Seidensieb. Dieses Pulver heißt Zaffer oder Safflor.

Man verbraucht etwa 30 m^3 Holz für 600 kg gerösteten Schlich. Nebenbei gewinnt man im Mittel 25 % arsenige Säure.

Der Schlich wird hierauf mit von der Natur des Kobaltminerals abhängigen Mengen Sand und Pottasche[1]) vermischt (zumeist nimmt man auf 3 Teile Erz und Sand 1 Teil reine Pottasche.)

Z. B. wird das Erz behufs Herstellung einer gewöhnlichen, minder schönen Smalte vermengt in dem Verhältnisse:

Gerösteter ordinärer Schlich	25
Gemenge von Schlich und geröstetem kobalthaltigen Sand	20
Sand	200
Dazu kommt Äschel (das feinste, blaßblaue Glaspulver)	35
Pottasche	100

Eine Smalte von reinblauer Azurfarbe erhält man aus:

Ia Schlich	20	Äschel	20
Sand	50	Pottasche	40

Je reiner die bei der Smalteerzeugung angewendeten Materialien sind, um so schöner ist die Smalte.

Als Sand benützt man gepochten Quarz, der vorher in einem Kalkofen geglüht und naß gepocht wird, dann mit Wasser gut gewaschen, getrocknet und endlich in einem Nebenofen des Glasschmelzofens bis zur Rotglut erhitzt wird.

---

1) Siehe Pottasche.

Die sächsischen Öfen haben konische Form mit elliptischem Querschnitt, 3 × 1,30 m an der Basis und 4 × 2,20 m oben. Unter dem Ofen befindet sich eine 1 m tiefe Ausschachtung, welche bis zur Füllöffnung des Ofens mit Holz gefüllt wird. Über dem Holzstoße befindet sich ein aus großen Quarzstücken hergestelltes Gewölbe. Man nimmt 700 Zentner Quarz für eine Ofencharge. Das Feuern dauert 36 Stunden und erfordert 80 m^3 Holz.

Die gehörig gemengte Fritte kommt nun in Glashäfen, welche man in einen gewöhnlichen Glasofen einsetzt. Man rührt während des Schmelzens häufig um, und überzeugt sich durch herausgeschöpfte Proben, ob die Masse gleichmäßig geschmolzen und gefärbt ist. Dann läßt man dieselbe in Wasser auslaufen, um die Zerkleinerung zu erleichtern. Zuweilen befindet sich unter dem blauen Glase im Hafen noch die sog. Kobaltspeise, d. h. diejenigen Substanzen, welche sich beim Rösten nicht verflüchtigen, beim Waschen nicht getrennt haben, und sich nun vom Ganzen abscheiden und als spezifisch schwerer am Boden absetzen. Diese Speise wird vor dem Herausnehmen des Glases entweder durch eine am Boden des Hafens befindliche Stichöffnung abgelassen oder auch sorgfältig ausgeschöpft. Das auf die oben angegebene Weise bereitete Glas (Smalte) wird nunmehr getrocknet und fein gemahlen. Das gemahlene Glas oder die Smalte (von smeltan = althochdeutsch = schmelzen, also die „Schmelze"), auch Schmalte früher genannt oder Blaufarbe, schöpft man nun in mit Wasser gefüllte Bottiche, rührt sie kräftig um, läßt $^1/_2$ Stunde ruhig die gröberen Teile, Streublau genannt, die später noch einmal gemahlen werden, absitzen.

Das trübe farbehaltige Wasser gießt man nach dieser Zeit in einen zweiten Schlemmbottich, in welchem sich die eigentliche Farbe, auch Couleur genannt, zu Boden setzt.

Nach 24 Stunden wird das trübe Wasser aus diesem zweiten Bottiche in ein drittes Gefäß abgelassen, in welchem es so lange stehen bleibt, bis es ganz klar geworden ist und sich das feinste und blasseste Glaspulver, Äschel genannt, gänzlich abgesetzt hat. Sowohl die Farbe als auch das Äschel werden hernach noch zwei- bis dreimal ausgewaschen und diese Waschwässer, welche noch die feinsten Teile des Glaspulvers mitnehmen, in Sümpfen aufgefangen, wo sich dann das nur feinste wenig gefärbte Pulver, das Sumpfäschel, absetzt. Die in den verschiedenen Bottichen nach Ablassen des Waschwassers zurückbleibenden Bodensätze werden ausgestochen, zerrieben, getrocknet, gesiebt und in Fässern verpackt in den Handel gebracht.

Hinsichtlich ihrer Feinheit wird die Smalte eingeteilt in Streublau, Farbe und Äschel, von welchen die erste mit H, die zweite mit C und das letzte mit E im Handel bezeichnet werden.

In bezug auf die Intensität der Färbung werden jene Sorten ebenfalls weiter in fein, mittel und ordinär unterschieden, was mit den Buchstaben F, M und O geschieht. Bei der ersten Abteilung (fein) unterscheidet man noch Farben von höherer Intensität, und drückt dies dann mit feindrei, drei-, und vierfachfein aus, im Handel F, FF, FFF, FFFF.

Höhere Farben als die letzte, „Azur- oder Königsblau“ genannt, gibt es nicht.

Übersicht der im Handel üblichen Marken für Smalte:

H	gewöhnliche Smalte	MC	mittel
E	Äschel	MCB	mittel böhmisch
B	böhmische Smalte	ME	mittel Äschel
GF	Grundfarbe	OC	gewöhnliche Farbe
FCB	feine böhm. Farbe	OCB	gewöhnl. böhm. Farbe
FC	feine Farbe	OE	gewöhnl. Äschel
FC	feiner Äschel		

Man spricht auch von: Azurblau, Smalteblau, Zafferblau, Sächsischblau, Emailblau, Kobaltblau usw.

Nachstehend Analysen einiger Smaltesorten:

Übersicht der Zusammensetzung einiger Smalten in %:

Bestandteile	Norwegische Smalte		Deutsche Smalte			Französische Smalte				
	dunkel	dunkel Äschel	blaß	grobes Blau	Farbe C	I	II	III	IV	V
Kieselsäure . . .	70,86	66,20	72,21	72,21	70,11	75	70	65	63	60
Kobaltoxyd . .	6,49	6,75	1,95	20,54	21,58	20	26	30	30	30
Pottasche	21,41	16,31	1,80	6,75	7,20	2	3	5	7	10
Tonerde	0,43	8,64	20,04	0,22	0,11	—	—	—	—	—
Arsenige Säure	—	—	—	—	—	1	1	1	1	1

Endlich existiert noch eine französische Methode der Smaltebereitung, die darin besteht, daß man das Kobaltoxyd direkt mit Quarz und Pottasche zusammenschmilzt. Auf diese Weise kann man natürlich ein absolut erstklassiges Produkt von beliebiger Farbkraft erzielen. Der Prozeß ist entsprechend kostspieliger.

Der Quarz wird geglüht und gemahlen wie in den früheren Methoden. Die Materialien werden dann innig gemischt und im Tiegel geschmolzen. Die weitere Behandlung ist analog wie früher, nur ergibt sich hier keine Kobaltspeise, da man reines Kobaltoxyd verwendet hat. Die so erhaltene Smalte ist sehr rein und widerstandsfähiger als das gewöhnliche Produkt.

2. Die Erzeugung von Kobaltoxyd.

a) Nach und nach ist man von der Benutzung von Smalte für keramische Färbung sehr abgekommen, schon deshalb, weil es schwer ist, stets die gleiche Qualität von gleicher Farbkraft zu erzielen, infolge der wechselnden Zusammensetzung der Erze. Auch ist die Smaltefabrikation nicht besonders einfach, wie wir gesehen haben.

Die Bereitung des Kobaltoxydes aus den Mineralien geschieht derart, daß man vorerst das Erz nach Wert sortiert und in Stücke von etwa 3 cm Durchmesser zerkleinert. Hierauf röstet man dieselben in einem drehbaren Ofen, welcher erlaubt, die dabei entweichende arsenige Säure aufzufangen und zu gewinnen. Beim ersten Rösten entweichen etwa 15% des Arsens, das im Mineral enthalten war. Nach dem Erkalten und neuerlichen Pochen der Erze wird abermals geröstet, wobei weitere 5% Arsen entfernt werden. Auf diese Weise erhält man aus 100 Teilen des Minerals etwa 80 Teile Röstprodukt. Neuerlich hat man versucht mittels komprimierter Luft in eigens konstruierten Öfen zu rösten. Das geröstete Material wird mit 20% Quarz vermengt und in einem Wannenofen geschmolzen.

Die erhaltene Kobaltspeise wird nochmals kräftig geröstet, zuletzt bei Gegenwart von Kalisalpeter. Letzterer gibt Sauerstoff ab und befördert die Oxydation des Kobalts zu Oxyd. Doch ist es vorteilhafter die Kobaltspeise in einem Konverter, ähnlich wie der Bessemerkonverter, unter Einblasen von Luft zu schmelzen. Der Vorgang ist ganz analog dem Bessemern von Eisen. Die angereicherte Speise wird gemahlen und mit Salzsäure behandelt. In die salzsaure Lösung leitet man gasförmige schwefelige Säure (SO_2) ein, um die Arsen- und Kupferverbindungen zu reduzieren und auszufällen.

Man filtriert hernach, oxydiert die Lösung mittels Chlorkalk (das sich entwickelnde Chlor wirkt oxydierend) oder mittels Chlorwasser (gasförmiges Chlor aus Braunstein und Salzsäure entwickelt, wird in Wasser geleitet). Dadurch wird das vorhandene Eisenoxydul zu Eisenchlorid oxydiert, letzteres wird durch Zusatz von Kalkmilch als Eisenhydroxyd ausgefällt.

Die von dem Eisenhydroxydniederschlage getrennte Lösung wird mit Chlor oder Chlorkalk neuerdings behandelt, um das Kobaltchlorür zu oxydieren. Nach Zusatz einer berechneten Menge von Sodalösung wird das Kobalt als kohlensaures Kobaltoxydul ausgefällt.

Das so erhaltene und gut gewaschene Kobaltoxyd enthält noch etwas Nickeloxyd. Seine Zusammensetzung ist:

96% Kobaltoxyd
3% Nickeloxyd
1% Eisenoxyd.

Das ganze wird getrocknet und mäßig geglüht.

Absolut reines Kobaltoxyd ist schwieriger herzustellen und schlägt man hierzu häufig den Weg ein, daß man reines, metallisches Kobalt in Salpetersäure auflöst, filtriert, eindampft und das erhaltene Kobaltnitrat glüht. Die Schwierigkeiten, den letzten Anteil eines Kobaltoxydes an Nickeloxyd zu entfernen, macht den außerordentlichen Preisunterschied von 100% Kobaltoxyd und 96% Oxyd erklärlich, so daß dieser Preisunterschied für die meisten keramischen Zwecke hoch genug ist, um sich mit dem noch als recht rein anzusprechenden 96 %igen Kobaltoxyd zu begnügen. Nur für allerfeinste Porzellanfarben wird das chemisch reine Kobaltoxyd verwendet. Das Anwendungsgebiet dieses ganz reinen Produktes ist daher ein beschränktes.

b) Erzeugung von Kobaltoxyd aus den Rückständen der Chlorfabrikation aus Braunstein und Salzsäure.

Bei der Herstellung von Chlor geht man von Braunstein = Mangansuperoxyd = MnO_2 (siehe diesen) und Salzsäure aus:

$$MnO_2 + 4\,HCl = MnCl_2 + 2\,H_2O + Cl_2.$$

Dabei bleiben Manganchlorür und andere Beimengungen (Weldon-Schlamm) zurück. Viele Manganerze enthalten oft, wenn auch wenig Kobalt, wie aus nachfolgender Zusammensetzung eines französischen Braunsteins aus der Dordogne hervorgeht:

Braunstein	MnO_2	58,0 %
Eisenoxyd + Tonerde	$Fe_2O_3 + Al_2O_3$	12,8 %
Kobaltoxyd	Co_2O_3	2,0 %
Baryumoxyd	BaO	2,0 %
Kupferoxyd	CuO	0,2 %
Hygroskop. Wasser	H_2O	5,0 %
Gebundenes Wasser	H_2O	10,0 %
Unlöslicher Rückstand		10,0 %

Das Kobaltoxyd wird aus dem Rückstand bei der Chlorfabrikation so gewonnen, daß man die salzsaure Flüssigkeit, die nach dem Entweichen des Chlors (siehe oben) verbleibt, mit fein gepulvertem Kalkstein ($CaCO_3$) neutralisiert. Dabei entwickelt sich Kohlensäure, und das vorhandene Eisenchlorür wird vollständig als Hydroxydul ausgefällt. Man filtriert letzteres durch eine Filterpresse ab, säuert die Lösung mit etwas Salzsäure an und leitet gasförmige schwefelige Säure (SO_2) ein, um das gelöste Kupfer auszufällen (als Kupferchlorür = Cu_2Cl_2). Man trennt dasselbe durch neuerliches Filtrieren. Das Filtrat wird wieder mittels Kalkmilch neutralisiert und das gelöste Kobaltchlorür mit Schwefelkalzium ausgefällt. Der sich bildende Schwefelkobalt wird durch Filtrinnen in den Kammern der Filterpresse gesammelt, mit schwach salzsäurehaltigem Wasser gewaschen, um eventuell anhaftende Spuren von Mangansulfid zu entfernen, getrocknet und an der Luft geglüht, wobei der Schwefelkobalt in Kobaltoxyd übergeht. Aus dem letzten Filtrate nach Schwefelkobalt, das fast nur Chlormangan enthält, wird der Braunstein nach dem Weldonschen Prozesse zurückgewonnen.

3. Die Gewinnung von Kobaltoxyd aus den kaledonischen Kobalterzen (siehe S. 187).

a) Methode von Carnot[1]).

Immer mehr treten die kaledonischen Kobalt- und Nickelerze in Konkurrenz mit den europäischen arsenikhaltigen Kobalt-

---

[1]) Moniteur de la Nouvelle-Calédonie. 8. Nov. 1880.

erzen und haben einen nicht unbeträchtlichen Preissturz des Kobaltoxydes in den letzten Jahren zur Folge gehabt.

Das kaledonische Erz wird in einem Schacht- oder Drehofen kalziniert, um den Ton und das Eisenoxyd darin widerstandsfähiger gegen die Säure zu machen, während die Oxyde des Mangans und Kobalts leicht löslich in Säure bleiben. Bei der Kalzination geht ungefähr ein Viertel des Mineralgewichtes weg. Die geröstete Masse wird grob zerkleinert, mit seinem Gewichte Salzsäure (75 bis 80 l pro 100 kg Mineral) entweder in Steinzeugwannen oder in mit Blei ausgekleideten Trögen behandelt. Unter Wärme- und Chlorentwicklung wird das Ganze einige Zeit auf 75° C erhalten, dann mit genügend kaltem Wasser unter Rühren mit Holzstangen verdünnt. Man neutralisiert durch allmählichen Zusatz von gepulvertem kohlensauren Kalk, bis kein Aufbrausen mehr stattfindet. Man läßt einige Zeit absitzen und filtriert durch Leinenfilter. Der Rückstand wird abermals gewaschen, um die letzten Reste des gelösten Kobaltsalzes zu erhalten. Was zurückbleibt, besteht aus erdigen und tonigen Gangarten, Eisenhydroxyd, Manganoxyd und dem überschüssigen Kalk. Die eisenfreie, rosagefärbte Lösung enthält fast alles Kobalt und etwas Mangan. Durch vorsichtigen allmählichen Zusatz von kleinen Mengen von Kalkmilch und unter fleißigem Rühren und Absitzenlassen kann man das Kobalt fast vollständig trennen, indem dasselbe zuerst ausfällt. Das Mangan fällt erst nach einiger Zeit aus. Man bedient sich dabei eines Stückes Filterpapier, das man von Zeit zu Zeit in die Lösung taucht und herauszieht. Solange dasselbe noch nicht rosa gefärbt erscheint, ist noch nicht alles Kobalt ausgefällt. Erst wenn dieses Papier rosa gefärbt wird, ist kein Kobalt, sondern nur mehr Mangan in der Lösung.

Das gefällte Kobalthydroxyd wird gesammelt, gewaschen und getrocknet. Will man ganz reines Kobaltoxyd erhalten, so entfernt man die letzten Spuren von Mangan dadurch, daß man den oben erhaltenen Niederschlag mit Soda oder Salpeter schmilzt, die Schmelze in Wasser auslaugt, wobei nur das mangansaure Natrium und die überschüssige Soda in Lösung gehen. Das zurückbleibende Ungelöste wird gewaschen und getrocknet. Von mehreren Seiten wird dem Carnotschen Prozeß vorgeworfen, daß die Trennung des Kobalts von Nickel und Mangan mittels Kalkmilch eine unvollständige ist.

b) Methode von Readman (1882) mittels Schwefelsäure und Glaubersalz.

Das möglichst fein gemahlene Mineral wird mit wasserfreiem, schwefelsauren Natron (Glaubersalz = Na_2SO_4) vermengt (84 Teile auf 100 Teile Mineral), dann werden 65 Teile Schwefelsäure zugefügt, welche Menge hinreicht das Sulfat in Bisulfat zu verwandeln. Das Ganze wird in einem Wannenofen unter Rühren mit Eisenstangen so lange erhitzt, bis das Kobalt, Nickel und Mangan in deren lösliche schwefelsauren Salze übergeführt sind, wovon man sich durch einen Versuch überzeugt. Man neutralisiert die überschüssige Säure durch Zusatz eines geschmolzenen, fein gemahlenen Produktes, wie Kalk, Aluminiumhydrat oder auch Bauxit.

Man erhitzt noch einige Zeit, zieht vom Feuer zurück und zerschlägt in Stücken, welche systematisch mit heißem Wasser behandelt werden, um die Sulfate von Kobalt, Nickel, Mangan und Eisen aufzulösen. Zur klaren Lösung setzt man Schwefelnatrium (Na_2S) hinzu, wodurch alles Kobalt und Nickel und etwas Mangan als Sulfide gefällt werden (1). Sobald nach weiterem Zusatz von Schwefelnatrium zu einer Probe der Lösung nur höchstens ein weißer Niederschlag erfolgt, ist die Umwandlung in Sulfide beendet. Man filtriert letztere und gewinnt aus dem eingedampften Filtrate wieder Glaubersalz zurück, das man auskristallisieren läßt. Die Mutterlauge nach Glaubersalz enthält fast die gesamte Menge des Mangans. Letzteres wird aus den Mutterlaugen gewonnen, indem man dieselbe eindampft, den Rückstand mit dem halben Gewichte Sägespäne oder Kohle mischt und im Muffelofen verbrennt. Man läßt erkalten, wäscht mit warmem Wasser, um das gebildete Schwefelnatrium aufzulösen und zurückzugewinnen. Letzteres tritt neuerdings in den Prozeß zur Fällung von Kobalt und Nickel.

Der Rückstand besteht aus Schwefelmangan, welches man durch Rösten im Ofen in Manganoxyd umwandelt.

Das Kobalt und das Nickel (bei 1) werden auf die bekannte Methode getrennt.

c) Methode von Clarke in Glasgow.

Clarke behandelt das Mineral mit Eisenchlorür, wodurch das Eisen in Oxyd und das Kobalt, Nickel und Mangan in Chloride übergeführt werden. Letztere werden gelöst und mit Schwefelkalzium gefällt, während Mangan nicht gefällt wird.

d) Methode von Dickson und Ratte, französisches Patent vom 5. September 1885.

Nach dieser Methode wird das Kobalt, Nickel und Mangan des Kobaltminerals nur mit schwefliger Säure allein oder im Verein mit noch einer billigen Säure gelöst. Das Eisenoxyd bleibt unlöslich zurück. Das fein gemahlene Kobaltmineral wird in auf 50° erhitztem Wasser aufgeschlemmt und in Bottiche mit Rührwerk gebracht. Durch eine obere Öffnung wird die schweflige Säure eingeleitet. Dann bringt man das Ganze in einen zweiten Bottich, wobei das Eisenoxyd und Verunreinigungen zu Boden fallen. Man filtriert die Lösung ab, und zwar über einem Haufen von gepulvertem Mineral, welches die schwebenden Verunreinigungen und die überschüssigen Säuren zurückhält und die letzten Spuren von Eisen ausfällt.

Aus dieser Lösung werden das Kobalt und Nickel mit Schwefelnatrium als Schwefelmetalle gefällt und wie früher getrennt.

e) Prozeß von Herrenschmidt. 14. Januar 1888.

Er löst das Mineral in Säure auf, fällt das Kobalt und Nickel als Sulfide mittels Schwefelnatrium aus. Ursprünglich schlug er die Lösung von Eisensulfat zur Auflösung von Kobalt und Nickel vor. Herrenschmidt hat in der Folge sein Verfahren wiederholt abgeändert.

Über einige neue Fundorte und Verarbeitung von Kobalterzen aus Ontario in Kanada berichten H. Howe, W. Campbell, Kight in „Trans. of the Am. Min. Eng.“, 53—61 (1907).

Über die Verwendung des Kobaltoxydes und der Kobaltverbindungen in der Emailfabrikation.

Die Smalte wird nur in einigen Emaillierwerken noch zur Blaufärbung des Emails herangezogen. Dafür spielen die Sauerstoffverbindungen des Kobalts eine wichtige Rolle bei der Mischung von Grundemail, Blauemail, bei der Fabrikation keramischer blauer, bzw. durch geeignete Zutaten blaugrüner Farbkörper. Der Handelswert des Kobaltoxydes wird in Prozenten metallischen Kobalts ausgedrückt, welche die betreffende Marke enthält und kann entsprechend den mannigfachen Oxydformen oder anderen Verbindungsformen des Kobalts ein sehr schwankender sein. Der Preis des Produkts ist in den letzten Jahren gesunken, da man ergiebige Lager von Kobalterzen in Neu-Kaledonien und in Kanada aufgedeckt hat. Nachfolgend eine Übersicht der üblichen Handelsmarken mit deren Gehalt an Kobalt.

Handelsmarke	Spezielle Benennung	Chemische Formel	Gehalt an Kobalt in %
FF Ko	Kobaltoxyd feinst, Superior-Oxyd	CoO	78
GKO	Graues Kobaltoxyd Ia	CoO	76
FKO	Graues Kobaltoxyd	CoO	75
RKO	Schwarzes Kobaltoxyd Ia	Co_2O_3	70
SKO	Schwarzes Kobaltoxyd	Co_3O_4	66
AKO	Arseniksaures Kobaltoxyd	$Co_3As_2O_8 + 8H_2O$	29
KOH	Kohlensaures Kobaltoxyd	$CoCO_3$	50
PKO	Phosphorsaures Kobaltoxyd	$Co_3(PO_4)_2 + 8H_2O$	34

Die reinsten Kobaltoxydulmarken haben graugrüne Farbe. Je nach der Art des Glühens von Kobaltnitrat [$Co(NO_3)_2$] z. B. erhält man zuerst das schwarze Kobaltoxyd, das in der Rotglut in das Kobaltoxyduloxyd (Co_3O_4) und bei Weißglut endlich in das wertvollste, weil am meisten kobalthaltige Kobaltoxydul = CoO übergeht. Die Oxydulverbindungen des Kobalts sind demnach an der Luft und bei hoher Temperatur beständiger als die Oxyde.

Das kohlensaure Kobaltoxydul = $CoCO_3$ wird durch Behandlung eines löslichen Kobaltsalzes mit Soda- oder Pottaschelösung erhalten, wobei zumeist ein basisches Karbonat ausfällt von der Formel:

$$2\,[CoCO_3 + Co(OH)_2] + 5\,H_2O.$$

Die Handelsmarke ist KOH. Farbe rosa.

Das phosphorsaure Kobaltoxyd wird erhalten durch Fällen des essigsauren Kobaltoxydes mit Natriumphosphat:

$$3\,(C_2H_3O_2)\,Co + 2\,Na_3PO_4 + 8\,H_2O = Co_3(PO_4)_2 + 8\,H_2O + 6\,NaC_2H_3O_2.$$

Beide Salze haben nur für die Farbenfabrikation Bedeutung.

Was die Verwendung von Kobaltoxyd im Grundemail anlangt, so herrschen in Fachkreisen über den Einfluß desselben auf die physikalischen Eigenschaften des Grundes divergierende Ansichten, vielmehr nur Hypothesen. Dr. Vondracek[1]) versucht die Wirkung so zu erklären, daß das Eisen bei der Einbrennungstemperatur des Grundemails sich auf Kosten des Kobaltoxydes oxydiert und das Kobaltoxyd oder besser Kobaltsilikat zu einer niederen Oxydationsstufe oder sogar zu Metall reduziert wird. Dadurch soll die blanke Eisenoberfläche angegriffen, das Email mit dem Metall inniger vereinigt und die Gefahr des Abspringens des Emailüberzuges herabgesetzt werden.

Tostmann[2]) nimmt an, daß eine chemische Einwirkung des Grundemails auf die Oberfläche des Bleches stattfindet und zwar aus folgenden Gründen[3]):

„Der nur mit Kobaltoxyd versetzte Grund nimmt beim Aufschmelzen zunächst eine blaue Farbe an. Unterbricht man in diesem Augenblicke die Erhitzung, so haftet er noch nicht genügend fest an der Unterlage, trotzdem er bereits vollkommen glasartig ausgeschmolzen ist. Man brennt ihn deshalb auch so lange, bis seine Farbe in Schwarz übergeht. Wie ist nun diese Farbenänderung, die zugleich für das Haften wesentlich ist, zu erklären? Ich finde nur die Erklärung dafür, daß das Grundemail Eisen aus der Unterlage in irgendeiner Oxydationsstufe aufgenommen hat. Zu dieser Oxydation ist aber Sauerstoff erforderlich, der allerdings aus der in der Muffel befindlichen Luft stammen, den aber auch ein Teil des Kobaltoxydes unter Reduktion zu Metall abgegeben haben kann. Dieses in geringen Mengen und in sehr feiner Verteilung gebildete Kobaltmetall könnte dann vielleicht an der Oberfläche des Bleches mit dem Eisen eine Legierung von poriger Beschaffenheit bilden, welche dem Grundemail ein festeres Haften ermöglicht, während das so aus dem Silikatfluß ausgeschiedene Kobalt durch Eisen er-

[1]) Sprechsaal 1909 (14), S. 201.

[2]) Keramische Rundschau 1909 (Nr. 3), S. 47.

[3]) Derselbe: wörtlich wiedergegeben.

setzt wird. Tatsächlich tritt ja bei ungefärbtem Grund eine weit geringere Änderung der Färbung auf, so daß eine Oxydation von Eisen durch die Luft weniger wahrscheinlich ist. Die Möglichkeit, daß ähnliche Einwirkungen, wie ich sie hier angedeutet habe, wirklich stattfinden, ist also durchaus vorhanden. Allerdings nur die Möglichkeit, ob tatsächlich sich solche oder ähnliche Vorgänge abspielen, bedarf erst genauer Untersuchung. Man könnte ja vielleicht auch annehmen, daß durch die weiter oben erwähnte Einwirkung des Bors auf das Eisen das Abspringen begünstigt werde, und daß das Kobaltoxyd auf irgendeine Weise die Bildung einer solchen Verbindung verhindert oder erschwert". -

An anderer Stelle[1]) definiert Vondracek das Grundemail als ein ungefärbtes Email, das höchstens einen Zusatz von Kobalt bzw. Nickeloxyd enthält. „Diese Oxyde erhöhen, wie die Erfahrung zeigt, das Haften des Emails. Worin diese eigenartige Wirkung der sogenannten Oxyde besteht, ist schwer zu sagen.

Übrigens habe ich oft auch ohne irgendeinen Kobaltoxydzusatz sehr gut haftende Grundemails erhalten."

Aus all diesen Ansichten geht hervor, daß die richtige Erklärung für die Einwirkung des Kobaltoxydes auf das Grundemail noch nicht gefunden wurde und daß die vom Verfasser dieses Buches in seinem Werke[2]) vertretene, den praktischen Bedürfnissen entsprechende Ansicht aufrechterhalten bleibt, indem er sagt, daß das Kobaltoxyd wertvolle physikalische Eigenschaften zeigt, die es zur Herstellung von Grundemails besonders befähigen. Es verleiht demselben die Eigenschaft, daß dessen Ausdehnungskoeffizient sich möglichst dem des Bleches nähert. Die moderne Emailliertechnik, bemüht, teure Materialien durch gleichwirkende billigere zu ersetzen, war mit Erfolg tätig, das Kobaltoxyd in dem Grundemail durch das viel billigere Nickeloxyd zu ersetzen. Es ist ja möglich, daß das Kobaltoxyd eine Oxydation des Kohlenstoffes im Eisenblech verhindert. Denn kobaltoxydfreie Emails lassen beim Abspringen eine silberähnliche Eisenfläche entstehen, von einer Farbe, wie sie nur dem chemisch reinen, absolut unoxydierten und kohlenstofffreien Eisen zukommen.

[1]) Sprechsaal 1908 (Nr. 36).

[2]) Grünwald, Theorie und Praxis der Blech- u. Gußemailindustrie.

Solange keine bestimmten Untersuchungen vorliegen, wäre es übrigens zwecklos, sich in mehr oder weniger gewagte Hypothesen zu ergehen. Jeder praktische Emailfachmann weiß, daß ein kobalt- und nickeloxydfreies Grundemail bisher zu den Utopien zählt. Jeder von uns hat gewiß zahllose Versuche darüber gemacht, glaubte sich oft dem Ziele nahe, um nach Aufnahme von Versuchen im großen Maßstabe mit dem sogenannten „weißen Grunde" enttäuscht zu dem früheren Verfahren zurückzukehren.

Nach dem gegenwärtigen Stande der Emailliertechnik kann nur dringendst vor der Verwendung von kobalt- oder nickeloxydfreien Grundemails abgeraten werden. Scheinbar gelungene Versuche im kleinen Maßstabe genügen nicht, um die ganze Fabrikation zu gefährden. Weißer Grund ist für den sicheren Großbetrieb ausgeschlossen. Wenn auch das Nickeloxyd für manche billigere Emails an Stelle oder im Vereine mit Kobaltoxyd gewiß das Kobaltoxyd zu ersetzen vermag[1]), so haben ganz hervorragende Emaillierwerke, die auf sehr gute Qualität ihr Augenmerk richten, das Kobaltoxyd in dem Grundemail nach wie vor beibehalten.

Bei dem heute relativ billigen Preise des Kobaltoxydes steht der durch Ersatz desselben oder gar durch Abschaffung des Kobalt- oder Nickeloxydes überhaupt gewährleistete finanzielle Vorteil in keinem Verhältnisse zu dem Risiko, welches die Fabrikation und das Renommée einer Firma laufen. Eine kurze Rechnung möge dies klar machen.

In 100 kg geschmolzenem Grundemail seien etwa und höchstens 0,6 kg Kobaltoxyd vorhanden. 1 kg Kobaltoxyd kostet 27 Franks. (Inzwischen ist der Preis für Kobaltoxyd sogar auf 13 – 14 Franks gesunken!) 600 g Kobaltoxyd kosten demnach 16,20 Fr. Die 100 kg Grundemail sind imstande, zur Grundierung von etwa 1000 kg fertiger Ware zu dienen. (Durchschnittlich kann angenommen werden, daß 100 kg emaillierter Blechgeschirre 9—10 kg Grundemail benötigen.)

Würden wir statt der 600 g Kobaltoxyd nur 600 g Nickeloxyd à 4 Fr. pro Kilo nehmen, so ergäbe sich eine Ersparnis von 16,20—2,40 = 13,80 Franken für 1000 kg fertiger Ware

[1]) Siehe unter Nickeloxyd.

oder 1,38 Fr. für 100 kg Ware. Eine Zahl, welche wohl für billige Exportware, nicht aber für Qualitätsware in Betracht kommen sollte.

Die Grundemails enthalten in der Regel 0,5 kg Kobaltoxyd pro 100 kg Rohemail

oder	0,2	% Kobaltoxyd	+ 0,3	% Nickeloxyd	+ 0,2	% Braunstein	
„	0,16	„ „	+ 0,2	„ „	+ 0,15	„ „	
„	0,08	„ „	+ 0	„ „	+ 1	„ „	[1])
„	0,3	„ „	+ 0	„ „	+ 0,7	„ „	
„	0,16	„ „	+ 0,2	„ „	+ 0,15	„ „	

Mit diesen, erprobten Grundemails entnommenen Verhältniszahlen ist natürlich die Reihe der möglichen Kombinationen nicht erschöpft. Im Mittel können für gute Grundemails 0,4 bis 0,5% Kobaltoxyd angenommen werden.

Das Kobaltoxyd im Blauemail.

Die Rolle des Kobaltoxydes im Blauemail ist eine sehr einfache und durch die Eigentümlichkeiten aller Kobaltverbindungen, sich in Gläsern, Emails unter Blaufärbung derselben, also unter Bildung von kieselsaurem Kobalt aufzulösen, definiert. Der Zusatz von Kobaltoxyd zum Rohemail variiert zwischen 1—1,6%. In der Regel wird man mit 1% ein schön dunkelblau gefärbtes Email erzielen.

In manchen Fällen, wo es weniger auf rein blaue Nuancen als vielmehr auf die Herstellung eines billigeren dunkelblauvioletten Emails ankommt, kann ein Teil des Kobaltoxyds durch Braunstein ersetzt werden. Z. B. 0,6—0,8% Kobaltoxyd + 1,2% Braunstein. Ein kleiner Zusatz von Eisenoxyd (0,1%) verstärkt oft die Wirkung. Für Spezialemails, wie Blauemail für Schilder, wo es auf eine intensive, rein dunkelblaue Farbe ankommt, steigt der Kobaltoxydgehalt bis auf 3%. Wichtig und vielfach unterschätzt ist die Tatsache, daß zur vollen Ausnützung des zur Rohmischung zugesetzten Kobaltoxydes es unerläßlich ist, dasselbe recht innig mit den anderen Bestandteilen zu vermischen. Je aufmerksamer dies geschieht, um so kräftiger wirkt das Kobaltoxyd und um so gleichmäßiger erscheint das Blau nach

[1]) Weniger empfehlenswert.

dem Schmelzen gefärbt. Um diese innige Mischung bei der relativ geringen Menge von Kobaltoxyd, mit der man es in der Regel zu tun hat, zu erzielen, empfiehlt sich folgender Vorgang: Die für 1 Portion Rohemail (z. B. 100 kg) hinzuzumischende Kobaltoxydmenge von z. B. 1 kg wird für sich vorerst mit einem Teile des Quarzes oder Feldspates der Portion, z. B. mit 10 bis 15 kg Feldspat auf der Trockenmühle innig vermahlen (durch 10 Min. hindurch) und dieses Gemisch erst der Hauptportion zugefügt. Die letztere wiederum muß auch noch längere Zeit (je nach der Größe der zu mischenden Portion 15—30 Minuten lang) in der Mischtrommel gemischt werden.

Für kleinere Portionen bis zu 100 kg empfiehlt sich die Handmischung mittels Eisenkrücke.

Für besonders schöne blaue Emails zieht man daher kleine Portionen vor.

Neuere Untersuchungen von Lukas[1]) haben nachfolgende nicht unbeträchtliche Feuerschwindung für Kobaltoxyd ergeben.

Temperatur in Grad	rasche Erhitzung	langsame Erhitzung
700	95,9	97,7
800	90,4	94,7
900	87,4	91,8
1000	86,3	90,2
1100	84,0	87,8
1200	81,6	85,2
1300	78,9	81,2

Lukas formte aus feingemahlenem Kobaltoxyd unter Zusatz von Wasser und etwas Klebstoff in einer Strangpresse Fäden, welche er an der Luft und in der Wärme trocknete und in kleine Stäbchen zerschnitt. Die Grundflächen der Stäbchen wurden mit Schmirgelpapier eben gerichtet und dann die Länge und Dicke derselben mit einem Schraubenmikrometer gemessen. Er erhitzte die Stäbchen im elektrischen Platinwiderstandsofen, eventuell für hohe Temperaturen im Iridiumofen, und maß nicht nur den Einfluß der Temperatur, sondern auch der Schnelligkeit und Dauer des Erhitzens auf die Schwindung. In einer Ver-

[1]) Zeitschr. f. physik. Chemie 52 (1905), S. 327.

suchsreihe setzte er die Stäbchen sofort der gewünschten hohen Temperatur aus, in einer zweiten Versuchsreihe steigerte er die Temperatur allmählich (in 10 Minuten um 100° C) und erhielt vorstehende Tabelle, worin der ursprüngliche Durchmesser des Stäbchens (etwa 1,4 mm) = 100 gesetzt wurde.

Wie man sieht beträgt die Schwindung bei 1000° C etwa 14%.

Das Kobaltoxyd zur Bereitung von keramischen Farbkörpern und Farben.

Zur Herstellung von blauen Farbkörpern dienen in der Regel die Verbindungen des Kobalts, seltener das Kupferoxyd.

Wir können uns hier auf die Wiedergabe einiger Beispiele beschränken:

Himmelblau[1]: 14 % kohlensaures Kobaltoxydul,
20 % Zinkoxydhydrat,
160 % Flußmittel

werden zusammengemengt und geschmolzen. Als Flußmittel kann dienen: Quarz 45 %, Mennige 35 %, Pottasche 18 %, Sand 8 % oder bleifrei: 3 Teile Sand, 1 Teil Kreide, 3 Teile kalzinierter Borax.

Türkisblau:
50 Fluß,
0,5 Kobaltoxyd,
2,5 Kupferoxyd.

Blau:
100 Quarz,
50 Borax,
200 Mennige,
6 Kobaltoxyd.

Schwarz:
100 Quarz,
50 Borax,
200 Mennige,
1 Kobaltoxyd,
1 Kupferoxyd,
3 Manganoxyd,
2 rotes Eisenoxyd.

Dunkelviolett:
90,4 Fluß,
9 Manganoxyd,
9,6 Kobaltoxyd.

(Siehe Anhang: Beispiele der prozentigen Zusammensetzung und praktische Grenzwerte von 100 kg rohgemischten Grund- und Blauemails.)

[1]) Hermann, Die Glas-, Porzellan- und Emailmalerei.

XII. Die Soda oder kohlensaures Natron

$Na_2CO_3 + 10\,H_2O$.

Die Soda spielt bei der Emailfabrikation eine wichtige Rolle, auf die noch zurückgekommen werden soll. Die künstlich kristallisierte Soda kristallisiert im monoklinen System in der Form von spitz-rhomboidischen Tafeln mit zweireihig angesetzten Randflächen.

Die Soda kristallisiert mit 10 Molekülen Kristallwasser, besteht daher ihrer chemischen Formel $Na_2CO_3 + 10\,H_2O$ entsprechend aus

21,67 % Natriumoxyd (Na_2O),
15,36 % Kohlensäure (CO_2),
62,86 % Wasser (H_2O).

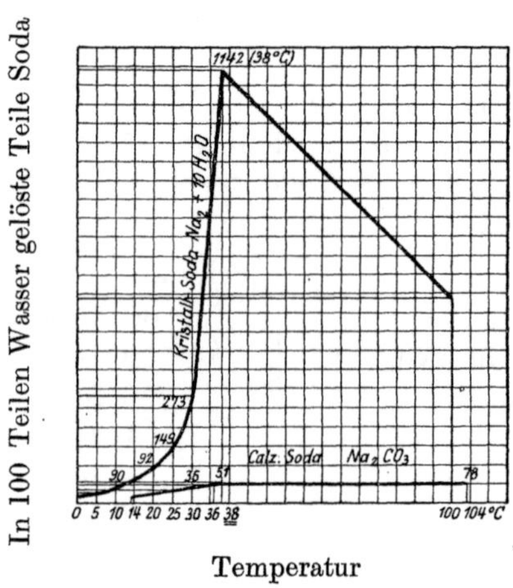

Abb. 16. Löslichkeitskurve der kristallisierten und kalzinierten Soda.

Sie schmilzt bei 32,5° C in ihrem Kristallwasser und gibt dabei die für dieses Hydrat gesättigte Lösung, bei weiterem Erhitzen scheidet sich ein pulveriges Hydrat $Na_2CO_3 + 2\,H_2O$ aus, das in trockener Luft 1 Molekül Wasser und endlich bei 100° C alles Wasser verliert. Die Zusammensetzung dieser wasserfreien oder kalzinierten Soda, welche ausschließlich in der Emailfabrikation Anwendung findet, ist demnach:

58,50% Natron (Na_2O)
41,50% Kohlensäure (CO_2).

Die wasserfreie Soda zieht an der Luft Wasser an, jedoch ohne zu zerfließen. Die Soda schmilzt bei 850° C unter geringem Verlust an Kohlensäure. Bei sehr hoher Temperatur verflüchtigt sie sich. Was die Löslichkeit in Wasser anlangt, so lösen 100 Teile Wasser

bei	0° C	7 Teile
„	37,5° C	59,5 „
„	100° C	45,1 „

kalzinierte Soda.

Wir sehen demnach, daß die Löslichkeit bei höherer Temperatur abnimmt. Die kalzinierte Soda ist schwerer löslich als die kristallisierte Soda, wie aus nebenstehender Löslichkeitskurve hervorgeht.

Die Gewinnung der Soda.

Die Soda kann gewonnen werden a) als natürliche Soda, b) aus Pflanzenaschen, c) auf chemischem Wege.

a) In den Mineralwässern von Karlsbad, Vichy, im Geiser Islands usw. Zumeist kommt sie darin gemischt mit doppelt- und $1^1/_2$kohlensaurem Natron vor. Aus dem Erdboden in manchen Gegenden Ungarns, Asiens, Afrikas wittert während der heißen Jahreszeit natürliche Soda aus, manchmal in Stärken von 30—40 cm (Tibet). Die Natronseen Arabiens, Tibets, Armeniens enthalten bis zu 23% neutrale Soda. Um das Bikarbonat in Soda zu verwandeln kalziniert man diese Natursoda.

In Egypten entsteht die natürliche Soda dadurch, daß Natriumsulfat (Na_2SO_4) durch Pilze und Algen zu Schwefelnatrium (Na_2S) reduziert und dieses durch die feuchte Kohlensäure der Luft unter Schwefelwasserstoffentwicklung zersetzt wird: $Na_2S + CO_2 + 11\,H_2O = Na_2CO_3 + 10\,H_2O + H_2S$.

Aus den Natronseen längs des Kaspischen und Schwarzen Meeres setzt sich ein Salz von der Formel $Na_2CO_3 + NaHCO_3 + 2\,H_2O$ ab ($^3/_4$ kohlensaures Natron), das in Egypten Tro-Na, in Columbien Urao genannt wird. Hohe wirtschaftliche Bedeutung besitzt nur das Vorkommen in Owen's Lake, Inyo County, Kalifornien, aus dessen Wasser große Mengen recht reiner Soda durch einfache Kristallisation gewonnen werden können.

b) Soda aus Pflanzenasche.

Vor Ausbildung der modernen chemischen Sodagewinnungsmethoden (Leblanc, Solvay) wurde der größte Teil der Soda aus Asche von See- und Strandpflanzen (Chenopodium, Salsola, Atriplex, Salicorina usw.) hergestellt; diese nehmen aus dem Meere vorzüglich Natriumsalze auf, während die Landpflanzen Kaliumsalze bevorzugen und deshalb in ihrer Asche vorwiegend Kaliumkarbonat (Pottasche) enthalten ist. Besonders in Südfrankreich und Spanien werden auch heute noch Strandpflanzen angebaut (Barilla- oder Alikante-Soda, Salicor von Narbonne; Blanquette von Aigues-Mortes; aus Tangen: Varec-Soda in der Bretagne und Normandie; Kelp in Großbritannien. Sehr geschätzt wegen ihres hohen Sodagehalts war die spanische Soda, welche lange Zeit den Markt beherrschte.

Die Gewinnung der Soda aus der Pflanzenasche ist analog der Pottaschegewinnung aus Holzasche (siehe diese).

Zur Reinigung der so gewonnenen Rohsoda löst man dieselbe in Wasser von 40° C auf, welche das Karbonat, die Sulfate und Chloride auflöst. Man trennt die reine Soda von letzteren Verbindungen dadurch, daß man die Lösung zum Sieden erhitzt, wodurch das neutrale, reine Natriumkarbonat sich ausscheidet, während die verunreinigenden Salze in Lösung bleiben.

c) Sodafabrikation auf chemischem Wege nach Leblanc und Solvay (Ammoniaksoda).

Heute wird die Soda industriell hauptsächlich nach diesen beiden Verfahren gewonnen, und hier wiederum ist das Solvay-Verfahren in dem letzten Jahrzehnte zu größter Bedeutung gelangt.

Das Verfahren von Leblanc.

Zu Ende des 18. Jahrhunderts, zur Zeit der französischen Revolution, traten für Frankreich Schwierigkeiten in dem Bezug von Soda (aus Spanien usw.) ein, indem deren Ausfuhr aus politischen Rücksichten von seiten der französischen Nachbarstaaten unmöglich gemacht wurde. Der Nationalkonvent schrieb daher einen Preis für eine neue Methode, die Soda auf chemischem Wege herzustellen, aus. Nicolas Leblanc löste diese Aufgabe mit glänzendem Erfolge. Seine Methode erlitt im Laufe der folgenden Jahre noch wesentliche Verbesserungen. Das

Prinzip des Leblancschen Prozesses ist folgendes: Chlornatrium (Kochsalz = $NaCl$) wird durch Erhitzen mit Schwefelsäure (H_2SO_4) in schwefelsaures Natrium (Glaubersalz = Na_2SO_4) verwandelt: $2\ NaCl + H_2SO_4 = Na_2SO_4 + 2\ HCl$. Gleichzeitig entwickelt sich dabei Salzsäure, und ist dies die gebräuchlichste Methode der Fabrikation dieser industriell wichtigen Säure.

In neuerer Zeit wird das Glaubersalz (Na_2SO_4) auch durch Umsetzung des Chlornatriums ($NaCl$) mit Magnesiumsulfat ($MgSO_4$) bei Winterkälte erhalten, ein Verfahren, das namentlich in Staßfurth, wo große Mengen von Magnesiumsulfat (Kieserit) vorkommen, ausgeführt wird:

$$2\ NaCl + MgSO_4 = MgCl_2 + Na_2SO_4.$$

Dieses auf die eine oder auf die andere Weise hergestellte schwefelsaure Natrium (Na_2SO_4) wird dann mit einem Überschuß von Kohle und Kalkstein oder Kreide ($CaCO_3$ = kohlensaurer Kalk) gemengt und in Flammenöfen geglüht. Als Kohle verwendet man halbfette Steinkohle oder auch Anthrazit mit höchstens 15% Aschegehalt. Dabei wird das schwefelsaure Natrium in Schwefelnatrium (Na_2S) reduziert unter Freiwerden von Kohlensäure:

$$Na_2SO_4 + 2\ C = Na_2S + 2\ CO_2$$

Glaubersalz + Kohle = Schwefelnatrium + Kohlensäure.

Das Schwefelnatrium setzt sich dann weiter mit dem Kalkstein oder Kreide in Schwefelkalzium (CaS) und Soda (Na_2CO_3) um:

$$Na_2S + CaCO_3 = CaS + Na_2CO_3.$$

Zugleich wird durch die hohe Temperatur ein Teil des kohlensauren Kalkes zu Kalziumoxyd (Kalk = CaO) und Kohlensäure (CO_2) zersetzt; letztere wird durch die glühende Kohle zu Kohlenoxyd (CO) reduziert:

$$CaCO_3 = CaO + CO_2 \qquad CO_2 + C = 2\ CO.$$

Das Auftreten der blauen Kohlenoxydflamme, der sogenannten Kerzen, bezeichnet das Ende der Einwirkung.

In neuerer Zeit wird die Sodaschmelze aus je

100 kg schwefelsaurem Natrium (Na_2SO_4)
104 kg kohlensaurem Kalk ($CaCO_3$)
53 kg Kohle (C)

in drehbaren sogenannten Revolveröfen durchgeführt.

Weldon empfiehlt ein Gemisch von

100	Teilen	Sulfat (Na_2SO_4)
80	„	Kreide ($CaCO_2$)
38	„	Kohle (C).

Durch den Überschuß an Sulfat will er verhindern, daß sich Kohlenstoff an Natrium bei Gegenwart von Stickstoff (N) in Cyannatrium (NaCN) verwandelt, was einen Verlust an Natrium bedeuten würde. Man führt das Gemisch in die Wanne *C* des Ofens (Abb. 17) ein, dessen Decke ziemlich flach ist, und läßt die abziehende Flamme darüberstreichen. Hierauf krückt man das Ganze in die Wanne *B*, welche stärker erhitzt wird (bis zur

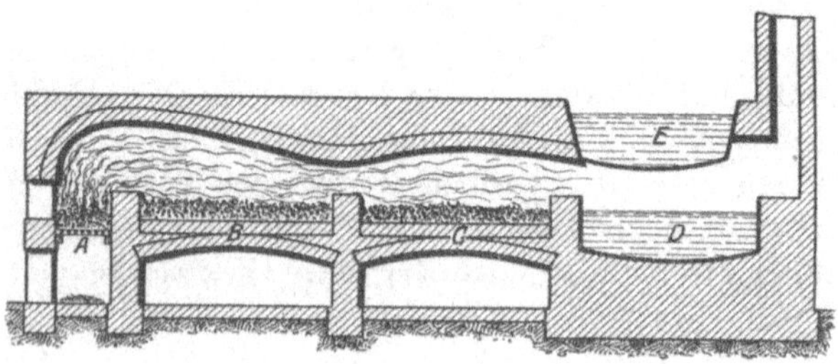

Abb. 17. Sodaschmelzofen für den Leblanc-Prozeß.

Rotglut). Hier findet die eigentliche Umsetzung statt. Die Masse schäumt, wirft sich, wird endlich flüssig, Kohlenoxyd entweicht und verbrennt und trocknet die Masse in *C* aus, bevor es in den Kamin entweicht. Diese abziehende Flamme dient gleichzeitig auch zum Erhitzen der Konzentrationsgefäße *D* und *E*. Wir haben es hier also mit einem kontinuierlichen Betrieb zu tun.

Man krückt von Zeit zu Zeit, um eine gleichmäßige Schmelze zu erhalten. Man bringt die dünnflüssige Schmelze in eiserne flache Apparate, wo dieselbe rasch erstarrt. Dies ist nun die unreine Rohsoda. Um das Rühren der Masse im Ofen von der Hand zu vermeiden, bedient man sich heute des sogenannten Revolverofens (Abb. 18), welcher um eine horizontale Achse, durch die gleichzeitig die Heizgase zugeführt werden, drehbar ist.

Dieser Ofen besteht aus einem Zylinder *B, B* mit horizontaler Achse, aus Eisen- oder Stahlblech, innen mit feuerfestem Material ausgekleidet und mit Hilfe eines Systems von Zahnrädern um die horizontale Achse drehbar gemacht, *G, G, F, F*, zwischen dem Feuerherde *A*. Die Flamme zieht in den Kamin *C* ab. Die Flamme tritt bei *A* ein, bringt die Masse zur Rotglut und verläßt den Zylinder rechts, indem sie gleichzeitig zum Erhitzen der Eindampfwanne der Sodalösung (bei der späteren Raffination der Soda) dient. Im Inneren des Ofens befinden sich zwei diametral angesetzte Arme, die die Masse während des Drehens innig mischen und so ein homogenes Schmelzprodukt ermöglichen. Die Füllung geschieht bei *D*. Die Masse wird in kleinen Wägelchen *E* zugeführt. Ist die Operation beendet, so entleert man die Schmelze bei *H*.

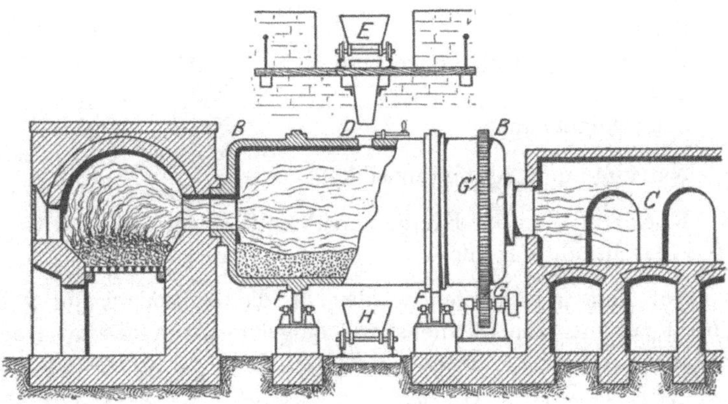

Abb. 18. Revolverofen für die Sodafabrikation nach Leblanc.

Wie wir früher gesehen haben, bildet sich bei dem Schmelzprozesse im Inneren des Ofens wertvolles, weil brennbares Kohlenoxydgas (CO), welches infolge seiner bedeutenden Heizkraft eine wahre indirekte Wiedergewinnung der angewendeten Wärme bedeutet.

Die Rohsoda besteht nunmehr aus einem schmutzig-schwarzen Gemenge von Natriumkarbonat (Soda = Na_2CO_3), Kalziumsulfid (CaS), Kalziumkarbonat ($CaCO_3$), Ätzkalk (CaO), Kohle und fremden Stoffen.

Die Rohsoda wird in besonders gebauten Apparaten mit kaltem Wasser systematisch ausgelaugt. Soda geht in Lösung. Der zurückbleibende „Sodarückstand“ besteht im wesentlichen aus Schwefelkalzium (CaS), kohlensaurem Kalk ($CaCO_3$), Kohle und Fremdkörpern.

Infolge des Gehalts an Schwefelkalzium, das sich mit Wasser zu Schwefelwasserstoff (H_2S) umsetzt: $CaS + H_2O = H_2S + CaO$, riecht die Rohsoda unangenehm nach faulen Eiern und enthält etwa 37—45 % reine Soda (Na_2CO_3).

Nachstehend die Zusammensetzung einer Rohsoda:

Neutrales Natriumkarbonat = Soda =	Na_2CO_3	41,0 %
Schwefelkalzium	CaS	30,0 %
Ätzkalk	CaO	10,0 %
Kohlensaurer Kalk, unzersetzt	($CaCO_3$)	5,0 %
Kochsalz	NaCl	2,5 %
Schwefelnatrium	Na_2S	1,0 %
Natrium- und Aluminiumsilikat	Na_2SiO_3 $Al_2(SiO_3)_3$	3,2 %
Eisenoxyd (aus der Kreide herrührend)	Fe_2O_3	2,5 %
Unverbrannte Kohle	C	4,8 %

Vor dem Eindampfen werden in die Rohsodalösung Luft und Feuerungsgase (Kohlensäure) eingeleitet, um das eventuell zufällig entstandene Ätznatron (NaOH) in Soda zu verwandeln.

$$CaO + H_2O + Na_2CO_3 = CaCO_3 + 2\,NaOH$$

Kalk + Wasser + Soda = kohlensaurer Kalk + Ätznatron,

$$2\,NaOH + CO_2 = Na_2CO_3 + H_2O$$

Ätznatron + Kohlensäure = Soda + Wasserdampf.

Gleichzeitig werden dadurch gelöste Sulfide zu Sulfaten oxydiert.

Das Auslaugen der Rohsoda geschieht folgendermaßen (Abb. 19): Die Rohsoda wird in Stücke zerschlagen und in Körbe aus Eisenblech gefüllt, welche mit Hilfe einer Laufkatze in die stufenförmig angeordneten Auslaugbottiche eingehängt werden.

Der oberste und also erste Bottich wird mit reinem Wasser gefüllt. Die Bottiche kommunizieren miteinander durch Röhren, die am Boden angesetzt sind und in die obere Partie des nächst tiefer stehenden Bottichs ausmünden. Die aus dem letzten, untersten Bottich ablaufende Sodalauge wird in ein großes Klärbassin geleitet. Natürlich wird die Lauge, je weiter dieselbe in den Bottichen abfließt, um so konzentrierter und langt in diesem konzentrierten Zustande in dem Klärbassin an. In den Körben bleibt der unlösliche Rückstand zurück. Die Sodalösung besitzt nunmehr eine Konzentration von 28° Bé (Baumé) und wird, nachdem alle mitgerissenen Verunreinigungen sich im Bassin abgesetzt haben, in die Konzentrationsapparate *D, E* (Abb. 17) geleitet. Wie wir bereits sahen, werden diese Apparate mittels der abziehenden Flamme geheizt. Man dampft an-

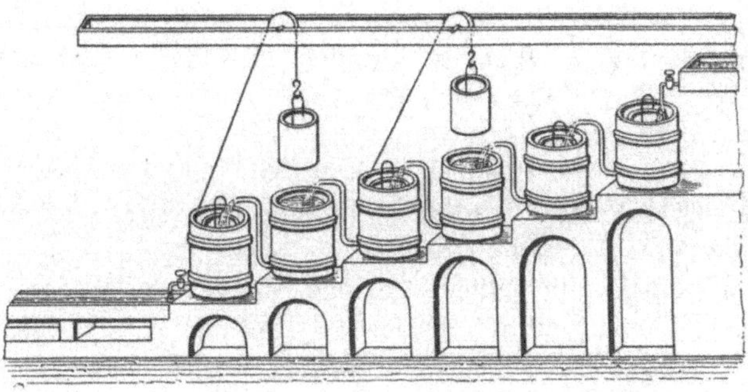

Abb. 19. Auslaugen der Rohsoda.

fangs rascher, später in kaskadenförmig aufgestellten Kochkesseln langsamer ein. Man ordnet diese Eindampfkessel derart an, daß die konzentriertere Lauge in den der Heizflamme näher liegenden Teil des Ofens gebracht werden, um mit fortschreitender Konzentration stets höhere Heizgase anwenden zu können.

Man verdampft die Sodalösung bis zum Verschwinden des Lösungswassers.

Die so erhaltene Soda stellt ein weißes, stark alkalisches Salz dar von etwa 70—80% neutralem kohlensauren Natrium (Na_2CO_3). Die übrigen 20—30% bestehen aus Ätznatron ($NaOH$), Kochsalz ($NaCl$) und Glaubersalz (Na_2SO_4).

Die rasche Verdampfung der Sodalauge auf offenem Feuer in den Kesseln *D, E* des Schmelzofens ergibt eine sehr kaustische (stark ätznatronhaltige) Soda; ist die Konsistenz der Lauge auf 34° Bé angelangt, so erhitzt man in einem Wannenofen weiter, welcher schon kristallisierte Soda enthält; es tritt eine lebhafte teilweise Zersetzung (Dissoziation) des Karbonates ein. Man erhitzt so lange, bis die Masse eine teigartige Konzentration angenommen hat, rührt häufig um und läßt erkalten. Die so erhaltene und in Stücke zerschlagene Soda enthält nur mehr 60—70% reine Soda und 15—17% Ätznatron. Der Rest besteht aus Kochsalz und Glaubersalz.

Löst man nun das Sodasalz (-mehl) in heißem Wasser auf, bis man eine Konzentration von 33° Bé erreicht hat, und läßt auskristallisieren, so erhält man große, klinorhombische Sodakristalle ($Na_2CO_3 + 10 H_2O$), welche man abtropfen läßt und in gutgeschlossenen Fässern aufbewahrt. Aus der neuerdings konzentrierten Mutterlauge scheiden sich von neuem allerdings weniger reine Sodakristalle aus.

Die reine Soda des Handels enthält 37% neutrales Karbonat (Na_2CO_3) und 62% Kristallwasser und bloß 1% Kochsalz und Glaubersalz ($NaCl + Na_2SO_4$).

Man könnte auch diese geringe Menge von Kochsalz und Glaubersalz noch dadurch entfernen, daß man die Sodakristalle in heißem Wasser auflöst und unter Umrühren rasch erkalten läßt. Die so erhaltenen und ganz reinen Sodakristalle sind im Gegensatze zur Handelsware sehr klein.

Die Sodakristalle werden für den meisten Gebrauch, um unnötige Transportkosten infolge deren großen Wassergehaltes zu vermeiden, kalziniert, das heißt scharf getrocknet und erhitzt. Dies ist die eigentliche wasserfreie oder kalzinierte Soda, die natürlich reicher an Alkali ist.

(58,50% Natriumoxyd = Na_2O)
(41,50% Kohlensäure = CO_2).

Es ist demnach wohl zu unterscheiden zwischen Kristallsoda ($Na_2CO_3 + 1 OH_2O$) mit 10 Molekülen Kristallwasser und kalzinierter Soda (ohne Kristallwasser) Na_2CO_3. Unter den Abfällen und Rückständen der Sodafabrikation sind insbesondere die Salzsäure (HCl) und das Schwefelkalzium (CaS) von Wichtigkeit. Salzsäure findet infolge der billigen Gewinnung reiche Anwendung für Beizen usw. Aus dem Schwefelkalzium (CaS) wird der Schwefel in Form der wertvollen Schwefelsäure zurückgewonnen.

Diese Schwefelsäure tritt wieder in den Sodaprozeß ein, um aus Kochsalz das Glaubersalz, also das wichtigste Rohmaterial für die Sodafabrikation, herzustellen.

Der chemische Vorgang der Verarbeitung von Schwefelkalzium auf Schwefelsäure ist kurz folgender:

1. $CaS + H_2O + CO_2 = CaCO_3 + H_2S$

Schwefelkalzium + Wasser = Kohlensäure = kohlensaurer Kalk + Schwefelwasserstoff

2. $Ca(OH)_2 + 2\ H_2S = Ca(SH)_2 + 2\ H_2O$

Kalkmilch (gelöschter Kalk) + Schwefelwasserstoff = Kalziumsulfhydrat + Wasser.

3. $Ca(SH_2) + CO_2 + O = CaCO_3 + H_2S$

Kalziumsulfhydrat + Kohlensäure + Luft = kohlensaurer Kalk + Schwefelwasserstoff.

4. Dieser so erhaltene Schwefelwasserstoff wird in Gasometern gesammelt und verbrannt:

$$2\ H_2S + O_2 = 2\ H_2O + S_2$$
$$H_2S + O = H_2O + SO_2.$$

Je nach der Menge der Verbrennungsluft verbrennt der Schwefelwasserstoff nur zu Wasser und Schwefel oder Schwefeldioxyd (schweflige Säure). Aus der schwefligen Säure kann leicht Schwefelsäure dargestellt werden.

Die Sodafabrikation nach Solvay (Ammoniaksoda).

Weitaus das wichtigste, modernste Verfahren der Sodafabrikation ist der Solvayprozeß. Die dadurch erhaltene Soda führt den Namen Ammoniaksoda, weil Ammoniak ein wichtiges Ausgangsprodukt bei der Fabrikation derselben bildet.

Das Prinzip des Verfahrens ist sehr einfach und beruht auf der Umsetzung einer gesättigten Lösung von Chlornatrium (Kochsalz) mit primärem Ammoniumkarbonat $(NH_4)_2CO_3$ zu Chlorammonium (Salmiak = NH_4Cl) und primärem Natriumkarbonat = Natriumbikarbonat ($NaHCO_3$)

$$NaCl + (NH_4)HCO_3 = NaHCO_3 + NH_4Cl.$$

Schon 1855 hatten Schloesing und Rolland mit Erfolg versucht, die Soda direkt aus Meersalz mit Hilfe eines anderen

Karbonates, nämlich des Ammoniumkarbonates, zu erzeugen. Im Jahre 1863 nahmen E. und A. Solvay diese Versuche wieder auf und hatten glänzenden Erfolg. Im Jahre 1873 gründeten dieselben eine Sodafabrik bei Charleroi in Belgien und in Varangéville-Dombasles in Frankreich.

Wir haben bereits oben gesehen, daß das Wesentliche des Solvayprozesses in der Umsetzung von Kochsalz mit doppelkohlensaurem Ammoniak zu Salmiak und doppelkohlensaurem Natrium ($NaHCO_3$) besteht. Dabei darf jedoch eine Temperatur von 30° C nicht überschritten werden. Unterhalb dieser Temperatur ist nämlich doppelkohlensaures Natrium ($NaHCO_3$) unlöslich bei Gegenwart von Salmiaklösung (Chlorammonium

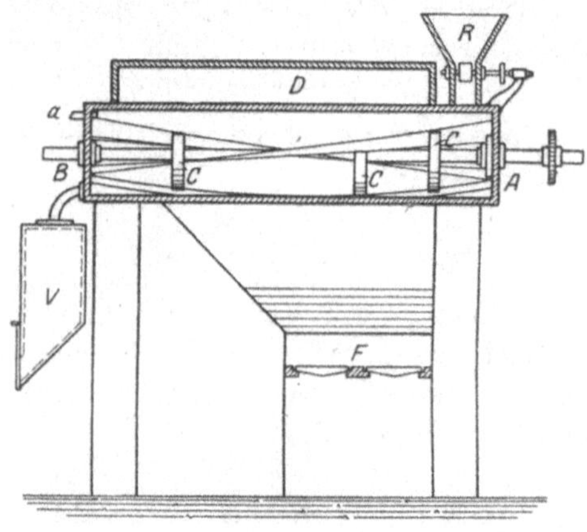

Abb. 20. Kalzinierofen für Ammoniaksodaverfahren.

$= NH_4Cl$). In der Regel verwendet man in dem Solvayprozesse nicht fertiges saures Ammoniumkarbonat, sondern läßt gasförmiges Ammoniak (NH_3) und Kohlensäure auf eine Kochsalzlösung einwirken.

Die Kohlensäure wird durch Glühen von Kalkstein in eigenen Öfen erzeugt. Das so gewonnene Natriumbikarbonat ($NaHCO_3$) wird nunmehr vorsichtig in einem Ofen (Abb. 20) kalziniert. Hierbei zerfällt das Produkt in wasserfreie Soda und Kohlensäure. Letztere tritt wieder in den Prozeß zurück.

$$2\,NaHCO_3 = Na_2CO_3 + CO_2 + H_2O$$

Natriumbikarbonat = Soda + Kohlensäure + Wasserdampf.

Der Kalzinierofen besteht aus einem stabilen Zylinder *AB*, an dessen Horizontalachse drei helikoide Messer *C* befestigt sind, welche rotieren. Diese rotierenden Messer zerteilen die Salzmasse und schieben sie von einem Ende des Zylinders *A* nach dem anderen Ende bei *B*. Gleichzeitig bestreichen die Flammen eines Feuerherdes *F*, welcher unterhalb des Zylinders sich befindet, das Innere des Kalzinierofens.

In dem kugelartigen Gefäße bei *R* wird das Natriumbikarbonat vor dem Kalzinieren scharf vorgetrocknet mittels der abziehenden Heizgase.

Die Kohlensäure entweicht bei *A* und wird in einem Gasometer aufgefangen. War die Trocknung des Bikarbonates vor dem Kalzinieren eine gute, so erhält man nach dem Kalzinieren eine schneeweiße, pulverförmige, kalzinierte Soda. Im entgegengesetzten Falle erhält man die Soda in Form von zusammengeballten Kugeln.

Einige Fabriken verwenden statt des gasförmigen Ammoniaks und der Kohlensäure fertiges Ammoniumbikarbonat $(NH_4)HCO_3$.

Aber auch das Ammoniak (NH_3), das in dem Solvayprozesse notwendig ist, wird zum großen Teile wiederum aus dem Nebenprodukte, dem Salmiak (NH_4Cl) zurückgewonnen und kehrt in den Prozeß zurück.

Der Salmiak, welcher sich in Lösung befindet, wird durch Zusatz von Kalkmilch [gelöschter Kalk = $Ca(OH_2)$] in wasserlösliches Chlorkalzium ($CaCl_2$) und gasförmig entweichendes Ammoniak (NH_3) zerlegt:

$$2\,NH_4Cl + Ca(OH)_2 = CaCl_2 + 2\,NH_3 + 2\,H_2O$$

Salmiak + gelöscht. Kalk = Chlorkalzium + Ammoniak + Wasser.

Die Rohstoffe der Ammoniaksodafabrikation sind demnach Kochsalz und Kalkstein, die unter Vermittlung von Ammoniaksalzen in Soda und Kalziumchlorid umgesetzt werden. An Stelle von Kalkstein und Kalk kann auch Magnesit ($MgCO_3$) und Magnesia (MgO) verwendet werden. Die Erzeugung der Soda nach dem Leblancschen Prozesse ist durch das Ammoniaksodaverfahren bedeutend zurückgedrängt worden.

Nur in England behauptet ersteres Verfahren noch seine ursprüngliche Bedeutung. Zum Schlusse sei noch auf die wenig wichtige Erzeugung von Soda aus Kryolith $AlF_3 \cdot 3\,NaF$ hingewiesen.

Gepulverter Kryolith wird mit Kalk oder Kreide innig gemengt oder geglüht; es bildet sich unlösliches Fluorkalzium (Flußspat = CaF_2) und eine im Wasser leicht lösliche Verbindung von Aluminiumoxyd (Al_2O_3) mit Natriumoxyd (Na_2O), die Natriumaluminat genannt wird.

$$2(AlF_3 \cdot 3NaF) + 6CaO = 6CaF_2 + Al_2O_3 \cdot 3Na_2O.$$

Die Masse wird mit Wasser ausgelaugt und durch die Lösung Kohlensäure (CO_2), das beim Brennen des Kalkes gewonnen wird, geleitet, wobei Aluminiumhydroxyd [$Al_2(OH)6$] gefällt wird und Natriumkarbonatsoda = Na_2CO_3 in Lösung bleibt.

$$Al_2O_3 \cdot 3\,Na_2O + 3\,H_2O + 3\,CO_2 = Al_2(OH)\,6 + 3\,Na_2CO_3$$

Natriumaluminat + Wasser + Kohlensäure = Aluminiumhydroxyd + Soda.

Die Sodafabrikatinn aus Kryolith hat heute höchstens noch für Nordamerika und Dänemark Bedeutung, da dort reiche Kryolithlager (Ivigtut am Arksukfjord in Grönland, das dem dänischen Fiskus gehört) sich finden.

Die Soda in der Emailfabrikation.

Die Soda wird nur im reinen Zustande und als kalzinierte Soda zur Herstellung von Emails benützt. Verunreinigungen durch Sulfate oder Chloride würden schädlich auf das Email einwirken, dessen Glanz und Beständigkeit gegen Atmosphärilien ungünstig beeinflussen. Die chemische Analyse hat sich daher nicht nur auf Feuchtigkeitsgehalt, sondern auf die Menge anderer, oben genannter Verunreinigungen, sowie auf eventuellen Gehalt an doppelkohlensaurem Natrium zu beziehen, da letzteres weniger Natrium enthält, welches ja der eigentliche wertvolle Faktor der Soda ist.

Wie wir bereits früher sahen, soll für unsere Zwecke die kalzinierte Soda ein völlig reines, feines, zartes, blendend weißes Pulver darstellen, mit

41,4% Kohlensäure und
58,6% Natrongehalt. Schmelzpunkt bei 850° C.

Die Soda spielt im Email die Rolle eines Flußmittels[1]), wirkt aufschließend auf schwer oder unschmelzbare Silikate darin

[1]) Die Soda wirkt steigernd auf den Ausdehnungskoeffizienten, beeinflußt jedoch ungünstig die Elastizität des Emails.

(wie Ton, Feldspat usw.) und verleiht dem Email lebhaften Glanz. Ammoniaksoda ist in der Regel reiner als Leblancsoda. Der Sodagehalt in der Rohmischung von Grundemails soll 3—4% in der Regel nicht überschreiten. Für blaue Emails, besonders, wo es sich um tiefdunkelblaue Nuancen handelt, lassen viele Emaillierwerke die Soda ganz weg. Für lichtere Blauemails beträgt der Sodagehalt etwa 3—6%. Für weißes Email, sofern es zum ersten Emailauftrag dient, kann der Sodagehalt 3—6%, für zweites oder Deckweiß 3—4% betragen.

So verlockend es manchmal erscheinen mag, ein leicht schmelzbares, hochglänzendes Email mittels größerer Mengen Soda herzustellen, so sehr empfiehlt sich darin eine weise Zurückhaltung.

Alle Emails, die zu reich an Flußmitteln, insbesondere an Alkali sind, zählen zu den weniger dauerhaften, durch schwache organische Säuren, manchmal schon durch kochendes Wasser leicht angreifbaren Emails, die infolge der Auflösung von Alkali leicht matt werden.

In farbigen Emails, wie blau, rot usw., ruft ein Überschuß an Alkali leicht ein oberflächliches, unschönes Auswittern von Alkalisalzen hervor, welche der Ware beim Lagern im Magazin ein unvorteilhaftes Gepräge geben. Der Jahresverbrauch der deutschen Emaillierwerke an Soda für Zwecke der Emailfabrikation kann auf Basis der von Dr. Wuppermann[1]) angegebenen jährlichen Erzeugungsziffer von etwa 90 Millionen kg (bei Annahme von 28% Emailverbrauch) zu mindestens mit 750000 kg veranschlagt werden.

Hierbei sind jene nicht unbedeutenden Sodamengen nicht inbegriffen, die in den Geschirrbeizen der modernen Emaillierwerke jährlich verbraucht werden.

Deutschland führte im Jahre 1908 folgende Mengen ein und aus:

Rohsoda	60400 kg	94300 kg
Kalzinierte Soda	293300 kg	257300 kg
Frankreich	83500 kg	69504100 kg
Österreich-Ungarn	411300 kg	1803700 kg.
	(im Werte von 221000 Kr.)	

[1]) Die Industrie emaillierter Blechgeschirre.

XIII. Der Salpeter.

Die Nitrate oder salpetersauren Verbindungen des Kaliums, Natriums, Baryums oder Strontiums bezeichnet man als Kali-, Natrium-, Baryum-, Strontiumsalpeter. Für uns kommen hierbei nur der Natron- und Kalisalpeter in Betracht.

Der Kalisalpeter (KNO_3).

Der Kalisalpeter kristallisiert rhombisch. Seine Kristalle, nach der Richtung des Rhomboides leicht spaltbar, sind zumeist farblos, durchsichtig bis durchscheinend, mit sehr starker negativer Lichtbrechung. Er schmeckt salzig kühlend. Im gereinigten Zustande hat er die chemische Formel KNO_3 mit 46,58 % Kali und 53,42 % Salpetersäure, wogegen der rohe Natronsalpeter mit viel Kochsalz (NaCl) und etwas Glaubersalz (Na_2SO_4) verunreinigt ist; im Wasser leicht löslich, verpufft er auf glühender Kohle, doch lebhafter wie Natronsalpeter, schmilzt vor der Lötrohrflamme auf Platindraht.

Die Löslichkeit des Salpeters in Wasser ist eine große und steigt mit zunehmender Temperatur, wie aus nachfolgender Zahlentafel und graphischer Darstellung (Abb. 21) hervorgeht:

Bei	0° C	werden	in	100	Teilen	Wasser	12	Teile Salpeter	gelöst
„	10° C	„	„	100	„	„	22	„ „	„
„	20° C	„	„	100	„	„	34	„ „	„
„	30° C	„	„	100	„	„	48	„ „	„
„	40° C	„	„	100	„	„	65	„ „	„
„	50° C	„	„	100	„	„	85	„ „	„
„	57° C	„	„	100	„	„	100	„ „	„
„	65° C	„	„	100	„	„	126	„ „	„
„	80° C	„	„	100	„	„	169	„ „	„
„	98° C	„	„	100	„	„	238	„ „	„
„	116° C	„	„	100	„	„	333	„ „	„

Dieses verschiedene Lösungsvermögen bei verschiedener Temperatur wird zur Reinigung des Salpeters benutzt, indem die ihn begleitenden und verunreinigenden anderen Nitrate weniger löslich sind als er.

Beim Erhitzen schmilzt der Kalisalpeter in seinem Kristallwasser und bei hoher Temperatur zersetzt er sich in Stickstoff,

Sauerstoff und Kaliumoxyd, bei einer minder hohen Temperatur jedoch zerfällt er unter Sauerstoffabgabe in salpetrigsaures Kalium: $KNO_3 = KNO_2 + O$.

Durch diese Sauerstoffabgabe wirkt der Salpeter energisch oxydierend auf seine Umgebung ein und erklärt dieser Umstand auch manche Tatsachen bei der Verwendung von Salpeter zur Emaillebereitung. Bei Berührung mit glühendem Kohlenstoff bildet er kohlensaures Kalium (Pottasche) unter Freiwerden von Kohlensäure und Stickstoff:

$$4\,KNO_3 + 5\,C = 2\,K_2CO_3 + 3\,CO_2 + 4\,N$$

Salpeter + Kohlenstoff = Pottasche + Kohlensäure + Stickstoff.

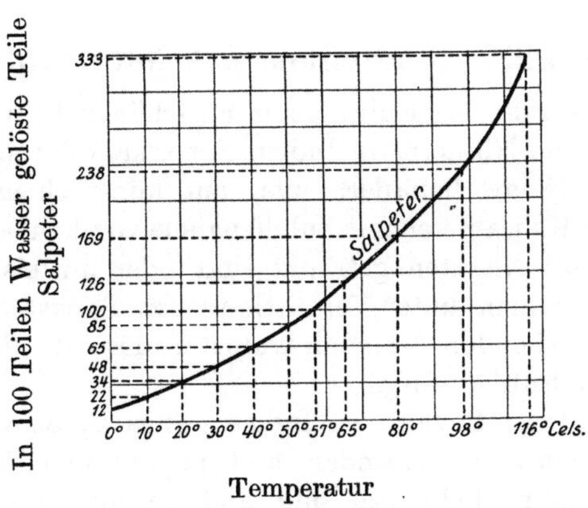

Abb. 21. Löslichkeitskurve von Kalisalpeter.

Der Salpeter ist daher imstande, eventuell in den Rohmaterialien vorhandene Verunreinigungen organischer Natur, die also in der Hauptsache Kohlenstoff enthalten, zu Kohlensäure zu verbrennen und derart eventuelle Mißfärbungen des Emails, die durch den Kohlenstoff der organischen Verunreinigung entstehen können, zu verhindern.

Die Fabrikation des Kalisalpeters.

Der Kalisalpeter findet sich in geringeren Mengen in den Höhlen mancher Kalksteingebirge (Salpeterhöhlen), Ceylon, Calabrien, Leonhardshöhle bei Homburg, Belgrad, ferner als Effloreszenz (Bodenauswitterung) oder Kehrsalpeter in Aragonien, in

Spanien, Ungarn, Ostindien; in Ungarn jedoch nur in der unmittelbaren Nähe der Ansiedlungen, wo sich aus Exkrementen Salpetersäure (HNO_3) bildet, auf einem Raum von 130 Quadratmeilen, zumal bei Kálló; sehr bedeutende Gewinnung findet auch in Algier, sowie bei Tacungo in Quito statt. Kalisalpeter ist dimorph, d. h. er tritt sowohl in einer rhombischen als auch in einer rhomboedrischen Modifikation auf.

Die Hauptmenge des Kalisalpetets wird heute durch chemische Umsetzung des in großen Mengen natürlich vorkommenden Natron- oder Chilesalpeters ($NaNO_3$) mittels Kochsalz ($NaCl$) gewonnen. (Konversionssalpeter.)

Die direkte Herstellung des Natursalpeters.

Früher wurde der Kalisalpeter ausschließlich aus der Effloreszenz an den Nilufern, in Indien, Amerika, Südfrankreich usw. gewonnen. Heute befördert man auf künstlichem Wege die Bildung von Kalisalpeter mit Zuhilfenahme von kalihaltigen Mineralien, die mit Nitraten getränkt sind, oder mittels Ammoniaksalzen, welche man unter Vermittlung von Stickstoff-Fermenten in die entsprechenden Ammoniaksalpeter umsetzt. (Methode von Müntz und Schloesing.)

Auf der Insel Ceylon, in Indien, Ungarn, Schweiz, Frankreich (Longpont), in Schweden und in gewissen Mauerwerken, deren Materialien kalihaltig sind und welche mit stickstoffhaltigen Flüssigkeiten (Urin usw.) durchzogen sind, findet sich Kalisalpeter.

Auf Ceylon liefern die Exkremente von in großen Mengen in kalk- und magnesiahaltigen Feldspatgruben hausenden Fledermäuse, die zur Nitrifikation nötigen Stickstoffverbindungen. Die Salpeterfelsen auf Ceylon enthalten gewöhnlich nur 3% Kalisalpeter, 1% Magnesiumsalpeter [$Mg(NO_3)_2$], 27% reine Kreide ($CaCO_3$) und 61% Feldspat, Glimmer und Quarz. Der Stickstoff der Luft und der organischen Substanzen (nach Berzelius) werden durch den Kontakt mit dem porösen Felsen zu Salpetersäure oxydiert. Der Salpeter scheidet sich hierbei an der Außenfläche als Effloreszenz ab.

Nachher werden diese Felsen in Trümmer geschlagen, zerkleinert und mit Holzasche (K_2CO_3 enthaltend) behufs Anreicherung mit Kali vermengt. Man laugt mit heißem Wasser den gebildeten Kalisalpeter aus, wobei vorhandenes Magnesiumnitrat in Kaliumnitrat verwandelt wird, unter zurückbleibender Magnesia. Man läßt den Schlamm absitzen, läßt einen Teil des Wassers an der Sonne verdunsten und dampft die abgezogene klare Lösung in direkt geheizten Kesseln ein.

In Bengalen zu Patna findet sich der Kalisalpeter in Form krustenartiger Auswitterung während der regenlosen Saison. Diese Kruste hatte nach Davy folgende Zusammensetzung:

8 %	Kalisalpeter	35 %	reine Kreide
4 %	Kalksalpeter	12 %	Wasser und org. Substanz
0,2 %	Kochsalz	40 %	unlösliche Substanzen
0,8 %	Erdsulfate.		

Der Salpeter wird hier auch durch Auslaugen gewonnen, jedoch ohne Verwendung von Holzasche.

In der Nähe der Theiß in Ungarn finden sich kalkhaltige, tonreiche Erden und poröser schwarzer Sand. Die stickstoffhaltigen organischen Substanzen von den anliegenden Landwirtschaften saugen sich in den Boden ein, welchen man von Zeit zu Zeit mit Holzasche bedeckt. Die Nitrifizierung ist eine sehr lebhafte. Man kratzt die Auswitterung zusammen und gewinnt daraus den Salpeter wie oben. Im Mittel erzielt man sechs jährliche Salpeterernten auf diesen Salpeterplantagen. 1 Hektar kann derart bis zu 400 kg Salpeter liefern.

In der Schweiz wäscht man den Boden der Viehställe alle 7 Jahre im Sommer, fügt Kalk und Holzasche hinzu und läßt absitzen, konzentriert und kristallisiert den Salpeter aus.

Dieser Salpeter enthält

90 % KNO_3,
3 % $Ca(NO_3)_2$
7 % Wasser und Unlösliches.

In Longpont (Frankreich) findet sich der Salpeter in Steinbrüchen. Man bedeckt den Boden mit einer wechselnden 10 cm starken Schicht von Stallmist und Erde und bewässert das Ganze mit Jauche. Nach 2 Jahren wirft man die Haufen um, und nach weiteren 2 Jahren laugt man die Masse aus.

Der Urin von 25 Stück Vieh liefert derart bis 600 kg ungereinigten Salpeter. Ähnlich wird derselbe in Schweden gewonnen.

In früheren Jahren, nachdem durch Müntz und Schloesing das Stickstofferment entdeckt worden ist, stellte man den Salpeter künstlich her. Die Bedingungen der Entwicklung dieses Fermentes sind: Stickstoffhaltige Salze (Salmiak usw.), ferner Pottasche, Kalk und Magnesia zur Bindung der entstehenden Salpetersäure, genügende Feuchtigkeit, entsprechender Luftzutritt, Temperatur zwischen 15—20° C und Anwesenheit des Stickstoffermentes, welches künstlich gezogen wird. Am besten eignet sich ein humusreicher Boden, Stallmist und Straßenschutt und Abfälle organischer Natur dazu. Diese Massen werden dyramidenförmig aufgeworfen und mit Urin begossen. Ein Teil des Stickstoffes geht hierbei als Ammoniak verloren. Nach einiger Zeit erscheint der Salpeter als oberflächliche Ausschwitzung und wird auf die gewöhnliche Weise rein gewonnen.

Die Nitrifizierung wird wesentlich durch Zufügung von Tierblut, Laubwerk und Stallmist gefördert. Man begießt mit einer Lösung von schwefelsaurem Ammoniak ($7\frac{1}{2}$ g pro Liter) und erhält so bis zu 5 Millionen kg Salpeter pro Jahr und pro Hektar.

Diese Art der Salpetergewinnung hat auch für die Zukunft große Bedeutung. Der Rohsalpeter wird ausgelaugt, eingedampft und durch Umkristallisieren gereinigt, nachdem man die erste Lauge über Holzasche filtriert, wobei der Kalk- und Magnesiumsalpeter in Kalisalpeter übergeführt werden. Wegen des hohen Preises der stark kalihaltigen Aschen und des Kaliumsulfates behandelt man manchmal die Auslaugung mit Kalkmilch, wodurch die Magnesia gefällt wird und Kalksalze gebildet werden, man fügt hierauf zur klaren Lösung schwefelsaures Natron (Na_2SO_4) hinzu, wodurch der Kalk als schwefelsaurer Kalk (Gips $= CaSO_4$) herausfällt. Die übrig bleibende Lösung enthält nunmehr Kali- und Natronsalze. Durch Zufügen von Chlorkalium (KCl = Staßfurter Karnallit) und Eindampfen wird das salpetersaure Natron in Kalisalpeter umgewandelt: $NaNO_3 + KCl = KNO_3 + NaCl$. Das überschüssige Chlorkalium kristallisiert mit dem sich bildenden Kochsalz in der Wärme schon aus, während der Kalisalpeter in der Lösung bleibt und erst durch weiteres Eindampfen usw. kristallinisch erhalten wird (Abb. 23).

Die Hauptgewinnungsmethode des Kalisalpeters ist jedoch die durch Konversion des in der Natur vorkommenden Natron-

oder Chilesalpeters mit Chlorkalium (Karnallit) oder mittels Pottasche (K_2CO_3):

1. $$2\,NaNO_3 + K_2CO_3 = 2\,KNO_3 + Na_2CO_3$$
Chilesalpeter + Pottasche = Kalisalpeter + Soda.

2. $$NaNO_3 + KCl = KNO_3 + NaCl$$
Chilesalpeter + Karnallit = Kalisalpeter + Kochsalz.

Nach Gentele operiert man derart, daß man sich zwei getrennte kochende Lösungen von reiner Pottasche und gereinigtem Chilesalpeter bereitet, genügend konzentriert, so daß beim Zusammengießen der beiden Flüssigkeiten kleine Kristalle von Soda sich ausscheiden. Dabei fallen gleichzeitig kohlensaurer Kalk und Magnesia zu Boden. Zu der Lösung fügt man eine Leimlösung hinzu, welche sich hierbei koaguliert und die organischen Verunreinigungen mit zu Boden zieht.

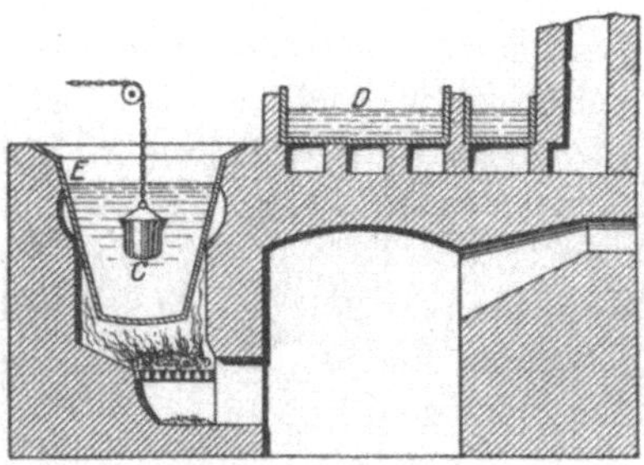

Abb. 22. Apparat zur Erzeugung von Kalisalpeter.

Die dekantierte, reine Flüssigkeit wird auf bekannte Weise eingedampft und zum Kristallisieren gebracht.

Seitdem aus den Staßfurther Abraumsalzen das Chlorkalium (Karnallit) billig erzeugt wird, zieht man die Konversion des Chilesalpeters mittels Karnallit vor, weil das sich hierbei bildende Kochsalz weniger löslich ist als die Soda nach Prozeß 1.

Nach Anthon wird der Natronsalpeter in überschüssigem heißen Wasser aufgelöst. Man setzt zerkleinerten Karnallit hinzu, der sich sofort auflöst. Bei der Doppelumsetzung nach Gleichung 2 wird das Kochsalz in dem Maße, als es sich bildet, ausgeschieden (denn Kochsalz ist in Wasser bei Gegenwart von Chlorkalium und Salpeter wenig löslich), und wird mittels einer Schaufel herausgeschöpft. Man konzentriert die Lösung bis auf 42° Bé unter fortwährender Entfernung des sich ausscheidenden Kochsalzes, läßt hierauf absitzen und leitet die klare Lösung in die Kristallisiergefäße, wo sich der Salpeter fast rein abscheidet (höchstens 1 % Kochsalzverunreinigung), befeuchtet die

Kristalle mit Wasser und läßt dasselbe nach 12 Stunden ablaufen, wodurch die letzten Reste von gelöstem Kochsalz hinweggeführt werden.

Die allerletzten Spuren desselben (0,25%) wird durch die Raffination entfernt.

Der nach dem Eindampfen erhaltene Rohsalpeter ist noch mit 6—20% anderen Substanzen, wie Chloride, Karbonate und organische Bestandteile, verunreinigt, welche den Salpeter hygroskopisch (feuchtigkeitsanziehend) machen, wodurch er für viele Fabrikationszweige wegen der schlechten Mahlfähigkeit ungeeignet wird. Um diese Verunreinigungen zu entfernen, verfährt man nach dem schon von Lavoisier und Baumé angegebenen Verfahren wie folgt: Man wäscht zuerst den Rohsalpeter mit einer gesättigten wässerigen Lösung von reinem Salpeter. Diese Lösung kann keinen Salpeter sondern nur die fremden Salze zum großen Teile lösen. Man löst hierauf den Salpeter in einem Kupferkessel (260 cm Durchmesser bei einer Tiefe von 170 cm) auf. Der Boden dieses Kessels soll wenigstens 50 cm von der Feuerplatte abstehen.

Man bringt nunmehr in den Kessel die strikt notwendige Menge von Wasser, die zum Lösen des Salpeters notwendig ist (etwa 12 kg Wasser für 3000 kg Rohsalpeter). Enthält z. B. der Salpeter 20% Verunreinigung (6% Chlorkali, 14% Kochsalz,

so erhält man: 180 kg KCl (Chlorkalium),
420 kg NaCl (Kochsalz),
2400 kg reinen Kalisalpeter (KNO_3).

Die 1200 kg Wasser sind imstande bei 100° C aufzulösen: 2904 kg Kalisalpeter, 342 kg Chlorkali und nur 162 kg Kochsalz.

Diese Wassermenge ist daher imstande den ganzen Salpeter und das Chlorkali aufzulösen, während 420—162 = 258 kg Kochsalz ungelöst bleiben; auf diese Weise wird schon ein beträchtlicher Teil des Kochsalzes entfernt. Während des Kochens und nach Ausheben des ausgeschiedenen Kochsalzes fügt man weitere 400 kg Wasser und 1 kg Leim hinzu (wie früher erwähnt, reißt hierbei das sich koagulierende Albumin die organischen, verunreinigenden Substanzen mit zu Boden), schöpft diese koagulierte Masse ab, läßt absitzen, hebt die klare Lösung in breite, kupferne Kristallisationsgefäße ab, und läßt während 6—8 Stunden langsam abkühlen. Die Kristallbildung ist ziemlich träge. Man sammelt die Kristalle in Haufen, läßt abtropfen und wäscht die oberen schmutzigen Schichten dieser Haufen in Waschkästen.

Es bleiben etwa 600 kg Mutterlauge zurück, welche bei 15° C neuerlich 174 kg Salpeter, 159 kg Kochsalz und 198 kg Chlorkali aufzulösen vermögen, daher in den Prozeß zurückkehren. Die letzten Reste von Kochsalz werden dadurch entfernt, daß man die Lösung in flachen Kästen mit doppelten Boden wieder mit einer Lösung von ganz reinem Salpeter auswäscht.

Aus 3000 kg Rohsalpeter erhält man nach dem Verfahren etwa 1800 kg raffinierten Salpeter mit ganz geringem Kochsalzgehalt.

Über den Chilesalpeter oder Natronsalpeter.

Über 200 000 t Chilesalpeter werden jährlich in Europa verbraucht, wobei allerdings der weitaus größte Teil zur Herstellung des Kalisalpeters für Schießpulver dient. Aus dieser obigen Menge erhält man 235 000 t Kalisalpeter. Der Marktpreis des Kalisalpeters bewegt sich um 26 Fr. pro 100 kg herum.

Der Natronsalpeter wird seiner Billigkeit halber in überwiegender Menge in der Emailindustrie angewendet, seltener der Kalisalpeter.

Er kristallisiert rhombisch, ist nach einer Fläche hin leicht spaltbar, schmeckt salzig-kühlend und enthält im gereinigten Zustande: 36,49 % Natron und 63,54 % Salpetersäure. Er ist im Wasser leicht löslich, schmilzt vor dem Lötrohre auf dem Platindrahte unter Gelbfärbung der Flamme. Findet sich schichtweise in Ton- und Sandlagern verbreitet über ein etwa 40 km großes, regenloses Gebiet bei Iquique und Tarapaca in Chile, in Arané in Bolivia. Die kleinen Kristalle des Chilesalpeters enthalten eingeschlossen etwas schwefelsaures Natrium (Na_2SO_4 = Glaubersalz), Kochsalz und Jodnatrium (NaJ). In feuchter Luft ist der Salpeter leicht zerfließlich (hygroskopisch), um so mehr, je unreiner er ist.

Bemerkenswert ist der Umstand, daß der Natronsalpeter in der Kälte löslicher ist als der Kalisalpeter, und ist die Löslichkeit beider Salze bei 72° C die gleiche. Von dieser Temperatur ab ist der Kalisalpeter bedeutend löslicher.

Die Löslichkeit ändert sich mit steigender Temperatur:

Bei	0° C	sind	in	100	Teilen	Wasser löslich	71	Teile Natronsalpeter
„	10° C	„	„	100	„	„ „	79	„ „
„	20° C	„	„	100	„	„ „	88	„ „
„	30° C	„	„	100	„	„ „	98	„ „
„	40° C	„	„	100	„	„ „	109	„ „
„	50° C	„	„	100	„	„ „	120	„ „
„	60° C	„	„	100	„	„ „	131	„ „
„	70° C	„	„	100	„	„ „	141	„ „
„	80° C	„	„	100	„	„ „	154	„ „
„	90° C	„	„	100	„	„ „	166	„ „
„	119,4° C (Siedepunkt)				„	„ „	214	„ „

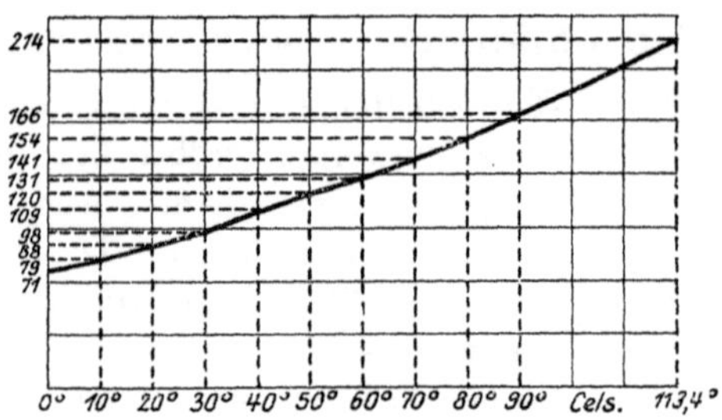

Temperatur

Abb. 23. Löslichkeitskurve des Natronsalpeters.

Die wässerige Lösung des Natronsalpeters bildet bei 0° C ein Hydrat: $NaNO_3 + 16 H_2O$, und bleibt bis zu — 15° C flüssig; erst bei — 15° C kristallisiert es aus dieser Lösung aus (Ditte). Zur Schießpulverfabrikation ist es seiner großen Wasseranziehungskraft halber unbrauchbar.

Die bedeutendsten Lager finden sich in Tarapaca in Peru, in der Nähe des Westabhanges der Andengebirgskette, in einer Höhe von 1000 m. Die chilenischen Lager (Calicheras) sind weniger ausgedehnt. Der Rohsalpeter (Caliches) findet sich in unregelmäßigen Haufen ganze Ländereien bedeckend, und ist in der Regel von einer Schicht Sand und Ton (costra) überdeckt.

Manchmal sind zwei Haufen (Caliches) übereinander gelagert. In diesem Falle ist der obere reicher an Natronsalpeter, der untere hingegen an Kochsalz. In allen Fällen jedoch wird die Unterlage aus Kochsalz gebildet.

Die verschiedenen Haufen enthalten 20—40% Natronsalpeter. Je nach dem Kochsalzgehalte ist die Reingewinnung leichter oder schwieriger.

Nöller erklärt die Bildung dieses Salpeters aus Meeralgen, da an den jetzigen Fundstellen früher das Meer sich befand. Durch langsame Oxydation (Verwesung) der stickstoffhaltigen Algen in Verbindung mit dem aus dem Meersalze entzogenen Natrium soll der Chilesalpeter entstanden sein.

Andere Forscher führen die Entstehung dieses Salpeters auf die Verwesung des von Seevögeln (Exkremente derselben) herrührenden Guanos zurück, welcher bekanntlich infolge seines Reichtums an Stickstoff als Dünger geschätzt wird. Man schaufelt in Abständen von 15 m Gruben von $^1/_2$ m Durchmesser aus, füllt dieselben mit einem Gemenge von reinem Natronsalpeter, Schwefel und Kohlenpulver aus, zündet dieses an, wobei die ganze Masse ohne Explosion aufgeworfen wird, und in große Brocken dabei zerfällt, welche man zerkleinert, und die Ton- und Meersalzklumpen ausklaubt.

Das Auslaugen des eigentlichen Natronsalpeters erfolgt nunmehr und beruht auf dem Umstande, daß sich die Löslichkeit des Salpeters mit steigender Temperatur stark ändert. Die Anwesenheit von Kochsalz ($NaCl$) vermindert die Löslichkeit des Salpeters, so daß z. B. 100 g Wasser + 25 g Kochsalz nunmehr 53 g statt 88 g Salpeter aufzulösen vermögen. Die an Natronsalpeter gesättigte Lösung siedet bei 122° C. Durch Sättigung der Rohsalpeterlösung erhält man einen 95%igen Salpeter. Ein Teil des Kochsalzes verbleibt mit den erdigen Bestandteilen und Jodnatrium (NaJ) zurück.

Die Lösung wird in Blechkesseln mit direkter Feuerung eingedampft (Paradas).

Man füllt die Kessel mit schwach konzentrierter Lösung, bringt zum Kochen und fügt zerkleinerte Rohmassen (Caliches) zu, schöpft den sich bildenden Schaum und das sich mit den unlöslichen Bestandteilen absetzende Kochsalz (Ripia) ab. Wenn genügend konzentriert ist, zieht man die klare Lösung ab, um dieselbe in Holzbottichen (2 m × 1,5 m × 0,2 m) während 24 Stunden auskristallisieren zu lassen. Man erhält hierdurch

40 % Kristalle und 60 % Mutterlauge. Letztere dienen neuerdings zum Auflösen frischer Haufen und reichern sich allmählich an Jodiden und Jodaten an. Man kann daraus Jod billig herstellen.

Der kristallisierte Natronsalpeter des Handels hat zumeist eine schmutzig-bräunliche Färbung, ist infolge seines Gehalts an Chlorkalzium und Chlormagnesium ($CaCl_2$ und $MgCl_2$) stets feucht. Er kristallisiert in Rhomboedern, deren Form sich sehr dem Würfel nähert. Der Chilesalpeter des Handels enthält zumeist 94—99 % $NaNO_3$ (Natronsalpeter) und 2—0,4 % Kochsalz, Spuren von Kalziumnitrat [$Ca(NO_3)_2$], Kaliumsulfat (K_2SO_4) und etwas Wasser.

Der Versand dieses Salpeters geschieht in Säcken, welche sich hierbei damit imprägnieren und schwer entzündlich werden. Durch Waschen dieser Säcke kann man bis $^3/_4$ kg Salpeter pro Sack zurückgewinnen[1]).

Die Salpetergewinnung aus dem Stickstoff der Luft.

Dieses zukunftsreiche Verfahren hat insbesondere in Ländern billiger elektrischer Energie eine gewisse Bedeutung erlangt, vorerst zur Herstellung von Stickoxyd und Bindung von Salpetersäure an Kalk. (Für Düngezwecke.) Der Kalksalpeter kann jedoch in Kalisalpeter übergeführt werden.

Jedoch schon die Tatsache allein, daß an Stelle von Chilesalpeter dieser künstliche Salpeter für Düngezwecke benutzt werden kann, ist geeignet, in absehbarer Zeit den Preis des Chilesalpeters herabzudrücken.

Die bedeutendsten Anlagen zur Herstellung von Kunstsalpeter (Norge-Salpeter) finden sich in Notodden in Norwegen. Es wurden daselbst im Jahre 1909 gegen 16 000 t davon hergestellt. Die hierzu notwendige Kraft von 40 000 Pferdekräften wurde vom Svälgfoss-Wasserfall mit einer Fallhöhe von 46,5 m geliefert. Der ebenfalls für die Salpeterproduktion begonnene Ausbau vom Rjukan-Wasserfall im oberen Teil von Telemarken schreitet rüstig fort. Im Jahre 1911 werden dann hier 125 000 Pferdekräfte für eine Jahresproduktion von 40 000 t Norge-Salpeter zur Verfügung stehen.

---

[1]) Im Jahre 1910 betrug die Ausfuhr von Chilesalpeter 2 335 545 t.

Die Salpetergewinnung in Notodden beruht auf der Oxydation des Stickstoffes der Luft, beim raschen Überleiten derselben durch mittels elektrischen Lichtbogens hocherhitzte Kammern.

Schon 1785 beobachteten Priestley und Cavendish, daß Salpetersäure entsteht, wenn elektrische Funken durch feuchte Luft schlagen.

Wenn also Luft auf sehr hohe Temperatur erhitzt wird, so tritt ein Teil des sonst so trägen Stickstoffes der Luft mit Sauerstoff zusammen. (Luft besteht aus etwa 79 Teilen Stickstoff und 21 Teilen Sauerstoff.)

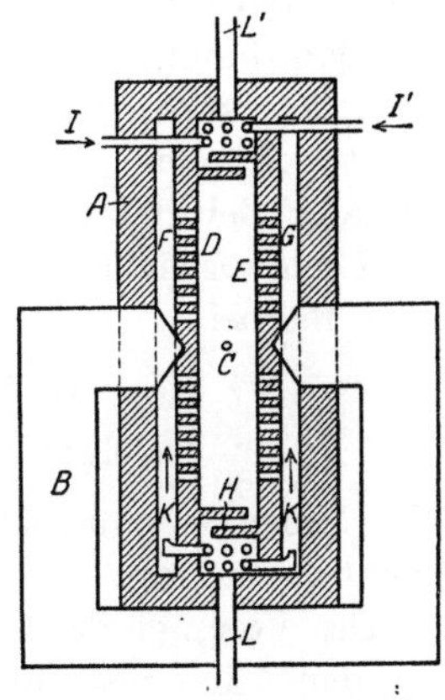

Abb. 24. Ofen zur Herstellung von Kunstsalpeter (senkrechter Schnitt).

Auf Grund der neueren physikalisch-chemischen Forschungen von Nernst, Van t'Hoff, Jellinek usw. konnten die Bedingungen dieses Vorganges genau in chemisch-physikalischer als auch in technologischer Richtung studiert werden. Die bei dem Prozesse nötige Temperatur muß über 2300° C liegen. Als einzig praktisch verwendbare Heizquelle kommt nur der elektrische Lichtbogen in Betracht, in dem eine Temperatur von über 3500° C herrscht.

In Notodden in Norwegen wird hierbei folgender Weg eingeschlagen: Mit Hilfe des elektrischen Lichtbogens werden eigene Öfen hoch erhitzt und 25 m³ Luft pro Minute durchgeführt.

Die Öfen besitzen äußerlich die Gestalt einer runden flachen Dose, die auf die hohe Kante gestellt ist. Die Abb. 24 zeigt die neueste Konstruktion des Ofeninneren im senkrechten Schnitt (D. R. P. 170585, Kl. 12b). *A* ist die Ofenwand, *B* ein Elektromagnet, der den zwischen den Elektroden (von denen hier nur eine in gerader Aufsicht als kleiner Kreis *C* zu sehen ist) übergehenden Wechselstromlichtbogen zu einer großen flachen Scheibe auseinander bläst.

Die durch *I* und I^1 eintretende Luft wird zunächst in einer Röhrenleitung, die den Ofen umläuft, vorgewärmt, tritt dann aus *K* und K^1 in die Kammern *F* und *G* und aus diesen durch die Löcher *D* und *E* in den von der Flamme erfüllten Mittelraum, den sie schließlich durch *H* und *L* verläßt. Jeder Ofen benötigt 500 Kilowatt. Aus dem Ofen wird die mit etwa 2 % Stickstoffoxyd (NO) beladene Luft in die Absorptionstürme aus Granitplatten geleitet, dort mit Wasser berieselt, das immer wieder in die Höhe gepumpt wird, bis schließlich Salpetersäure von 50 % Gehalt erreicht ist. Da das Wasser der Luft noch nicht alles Stickstoffoxyd entzogen ist, geht die nitrose Luft weiter in hölzerne Absorptionstürme mit Kalkmilch und Kammern mit festem Kalk. Die gesamten Erzeugnisse werden schließlich auf Kalziumnitrat (Kalksalpeter) verarbeitet und verschickt. Natürlich kann die so gebildete Salpetersäure auch an Alkali leicht gebunden werden und Kali- und Natronsalpeter in absehbarer Zeit billig dargestellt werden.

Theoretische Betrachtung über den physiko-chemischen Vorgang hierbei:

$$N_2 + O_2 \rightleftarrows 2\,NO$$

$$1 \text{ Volum } N_2 + 1 \text{ Vol. } O_2 = 2 \text{ Vol. } NO.$$

Wir haben es mit einer umkehrbaren, daher unvollständigen Reaktion zu tun.

Das Volumen des Gasgemisches erleidet keine Änderung hierbei, daher hat der äußere Druck keinen Einfluß auf das Gleichgewicht.

Da bei der Vereinigung von N und O Wärme gebunden wird (endothermischer Vorgang), so wird durch Temperaturerhöhung die Bildung von NO befördert.

Der Einfluß der Konzentration der verschiedenen Bestandteile der Reaktionsgleichung auf die Gestaltung des Gleichgewichtes wird durch das Massenwirkungsgesetz bestimmt:

$$\frac{[NO]^2}{[NO]^2} = K.$$

Die Gleichgewichtskonstante K ändert sich mit der Temperatur nach der bekannten Gleichung:

$$\frac{d \text{ lognat } K}{d\ T} = -\frac{2\ T_2}{Q}$$

oder integriert

$$\frac{\text{lognat } K_1 - \text{lognat } K_0}{d\ T} = -\frac{Q}{2\ T_2}$$

oder integriert

$$\left(\frac{1}{T_0} - \frac{1}{T_0}\right).$$

Die thermochemische Gleichung lautet:

$N_2 + O_2 = 2\ NO - 43200$ Kalorien, d. h. bei der Vereinigung von 28 g N mit 32 g O zu 2 × 30 g NO werden 43200 Grammkalorien verbraucht.

Über die derzeitige Lage der chilenischen Salpeter-Industrie hat Alfred Hartwig[1]) kürzlich berichtet und entnehmen wir daraus folgendes:

Am 31. März 1908 ging der chilenische Salpetertrust in die Brüche und werden seitdem energische Versuche nach Neubildung des Trustes gemacht.

Die Produktion betrug im Jahre	1908	4284726	t
Der Konsum „ „ „	1908	3992,349	„
Der Export „ „ „	1908	4457,610	„

Im Jahre 1908 existierten 118 Salpeterfabriken (Oficinas genannt), welche Anzahl in der letzten Zeit infolge der herrschenden Krise zurückging. Derzeit muß die Lage der chilenischen Salpeterindustrie als eine ungesunde bezeichnet werden. Der Export übersteigt den Konsum. Der Konsum verteilt sich auf folgende Länder wie folgt:

Länder	1904	1905	1906	1907	1908
Europa	25589340	27418760	28552200	28643970	31673070
Nordamerika (Ostküste)	5512732	6131340	7425090	7162200	6337880
Nordamerika (Westküste)	863023	864214	724761	948211	758618
Andere Länder . .	762481	1126968	878043	1009613	1138411
Chile (eigener Bedarf)	31051	26945	30800	33417	15510
Insgesamt . .	32758627	35568227	37610894	37797481	39923489

Der Konsum der einzelnen europäischen Staaten ist in den letzten zwei Jahren interessanten Schwankungen unterworfen gewesen. Es verbrauchten der Menge nach:

[1]) Chemikerzeitung Nr. 13. 1909 S. 1162.

Länder	1907 qtles	1908 qtles	Minderkonsum qtles	Mehrkonsum qtles
Deutschland . .	12555700	14134420	—	1578720
Frankreich . . .	5202370	6189300	—	986930
Belgien	3785800	4719370	—	933570
Holland	3129610	2795190	334420	—
England.	1887150	1767780	119370	—
Italien	964620	1035230	—	70610
Schottland . . .	666310	640290	17020	—
Österreich . . .	140760	175260	—	34500
Spanien	133860	159850	—	25990
Schweden	123510	47380	76130	—
Dänemark . . .	54280	—	54280	—
Insgesamt .	28643970	31673070	601220	3630320

Der Einfluß, den die Fabrikation des künstlichen Salpeters auf den Markt ausübt, zeigt sich darin, daß Dänemark im vergangenen Jahre überhaupt keinen Salpeter mehr aus Chile angekauft hat und Schweden diesem Beispiele bald folgen dürfte.

Auch die Salpeterpreise sind zurückgegangen von 10 Sh $2^3/_8$ d im Jahre 1907 auf 8 Sh 9 d im Jahre 1908.

Bezüglich der Zukunft der Salpeterindustrie sind die Versicherungen der chilenischen Regierung mit Vorsicht aufzunehmen, welche bisher in diesem Produkte nur das Mittel sah, einen Goldstrom über das Land zu ergießen und die inneren Schäden des Landes zu verdecken. Nach neuesten Berichten der Fachzeitungen wird der

Jahreskonsum Frankreichs z. B. auf 300000 t
„ Belgiens „ 217000 „ geschätzt.

Der Durchschnittspreis für Natronsalpeter war 23 bis 25 Franks pro 100 kg, für Kalisalpeter

46,50 Franks für reine 100% Ware
26,50 „ „ „ $^{65}/_{80}$% „

Über die Rolle des Salpeters im Email.

Der Verbrauch an Salpeter für die Emailfabrikation ist ein nicht unbeträchtlicher und erreicht meiner Schätzung nach über 600000 kg jährlich in den deutschen Emaillierwerken, bei der durchschnittlichen Annahme von nur 2 % Salpeter im geschmolzenen Email. Der zugesetzte Salpeter dient im Email nicht nur als Flußmittel infolge seines Alkaligehaltes, sondern wegen der Leichtigkeit, mit welcher er bei höherer Temperatur Sauerstoff abgibt, auch zur Entfärbung eines unreinen Emailflußes. — Organische Substanzen, insbesondere Kohlenstoff, welche leicht beim Schmelzen des Emails, sei es aus zufälligen Verunreinigungen, sei es aus den Heizgasen, vorhanden sind, würden das Email leicht gelblich-weiß färben.

Der freiwerdende Sauerstoff des Salpeters oxydiert jedoch den Kohlenstoff zu Kohlenoxyd und Kohlensäure. Wegen dieser oxydierenden Eigenschaft des Salpeters wird es in manchen Fällen, wo es sich um Herstellung gefärbter Emails handelt, nötig sein, den Salpetergehalt in der Mischung auf ein Minimum oder gänzlich auszuschalten. Erwähnt sei nur die Färbung von weißen Emails durch Kupferoxyd, das zur Schmelze zugesetzt wird.

Je nachdem das Email nebst Soda auch Salpeter enthält oder nicht, wird dasselbe grünblau bis türkisblau, ja hellblau gefärbt. In der Regel fügt man zu 100 kg Rohmischung eines Grundemails 2—4 %, für Weiß 1—2 % und für Blau 0—3 % Salpeter hinzu.

Handelt es sich darum recht dunkelblaues Email zu erzeugen, so darf kein Salpeter zugemischt werden, umgekehrt wiederum wird in manchen Ländern ein weißlich getrübtes Kobaltblau bevorzugt, in welchem Falle man der Mischung außer dem Kobaltoxyde auch etwas Zinnoxyd oder Weißabfall und 2 %, oft 3 % Salpeter hinzusetzt. Der Salpeter wird an der Luft mitunter hart in den Säcken und muß zerschlagen werden. Es empfiehlt sich den Salpeter in mit Zinkblech ausgekleideten dichten, verschließbaren Kästen aufzubewahren, denselben vor dem Zumischen zum Email gut zu zerkleinern oder trocken zu mahlen, um hernach eine möglichst innige Mischung des Salpeters mit dem Email zu befördern. Im allgemeinen wäre der Gebrauch des ganz reinen Kalisalpeters zu empfehlen. Der niedrige Preis des gereinigten Natronsalpeters jedoch läßt denselben für Massenfabrikation den Vorzug geben. Eine zeitweise Analyse des Salpeters auf Menge der Chloride, Sulfate und unlöslichen Beimengungen ist zu empfehlen.

Der teure Kalisalpeter kann anstandslos durch den billigeren Natronsalpeter in der Emailfabrikation verwendet werden. (In stöchiometrischer Menge.)

XIV. Die Pottasche (K_2CO_3).

Pottasche, kohlensaures Kalium genannt, ist ein Bestandteil der Asche von Landpflanzen. Da 1000 Teile Holz 3,5—28 Teile Asche und darin 0,45—4 Teile kohlensaures Kalium liefern, so können nur sehr holzreiche Länder im großen Maßstabe dieses Salz aus Holzasche erzeugen. Die Holzasche wird mit Wasser ausgelaugt, die geklärte Lösung eingedampft, bis sie beim Erkalten erstarrt, die festgewordene Masse schließlich zur Entwässerung und Entfärbung in Öfen kalziniert. Die so erhaltene rohe Pottasche, nochmals einer ähnlichen Reinigung unterzogen, liefert gereinigte Pottasche oder Perlasche.

Analyse einiger Holzaschen.

Bestandteile	Vogesen	Toskana	Amerika	Rußland	Französ. Perlasche
Pottasche K_2CO_3 .	38,60	74,10	68,00	69,70	71,40
Schwefelsaures Kali K_2SO_4	38,90	13,50	15,30	14,10	14,30
Chlorkali KCl . . .	9,10	1,00	8,20	2,10	3,60
Soda Na_2CO_3 . . .	4,20	3,00	5,90	3,10	2,30
Phosphor, Kieselsäure, Kalk usw.	1,20	0,50	5,90	1,00	3,30
Wasser	5,30	7,20	5,90	8,80	4,60
Unlösliches	2,70	0,70	2,60	1,20	0,50

In Ländern, welche Zuckerrüben bauen, wie Belgien, Deutschland, Frankreich und Österreich-Ungarn werden beträchtliche Mengen von kohlensaurem Kalium aus Rübenasche gewonnen. Die Zuckerrübe entzieht dem Boden große Mengen von Kalisalzen, die ihm, wenn er ertragkräftig bleiben soll, durch Kalidüngung (Staßfurter Abraumsalze) wieder zugeführt werden müssen. Die Alkalisalze der Rübe gehen in den Saft über und bleiben, wenn daraus die Hauptmenge des Zuckers entfernt ist, in der sogenannten Melasse zurück. Indem man diese vergären läßt, abdestilliert und schließlich eindampft und den Rückstand der trockenen Destillation unterwirft, erhält man neben Alkohol, Ammoniak, Trimethylamin und anderen verwertbaren Stoffen, schließlich eine stark kaliumkarbonathaltige Kohle (Schlempekohle), deren wässerige Auszüge auf Karbonat (Pottasche) verarbeitet werden.

Die Melasse der Zuckerrübe enthält 48—50 % Zucker, 30 bis 36 % Salze und organische Substanzen, 15—20 % Wasser.

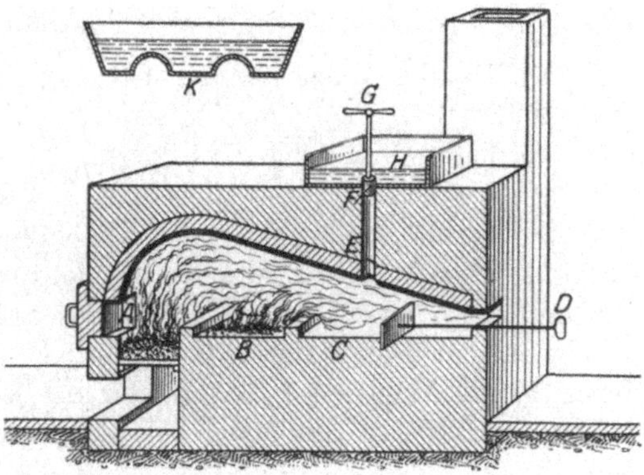

Abb. 25. Pottascheerzeugung aus Sirup.

Gegenwärtig behandelt man die Melasse (den Syrup) mit Wasser und einer Mineralsäure, um die Saccharose, also den Zucker ($C_{12}H_{22}O_{11}$) in gärungsfähige Monosen, nämlich in Glukose (Traubenzucker) und Lävulose (Fruchtzucker), beide von der Formel $C_6H_{12}O_{11}$ zu verwandeln (invertieren, Inversion des Rohrzuckers). Unter Einfluß von Gärungserregern (Fermenten) zerfallen diese Monosen in Äthylalkohol („Alkohol“ kurz genannt) und Kohlensäure:

$$C_6H_{12}O_7 + \text{Ferment} = 2\,C_2H_6O + 2\,CO_2$$
$$= \text{Äthylalkohol (Weingeist)} + \text{Kohlensäure.}$$

Der Alkohol wird in Kolonnenapparaten abdestilliert und zurückbleibt eine Masse, Sirup genannt, deren Zusammensetzung früher schon angedeutet wurde. Um das im Sirup enthaltene kohlensaure Kalium (Pottasche) zu gewinnen, neutralisiert man die freien Säuren darin mit Schlemmkreide, dampft im Kessel *K* (siehe Abb. 25) bis zu 25° Bé ein, gießt hierauf das ganze in *H*, von wo aus die Masse durch den Kanal *E* (geschlossen durch den Hahn *FG*) nach *C* gelangt, um endlich in *B* zu veraschen. Die Erhitzung darf hierbei nicht so weit gehen, daß die Kohlensäure der Pottasche durch die organische Substanz reduziert oder das Sulfat in Sulfid verwandelt werden (Dubranfrant, 1895). Man pflegt heute auch statt des Veraschens nur bis zum vollständigen Trocknen einzudampfen, um hernach erst in eigenen Öfen zu kalzinieren.

In Courrières werden derart täglich aus 90000 kg Melasse 250 hl Alhohohl, 100 kg Methylalkohol (CH_4O), 1600 kg Ammoniumsulfat [$(NH_4)_2SO_4$], 1800 kg Mutterlauge, Trimethylammoniumchlorid enthaltend und als Kalzinierungsrückstand eine schwarzgraue Rohpottasche erhalten mit 33% K_2CO_3.

Auch aus Wollwaschwässern (die rohen Schafwollfließe enthalten etwa 60% Schweiß- und Schmutzstoffe, darunter Kaliumsalze der organischen Säuren, die beim Waschen der Wolle sich lösen) werden beträchtliche Mengen von Pottasche gewonnen.

Die überwiegende Menge der Pottasche wird jedoch insbesondere in Deutschland aus Staßfurter Salzen gewonnen (Chlorkalium):

1. Nach der Methode von Leblanc (siehe Sodafabrikation) zuerst von H. Grüneberg 1861 für Pottasche angewendet.

2. Nach dem Verfahren von Ch. R. Engel in Montpellier und Precht. Chlorkaliumlösung wird mit kohlensaurer Magnesia zusammengebracht und nun unter Umrühren mit Kohlensäure bis zur Sättigung eingeleitet. Hierbei setzt sich ein Doppelsalz von kohlensaurem Magnesium mit saurem kohlensauren Kalium ab, während Magnesiumchlorid in Lösung geht.

$$3\,MgCO_3 + 2\,KCl + CO_2 + 9\,H_2O$$
$$= 2\,(MgCO_3,\ CO_3KH,\ 4\,H_2O) + MgCl_2.$$

Das Doppelsalz wird durch Waschen (Decken) mit einer Magnesiumkarbonatlösung von anhaftender Lauge befreit und dann unter Druck bei etwa 140° C durch Wasser zerlegt. Hierbei scheidet sich dichtes basisches Magnesiumkarbonat ab; Kohlensäure entweicht; die Flüssigkeit, reine Pottaschelauge, wird eingedampft, der Rückstand kalziniert. Nach diesem Verfahren wird ein von Natriumsalzen freies Kaliumkarbonat erhalten, da Chlornatrium (Kochsalz) auf Magnesiumkarbonat nicht einwirkt.

Auch durch Glühen von Feldspat im Revolverdrehofen (siehe Soda) mit einer Mischung von Kreide (kohlensaurer Kalk $CaCO_3$) und Flußspat (CaF_2) kann Pottasche erhalten werden. Es bildet sich nämlich hierbei ein Kalium-Kalziumdoppelsilikat, welches mit heißem Wasser behandelt wird, wodurch nur das Kaliumsilikat in Lösung geht. Man zieht die klare Lösung ab, leitet Kohlensäure ein, wodurch die Kieselsäure (SiO_2) ausgefällt wird und Pottaschelösung zurückbleibt. Letztere wird durch Filtrieren, durch Eindampfen in reine Pottasche umgewandelt.

Nachstehend einige Analysen von Handelspottasche.

	aus Wollschweiß	aus Melasse	
		roh	raffiniert
Pottasche K_2CO_3	90,5 %	35 %	95,2 %
Schwefels. K_2SO_4	0,3	5	0,7
Chlorkalium KCl	2,1	17	1,7
Soda Na_2CO_3	3,3	16	2,1
Phosphors. + Kiesels. + Kalk	2,0	nichts	0,3
Wasser H_2O	0,8	9	nichts
Unlösliche Substanzen	nichts	18	nichts

Chemisch reine Pottasche erhält man durch Kalzinieren von Weinstein (Kaliumbitartrat = $C_4H_5KO_6$, der sich in Weinfässern absetzt.

$$C_4H_5KO_6 + \text{Erhitzen} = K_2CO_3 + 5\,H_2O + 2\,CO_2 + 5\,C.$$

Durch Auflösen in Wasser wird der Kohlenstoff als Rückstand entfernt. Die klare Lösung wird konzentriert und zum Kristallisieren gebracht.

Das käufliche Kaliumkarbonat ist ein weißes, körniges, an der Luft zerfließliches (hygroskopisch) Pulver, das gegen 890° C schmilzt und in der Glühhitze verdampft. Aus der konzentrierten, wässerigen Lösung kristallisiert es mit $1^1/_2$ Molekülen Kristallwasser in monoklinen Säulen. Bei 100° C verliert es nur $^1/_2$ Molekül Wasser. Die Lösung schmeckt ätzend und reagiert alkalisch (rotes Lackmuspapier wird blau gefärbt). Sie nimmt an der Luft leicht Kohlensäure auf unter Bildung von doppeltkohlensaurem oder primärem Kaliumkarbonat.

$$(\text{Kaliumbikarbonat} = KHCO_3)$$

$$K_2CO_3 + H_2O + CO_2 = 2\,KHCO_3.$$

Österreich-Ungarn führte im Jahre 1908 an Pottasche ein 168 700 kg im Werte von etwa 61 000 Kr., exportierte hingegen 4 296 100 kg im Werte von etwa 1 324 000 Kr., davon enthielten 3 592 600 kg unter und bis 85 % K_2CO_3. Deutschland führte in derselben Zeitperiode ein: Schafschweißasche 1 773 100 kg und exportierte 3 062 200 kg, Schlempekohle 1 030 600 kg und exportierte 2 572 700 kg. Die Hauptmenge der Schafschweißasche kam von Österreich-Ungarn (1 325 100 kg). Die Hauptausfuhr der deutschen Ware ging nach England (2 500 000 kg), nach Schweden (934 000 kg), nach den Vereinigten Staaten (596 700 kg). An Schlempekohle kamen nach Deutschland 595 500 kg von Italien und gingen 2 565 100 kg nach Österreich-Ungarn.

Die Pottasche und das Email.

Während die Pottasche seit den ältesten Zeiten zur Herstellung des Glases benutzt wurde und auch heute noch im großen Umfange für sich allein oder in Verbindung mit Natron für böhmisches Kristallglas bzw. andere schwer schmelzbare Gläser Verwendung findet, hat die Pottasche in der Emailbereitung wenig Eingang gefunden. Bemerkenswert ist der Umstand, daß Doppelverbindungen von Kali und Natron leichter schmelzbar sind, als die Einzelverbindungen des Kalis oder des Natrons. Bei Ankauf von Pottasche muß nicht nur deren Feuchtigkeitsgehalt, sondern der Gesamtgehalt an Kaliumkarbonat bestimmt werden, ebenso auf Verunreinigung durch Eisenoxyd, Alkalichloriden, welche schädlich sind, da dieselben mit dem Email keine Verbindung eingehen, und das sogenannte Ausschwitzen oder „Ausblühen“ hervorrufen können, untersucht werden. Auch auf den Gehalt der relativ billigeren Natronsalze, wie Soda, in der Pottasche muß gefahndet werden. Insbesondere ist es die aus Rübenschlampe erzeugte Pottasche, welche häufig sehr erhebliche Mengen von Natronsalzen enthalten kann.

Die Pottasche macht das Email weicher als die chemisch analoge Soda. Im allgemeinen machen Kalisalze das Email leichtflüssiger als Natronsalze. Dafür ist der Preis der reinen Pottasche nicht unwesentlich höher als der der Soda und so kommt es, daß heute die Pottasche nur in vereinzelten Spezialfällen in der Emailfabrikation Verwendung findet, z. B. bei Erzeugung amerikanischer Granitemaille auf rohem Blech, bei einzelnen Grundemails und bei Überzugemail (Kryolithweiß).

Im allgemeinen kann demnach die Verwendung von K_2CO_3 = Pottasche an Stelle von Soda = Na_2CO_3 für jene Emails ratsam erscheinen, bei denen es weniger auf Beanspruchung (Küchengeräte) als auf Hochglanz ankommt. Bei gleichem Effekt können 100 kg kalzinierte Soda durch etwa 77 kg reine Pottasche ersetzt werden.

XV. Die Bleiverbindungen.

Für gewiße Emails, die nicht für Kochgeschirre dienen, wie Puderemails für Schilder, Öfen, Badewannen u. dgl. werden nach wie vor Bleiverbindungen verwendet und zwar:

1. Als Minium (Mennige) oder rotes Bleioxyd Pb_3O_4, hergestellt durch Oxydation von metallischem Blei. Die Herstellung erfolgt in zwei Phasen, und zwar zuerst als PbO oder Massikot von gelber Farbe. Durch weiteres schärferes Erhitzen (300 bis 400° C) von PbO bei reichlicher Luftzufuhr geht dasselbe in das rote Oxyd über. Die Reinheit des Miniums wird durch Auflösen einer Probe desselben in heißer verdünnter Salpetersäure bei Zusatz eines Stückchen Zuckers geprüft, indem die unlöslichen Verunreinigungen zurückbleiben (siehe Staley, zit. Arb. S. 30).

2. Als PbO unter den Namen Bleiglätte und Massikot. In chemischer Hinsicht gleich, unterscheiden sich beide in physikalischer Richtung und in der Methode der Erzeugung.

Bleiglätte ist rotgelber und wird durch Oxydation von Blei bei einer Temperatur, bei der PbO schmilzt, hergestellt, während das lichter gelbe Massikot gleichfalls durch Oxydation von metallischem Blei, jedoch unter dem Schmelzpunkte von PbO gewonnen wird. Beide Körper müssen ähnlich wie Zinnoxyd durch sorgfältiges Schlemmen und Waschen von noch vorhandenen metallischen, nicht oxydierten Teilchen befreit, d. h. gereinigt werden.

3. Als Bleiweiß oder basisches Bleikarbonat $2 PbCO_3 \cdot Pb(OH)_2$. Die Herstellung erfolgt noch vielfach nach der holländischen Methode. Dünne, spiralförmig aufgerollte Bleiplatten werden in Töpfe gesetzt, in denen sich ein wenig Essigsäure befindet. Die Töpfe werden mit einer Bleiplatte lose verschlossen und mit Pferdemist bedeckt. Bei der hierbei erfolgenden Gärung entwickelt sich auch Wärme, durch welche ein Teil der Essigsäure verdampft und das Blei in basisches Bleiazetat, letzteres wiederum durch die Kohlensäure des Gärungsprozesses in Bleiweiß übergeführt wird. Nach 4—5 Wochen sind die Bleiplatten ganz in Bleiweiß umgewandelt, welches feucht vermahlen, ausgewaschen, von Bleiazetat entfernt, und getrocknet wird. Nach der sog. französischen Methode wird Bleiweiß hergestellt, indem man durch Auflösen von Bleiglätte in Essigsäure eine Lösung von essigsaurem Blei gewinnt, in dieselbe Kohlensäure einleitet, wodurch basisches kohlensaures Blei ausfällt. Um Verfälschungen des Bleiweißes mit anderen Stoffen (Baryumsulfat, Bleisulfat usw.) nachzuweisen, löst man eine Probe von Bleiweiß in chemisch reiner Salpetersäure auf. Die Verunreinigungen bleiben zurück.

Der Einfluß der Bleiverbindungen im Email.

Dieselben wirken als seit altersher bekanntes ausgezeichnetes Flußmittel, das in verhältnismäßig großen Mengen dem Email zugesetzt werden kann, ohne dessen Elastizität oder Ausdehnung ungünstig zu beeinflussen.

Bleiemails zeigen lebhaften Glanz.

Die Verwendung von Bleiverbindungen für Emails, die zur Herstellung von Küchengeräten dienen, ist strenge verboten, da sich Bleiverbindungen durch den Einfluß schwacher Säuren (Essigsäure usw.) auflösen und ernstliche Gesundheitsstörungen hervorrufen können.

Hingegen steht der Verwendung von Bleiemails für Schilder, Badewannen und reine Dekorationsobjekte nichts im Wege.

XVI. Einige wichtige Emailfarbkörper.

Das Eisenoxyd zur Rotfärbung.

In der Natur findet sich das Eisenoxyd stellenweise in großen Mengen und bildet unter den Namen Eisenglanz, Roteisenerz, Hämatit ein geschätztes Eisenerz. Seine chemische Formel ist Fe_2O_3, bestehend aus 70% Eisen und 30% Sauerstoff. Sein spezifisches Gewicht ist 5,19—5,23.

Um keramische rote Eisenoxydfarben herzustellen, geht man jedoch nicht von dem Mineral aus, sondern erzeugt das rote Eisenoxyd durch Fällung aus der Lösung von Eisensalzen. Dazu dient eine[1]) Reihe von Verfahren. Reines Eisenoxyd wird durch Glühen von Eisenoxydhydrat [$Fe(OH)_3$] oder Eisenoxalat als tiefrotes amorphes Pulver erhalten, oder auch durch Erhitzen von wasserfreiem Eisenvitriol (Eisenoxydulsulfat $FeSO_4$) mit Kochsalz.

Durch starkes Glühen von Eisenvitriol oder auch von Eisenoxydsulfat [$Fe_2(SO_4)_3$] erhält man rotes Eisenoxyd, das gewöhnlich noch etwas Schwefelsäure enthält. (Caput mortuum.) Die Farbe des Eisenoxydes kann von hellziegelrot, dunkelrot bis ins Violette schwanken, je nach der Temperatur und Dauer des Glühens. Daher bedarf es großer Erfahrung, um stets gleiche Nuancen von Eisenoxyd zu erzielen.

Auch die Konzentration der verwendeten Eisensulfatlösung spielt eine Rolle. Dieses so erhaltene, billige Eisenoxydrot ist wenig feuerbeständig und erfordert niedere Muffelofentemperatur, da bei höherer Temperatur das Eisenoxyd mit der Kieselsäure des Emails grün gefärbtes kieselsaures Eisenoxydul bildet.

Zur Herstellung eines guten roten Eisenoxydes geht man von ganz reinem Eisenvitriol aus, den man fein pulvert, schwach erwärmt, so daß die Kristalle nicht schmelzen, sondern nur das Kristallwasser entweicht. Dieses weiße, wasserfreie Eisensulfat pulvert man neuerdings, je feiner, um so reiner wird die Farbe sein, und bringt dasselbe in dünnen Schichten in einer Muffel ausgebreitet langsam zur Rotglühhitze. Sobald man den gewünschten roten Farbton erreicht hat (was man aus erkalteten

[1]) Siehe mehrfach zit. Buch von Hermann S. 36.

Proben ersieht) unterbricht man das Erhitzen und läßt die Muffel langsam erkalten. Das erkaltete Eisenoxyd wird mehrmals mit kochendem Wasser gut gewaschen, um eventuelle Reste von unzersetztem schwefelsauren Eisen auszulaugen. Dann trocknet man.

Eine andere Vorschrift lautet: Man löse 17 Teile Soda in 68 T. Wasser, bringe in einem Eisenkessel zum Sieden und füge unter Rühren 10 T. kristall. Eisenvitriol hinzu. Man läßt den entstandenen grünlichweißen Niederschlag von Eisenoxydulkarbonat ($FeCO_3$) absitzen, filtriert, wäscht aus und läßt den Niederschlag in dünnen Schichten an der Luft oxydieren, bis er sich in gelbes Eisenoxydhydrat [$Fe(OH)_3$] verwandelt hat. Hernach glüht man das Produkt und erhält je nach Glühzeit und Temperatur verschiedene Nuancen von Eisenoxydrot.

Ein besonders feuriges Rot erhält man nach der Methode von Vogel. Man gießt zu einer kochenden Lösung von Eisensulfat eine gesättigte Lösung von Oxalsäure ($C_2H_2O_4$), wobei ein grünlichgelber Niederschlag von oxalsaurem Eisenoxydul (FeC_2O_4) entsteht, den man sammelt, mit Wasser auswäscht und in einer flachen Eisenschale bis zu 200° C erhitzt. Dabei verwandelt sich der Niederschlag in ein zartes brennend rotes Pulver von reinem Eisenoxyd.

Die Färbung des Emails durch Eisenoxydrot.

Mit Eisenoxydrot gefärbte Emails finden ausgedehnte Verwendung zur Außenemaillierung von Küchengeschirren. Bei der Herstellung dieser Emails wird das rote Eisenoxyd ausschließlich[1]) erst auf der Naßmühle dem Email zugesetzt und zwar je nach der Qualität des Oxydes in Mengen von 7—12%. Die Qualität des Eisenoxydes spielt zur Erzielung schöner roter Emails, die im Brennfeuer beständig sein sollen, ebenso eine Rolle, wie die Art des hierzu benützten Emails.

Manche Emaillierwerke haben oft mit der dabei auftretenden Schwierigkeit zu kämpfen, daß das rote Email im Muffelofen leicht eine unansehnliche braunrote Farbe annimmt, also wenig feuerbeständig ist und eine Brenntemperatur erfordert, die mit dem Schmelzpunkt des Emails schwer in Einklang zu

---

[1]) Mitunter setzt man auch schon zur Rohmischung billiges Eisenoxyd oder eisenoxydhaltige Materialien zu.

bringen ist. Es empfiehlt sich in solchen Fällen das Eisenoxyd durch eine bessere Marke zu ersetzen und Versuche mit anderen Bezugsquellen zu machen. Leider sucht mancher Fabrikant mit möglichst billigem Eisenoxydrot zu arbeiten, zum Nachteile seiner Fabrikation. Billigkeit läßt sich eben schwer mit guter Qualität vereinbaren. Ferner zeigt schlecht geglühtes und schlecht ausgelauchtes Eisenoxydrot die unangenehme Erscheinung, daß die damit erzeugten Emails nach dem Einbrennen und Lagern leicht eine Effloreszenz oder Auswitterung von weißen, salzig schmeckenden Pünktchen auf der emaillierten Ware zeigen. Das Eisenoxyd enthält in diesem Falle noch Eisensulfat und ist von der Verwendung auszuschließen. Eine einfache Prüfung ob das Eisenoxyd noch schwefelsaure Salze enthält ist folgende: In einem Probiergläschen werden mehrere Gramm des Eisenoxyds mit Wasser kräftig erhitzt, die Lösung abfiltriert, ein Tropfen chemisch reine Salzsäure zugefügt und mit einigen Tropfen einer Lösung von Chlorbaryum ($BaCl_2$) versetzt. Bei Anwesenheit von auch geringen Mengen von Schwefelsäure entsteht eine weiße Trübung, oft sogar ein weißer Niederschlag von schwefelsaurem Baryum. Auch eignet sich nicht jedes Email gleich gut zur Herstellung von roten Emails. Insbesondere soll letzteres in der Rohmischung salpeterfrei sein.

Einige hierzu geeignete Vorschriften lauten:

Borax	42 kg	Borax	60 kg
Quarz	91 „	Quarz	34 „
Kryolith	31 „	Feldspat	58 „
Soda	6,3 „	Soda	6 „
Ton	3 „	Kryolith	11 „
Magnesia	2 „	Ton	4 „
Flußspat	1 „		
Zinnoxyd	6 „		

Auf der Mühle setzt man 4% Ton und 8—10% Eisenoxydrot hinzu. Immerhin ist für das Brennen von rotemaillierten Waren übermäßige Muffelhitze zu vermeiden. Auch Stellmittel sollen für rote Emails möglichst vermieden werden und höchstens einige Tropfen von Wasserglaslösung (kieselsaures Natron Na_2SiO_3) zum besseren Haften des Emails an den Geschirren in der Auftragschüssel zugesetzt werden.

Das Chromoxyd.

Zur Herstellung von dunkelgrünen Emails dient das Chromoxyd, von der chemischen Formel Cr_2O_3. Es wird auf verschiedenartige Weise aus Chromsalzen hergestellt, entweder durch Glühen von Kaliumbichromat mit Schwefel, Auslaugen der Masse mit sehr verdünnter Schwefelsäure und Waschen des Rückstandes. Die Chromsäure wird dabei durch den Schwefel zu Chromoxyd reduziert.

Durch Behandeln der erhitzten Masse mit Schwefelsäure bildet sich außer Chromoxyd Schwefeldioxyd (SO_2), Schwefelkalium (K_2S) und Kaliumsulfat (K_2SO_4) in Lösung. Je mehr Schwefel verwendet wird, um so heller die Nuance des grünen Chromoxydes, je reiner das Bichromat, um so schöner die Farbe. Ein Gehalt von Eisensalzen beeinträchtigt die Farbe. Nach Hermann verwendet man 19 Teile Kaliumbichromat, 4 T. Schwefel und erhält daraus 9,33 T. Chromoxyd. Nach A. Casali mengt man 1 Teil Kaliumbichromat mit 3 Teilen gebranntem Gips und glüht kräftig. Nachher wird die Masse mit sehr verdünnter Salzsäure ausgekocht. Das Chromoxyd bildet sich dabei nach folgender Gleichung:

$$2K_2Cr_2O_7 + CaSO_4 = 2Cr_2O_3 + 2K_2SO_4 + 2CaO + 3O_2.$$

Der Kalk geht beim Kochen mit Salzsäure in Lösung. Man wäscht hernach gut mit heißem Wasser und trocknet. Das anzuwendende doppelchromsaure Kali wird vorher fein gepulvert und mit der Hälfte seines Gewichtes Schwefelpulver vermengt, in Tiegeln scharf erhitzt. Die zurückbleibende schwammige grüne Masse besteht aus Chromoxyd, schwefelsaurem Kali, das ausgelaugt wird und sehr viel Sorgfalt erheischt, da es nur schwer in Wasser löslich ist. Zugesetzte verdünnte Säure befördert die Auflösung des schwefelsauren Kalis. Man laugt die Säure hernach gut aus, filtriert und trocknet.

Aus 101 T. dopp. chromsauren Kali und 50 T. Schwefel erhält man etwa 68 T. Chromoxyd. Brongiart nimmt 1 T. chromsaures Kali auf 2 T. Schwefel. Das dadurch erhaltene Chromoxyd muß nach dem Waschen gut geglüht werden. Ferner kann Chromoxyd durch Erhitzen von chromsaurem Ammon [$(NH_4)_2CrO_4$] erhalten werden. Je niedriger die Zersetzungstemperatur hierbei war, um so schöner ist das Grün nach dem Auslaugen und Mahlen.

Auf nassem Wege kann man Chromoxyd in allerdings weniger feuriger Farbkraft dadurch erhalten, daß man eine Lösung von Chromalaun mit Sodalösung versetzt, wodurch sich graugrünes Chromoxyd bildet, welches nach dem Auswaschen und Glühen reines Chromoxyd gibt.

Behandelt man eine Lösung von Kaliumbichromat mit Salzsäure und Weingeist, bis keine Reaktion mehr eintritt und die Flüssigkeit immer dunkler grün wird, so bildet sich Chromchlorid, welches durch Fällen mit Sodalösung Chromoxydhydrat liefert. Dieser gallertartige Niederschlag kann nach Brongiart vorteilhaft zur Herstellung von Blaugrünoxyd verwendet werden, indem man in noch feuchtem Zustand feuchtes Kobaltoxyd damit verreibt, trocknet und stark glüht.

Sehr schöne hellgrüne Töne ergeben Mischungen von ungeglühtem Chromoxyd mit Antimonoxyd.

Das Chromoxyd in der Emailfabrikation[1].

Das Chromoxyd findet in unserer Iudustrie mannigfache Anwendung zur Herstellung von grünen Emails. Dabei kann das Chromoxyd entweder mit der Rohmischung verschmolzen oder in Form eines Mühlzusatzes zur Naßmühle zugesetzt werden. Gewöhnlich färbt man das Email mit 5—8% Chromoxyd. Auch benützt man vorteilhaft überschmolzenes Abfallemail zur Herstellung von grünem Email, da das Chromoxyd die Farbe des Abfallemails leicht verdeckt.

Beispielsweise wie folgt: Man vermische und schmelze im Wannenofen:

200	kg	geschmolzenes Abfallemail
20	„	Borax
6	„	Soda
12	„	Chromoxyd.

[1]) Es sei hier auf die neuesten sehr wertvollen Untersuchungen von Dr. G. Büttner und D. Berges, im Sprechsaal Nr. 44 u. 46 (1911) veröffentlicht, über die Rolle des Chromoxyds in Glasuren bzw. „Rote Chromglasuren“ hingewiesen.

Das Chromoxyd zeigt mitunter die unangenehme Erscheinung, daß es nach dem Einbrennen des grünen Emails auf Lampenschirmen, Geschirren usw. letztere matt erscheinen läßt und eine gelblich abfärbende Auswitterung an der Oberfläche der emaillierten Ware bildet. Diese Erscheinung hängt mit der Qualität des mangelhaft erzeugten Chromoxydes zusammen, das zum Teil noch unzersetztes und nicht ausgelaugtes Kaliumbichromat enthält. Eine einfache Probe genügt, um sich von der Reinheit des Chromoxyds zu überzeugen. Man koche eine geringe Menge desselben in einem Gefäße mit heißem Wasser und lasse absitzen. Ist die überstehende klare Lösung gelb gefärbt, so kann auf unvollkommene Fabrikation des Chromoxydes geschlossen werden. Ebenso kann das nur schwer lösliche Kaliumsulfat, das sich bei der Chromoxydfabrikation bilden kann, Ursache zu Auswitterungen im Email sein. Man verlange daher stets reinstes, gut gewaschenes und geglühtes Chromoxyd.

Pinkrosa. (Pink colours = Nelkenfarben.)

Zu den vielfach in der Keramik zur billigen Rosafärbung verwendeten Farbkörpern zählen die verschiedenen Nuancen von Pinkrot.

Die Herstellung der Pinkfarbe geschieht durch Mischen von Kreide, Quarz, Zinnoxyd, Borax und doppeltchromsaurem Kali, durch Fritten dieser Mischung, Auslaugen (um das überschüssige, nicht umgesetzte chromsaure Kali zu entfernen), Schlemmen und Waschen[1] des so erhaltenen Farbstoffes. Die Pinkfarben sind schon lange bekannt.

Die Vorschriften zu deren Herstellung sind sehr zahlreich, dementsprechend auch die möglichen Farbtöne, die vom zarten Rosa bis ins Dunkelrosaviolett schwanken können.

Eine der vielen Vorschriften lautet:

50	kg	Zinnoxyd
25	„	Kreide
18	„	Quarz
4	„	doppeltchromsaures Kali
6	„	Borax.

[1]) Man wäscht vorteilhaft mit schwach salzsäurehaltigem Wasser.

Über die Konstitution des interessanten Pinkfarbkörpers ist man noch wenig unterrichtet. Erst in letzter Zeit liegen diesbezüglich zwei Arbeiten von Petrik und Roß, C. Purdy und H. Brown vor. Während man früher annahm, daß die rote Farbe des Pinkfarbkörpers von zinnsaurem Chromoxyd herrührt, vermutet L. Petrik[1]), daß die Erscheinung durch Chromoxyd veranlaßt wird, das äußerst fein auf einem indifferenten Körper, Zinnoxyd, verteilt ist. Petrik stellte rote Farbe her, in denen Tonerde die Grundlage bildete. Neuerdings hat er auch Zinkglasuren angegeben, die durch Chromoxyd rot gefärbt wurden. Die Fritte dafür hatte folgende Zusammensetzung:

$$2{,}5\,ZnO\ 0{,}5\,K_2O \left\{\begin{matrix} 3\,SiO_2 \\ 3\,B_2O_3 \end{matrix}\right\} + 4{,}6\,\%\ \text{Chromoxyd.}$$

Die Brenntemperatur ist Segerkegel 8—10.

Sogar mit Zinnoxyd allein entstand ein roter Farbkörper, der sich aus etwa 66 T. Chromoxyd und 34 T. Zinkoxyd zusammensetzte. In ihm ist das Zink schwer angreifbar. Bei Anwesenheit von Erdalkalien (Ca, Ba) ist es schwieriger die rote Farbe sicher zu erhalten; sie entsteht aber sofort vor dem Knallgasgebläse. Eine hierfür passende Mischung ist: 67 Knochenasche, 200 Dolomit, 50 Zettlitzer Kaolin, 116 Quarz, 93 krist. Borsäure, 15 Kaliumbichromat. Es entstehen eben rote Chromglasuren, wenn Chromoxyd einer opaken oder entgasenden, kristallinischen Glasur zugesetzt wird. In Zinnglasuren, den vollkommensten opaken Glasuren, geht der Vorgang am sichersten; absolut nötig ist aber das Zinn nicht. Hat man die Umstände für die Entglasung günstig gewählt, so kann man bei Zink- und Tonerdeglasuren ebenso sehr auf Erfolg rechnen. Das Tonerde-Chromoxyd-Gemenge stellt eine rote Scharffeuerfarbe dar. Man mischt 100 T. käufliches Aluminiumhydroxyd mit 6 T. Kaliumbichromat, glüht bei Segerkegel 10—12 und wäscht aus. Die Farbe ist um so tiefer rot, je schärfer gebrannt wird. Im elektrischen Ofen schmilzt sie mit dunkelroter Farbe.

Roß, C. Purdy und George H. Brown, Columb. Ohio[2]) beschäftigten sich gleichfalls mit der Frage. Als Grundlage für

---

[1]) Sprechsaal 1907, S. 361 (Ref. Chem. Ztg. 1910, S. 524).

[2]) Trans. of the Amer. Ceram. Soc. 1919, B. XI, S. 228—261. Referat Sprechsaal 1910 (21), S. 308—309.

die Versuche dienten folgende Pinkfarbkörper des Handels. Die Formeln sind auf Zinnoxyd als Einheit bezogen.

Zusammensetzung von Pinkfarben.[1])

	CaO	PbO	KNaO	SnO_2	Cr_2O_3	SiO_2	
1.	1,127	—	0,22	1,00	0,0218	0,437	Blutrot
2.	2,00	0,058	—	1,00	0,029	3,34	Hellrot
3.	0,888	0,031	—	1,00	0,0155	1,00	Hochrot
4.	0,744	—	0,062	1,00	0,0306	0,892	Bräunlich
5.	0,88	0,017	—	1,00	0,0086	0,922	Ziegelrot
6.	0,864	0,015	0,0844	1,00	0,115	0,970	Dunkles Ziegelrot
7.	0,864	0,014	0,008	1,00	0,066	0,978	Pink

Aus diesen Formeln entnahm man für die Zusammensetzung neuer Farbkörper folgende Grundsätze: 1. Alle Farbkörper sollen 1,0 Aequ. SnO_2 und 1,0 Aequ. SiO_2 enthalten. 2. Der Chrom- und Kalkgehalt soll variieren. 3. Das Chrom wird eingeführt als grünes Chromoxyd oder als Bleichromat oder als Kaliumbichromat. 4. Die Farbkörper werden nur kalziniert, nicht geschmolzen. 5. Ferner sollen sie nicht ausgewaschen werden nach dem Glühen. 6. Es wird überall die gleiche Glasur benutzt. 7. Der Glasur wird in jedem Fall 0,1 Aequ. Farbversatz, d. h. also 0,1 Aequ. SnO_2 zugesetzt.

Herstellung der Farbkörper: Jeder Farbkörper enthielt:

1 Aequ. SnO_2 . . . . Teile
2 „ SiO_2 . . . . „ , außerdem noch
entw. 0,001 oder 0,005—0,01—0,02—0,03 bis 01,5 Aequ. Cr_2O_3
dgl. „ 3,00 „ 2,50—2,00 bis 0,50 Aequ. CaO,

wobei das Chrom in je einer der oben genannten Verbindungsformen zugesetzt wurde. Nach dem Mischen wurden die Versätze in Schamottetiegeln in einer Caulkins-Gasmuffel bei SK 5 gebrannt, und zwar wurde die Zeit des Glühens, 13 Stunden, möglichst lang gewählt, um eine gleichmäßige Wärmeverteilung zu erzielen und die Versuche den technischen Verhältnissen anzupassen.

[1]) Entnommen dem Sprechsaal 1910.

Herstellung der Glasur: Die endgültige Glasur, d. h. nach Zufügung des Versatzes, hatte folgende Zusammensetzung:

$$\left.\begin{array}{ll} 0{,}22 & PbO \\ 0{,}60 & CaO \\ 0{,}18 & KNaO \end{array}\right\} \begin{array}{ll} 0{,}16 & Al_2O_3 \\ 0{,}1 & SnO_2 \\ x & Cr_2O_3 \end{array} \left\{\begin{array}{ll} 2{,}1 & SiO_2 \\ & \\ 0{,}475 & B_1O_3\,. \end{array}\right.$$

Die eigentliche Glasur bestand aus einem ungefritteten und einem gefritteten Teil. Die Fritte enthielt:

$$\left.\begin{array}{ll} 0{,}625 & CaO \\ 0{,}375 & KNaO \end{array}\right\} 0{,}23\ Al_2O_3 \left\{\begin{array}{ll} 0{,}72 & SiO_2 \\ 0{,}989 & B_2O_3 \end{array}\right.$$

oder

Kreide	30,0	Gew.-T.
Borax	38,2	„
Borsäure in Flocken	34,1	„
Feldspat	44,48	„
Kaolin	7,77	„
Flint	17,16	„

Nach dem Zerkleinern und Mahlen wurde diese Fritte folgendermaßen versetzt:

Fritte	0,48	Aequ.
Bleikarbonat[1])	0,22	„
Flint	0,074	„
Ton	0,05	„

Diese Glasurmischung bildete die Grundlage für jede gefärbte Glasur, wozu dann noch kamen:

Farbkörper	0,1	Aequ.
Kreide	y	„

Die Glasuren wurden nunmehr auf gargebrannte kleine Ziegel aufgetragen und diese in einer Muffel mit überschlagender Flamme gebrannt, bei verschiedenen Temperaturen. Es wurden drei Brände vorgenommen:

bis SK 01:	Dauer 29 Std.,	Brennstoff	nur Koks
„ „ 2:	„ 30 „	„	Koks + wenig Kohle.
„ „ 3:	„ 31 „	„	2 Teile Koks + 1 Teil Kohle.

[1]) Über die chemische Zusammensetzung des Karbonats ist nichts genaueres gesagt.

Zur Abkühlung wurden nach Beendigung der Brände die Feuertüren offen gelassen. Während des Brennens wurde auf möglichst gleichmäßige Wärmeverteilung gesehen.

Die Resultate, besonders hinsichtlich der entstandenen Farbtöne, waren folgende:

1. Farbkörper. Gruppe A (mit Chromoxyd): Die Versätze mit viel Kalk (3,0 Aequ. $CaCO_3$) gaben kein Pink, die mit 2,5 Aequ. bräunliche Töne, die mit 2,00, 1,50 und 1 Aequ. $CaCO_3$ Pinkrot, wobei die Intensität mit dem Chromgehalte steigt. Bei 0,5 Aequ. $CaCO_3$ variiert mit wachsendem Chromgehalt die Farbe von hellem Pink bis zu dunklem Grün.

Gruppe B (mit Bleichromat): Hier wechselt die Farbe sehr, z. B. zeigt ein Teil der Farbkörper mit 3,0 Aequ. $CaCO_3$ ausgesprochenes Pink, nämlich die mit 0,05—0,10 Aequu. Cr_2O_3, während die chromärmeren ein helles Gelb oder Grün, die chromreicheren ebenfalls grüne Farbe besaßen. Die Farbkörper von 2,00—0,50 Aequ. $CaCO_3$ waren weiß bis pinkrot, wobei die Intensität mit dem Chromgehalt zunimmt.

Gruppe C (mit Kaliumbichromat): Hier trat teilweise eine Verflüchtigung von grünen Chromverbindungen ein; man fand nach dem Brennen der Farbversätze in den Tiegeln grüne Kristalle an den Rändern; auch zeigten die in den Muffeln aufgestellten Segerkegel grüne Anflüge. — Die Farbkörper mit 3,00 Aequ. $CaCO_3$ gaben Farbtöne von hellem Grün bis, bei den chromreichsten, zu tiefem Braun. Bei 2,00—1,00 herrschte Pink vor, bei 0,50 Aequ. $CaCO_3$ Lila-Hellgrün.

Im allgemeinen wies die Gruppe A die meisten den Pinkroten des Handels ähnlichen Farben auf. Die Pinks von B waren die lichtesten; in C waren sehr charakteristische braune Farben vorhanden. Beim Auswaschen mit Wasser verloren diese Pinksorten die braune Farbe und wurden hellgelbbraun, wahrscheinlich war an der Oberfläche Chromsäure vorhanden gewesen. Besonders bei den Farbkörpern mit 0,050—0,15 Aequ. Cr_2O_3 zeigte sich das. — Schon hier sei hervorgehoben, daß die Farbe des Versatzes durchaus nicht ein Kriterium für die der Glasur ist.

2. Glasuren. Die Bezeichnungen der Gruppen entsprechen denen der angewandten Farbkörper.

Gruppe A: Der geringe Unterschied in der Zusammensetzung der Glasuren schien keinen Einfluß auf die Glattbrenntemperatur zu haben; vielmehr schienen alle gleich hart zu sein. Bei SK 01 war eine einzige Glasur fehlerhaft; sie zeigte Risse und blätterte ab. In vielen Glasuren traten bei SK 01 Trübungen auf. Bei SK 1—2 flossen die Glasuren besser aus; auch verschwanden die Trübungen mehr und mehr. Bei SK 3 traten letztere wieder auf; die Farben wurden hier schon blasser und waren nicht mehr so tief wie bei SK 01 und 1.

Es sei nochmals darauf hingewiesen, daß die Farbkörper nach dem Glühen nicht ausgewaschen worden waren, und daß, wenn dies erfolgt wäre, die Resultate infolge der dann entfernten löslichen Chromsäure sich gewiß teilweise geändert hätten. Folgerungen: Die Verfasser stellen fest, daß die Art der Verbindung, in welcher das Chrom in den Halbkörper und die Glasur eingeführt wird, tatsächlich von Einfluß ist auf die entstehende Farbe, entgegen der Ansicht von Seger, Rodgers, Mellor und von Hull. Sehr selten geben Farbkörper gleicher molekularer Zusammensetzung, bei denen aber das Chrom in verschiedener Form zugesetzt worden ist, die gleiche Farbwirkung.

Wie aus den Untersuchungen weiter hervorgeht, genügt bei hohem Kalkgehalt schon 0,0001 Äquiv., um in allen 3 Gruppen A—C helle Rot zu erzeugen. Mit sinkendem Kalkgehalt geht in Gruppe A und B der Farbton in Lila, bei C in tieferes Rot über. Auch sonst zeigte sich der Einfluß des Kalkgehaltes auf die Farbe, besonders in der Bleichromatserie B, wo bei hohem Kalkgehalt tiefe Rot entstanden, bei sinkendem Kalkgehalt die Farben allmählich verblaßten. Ferner kommt es im allgemeinen nicht nur auf die Zusammensetzung der Glasur, sondern auch ebenso sehr auf die des Farbkörpers an. Erstere soll verhältnismäßig arm an Blei und Alkali, reich an Kalk sein.

Die Resultate der Arbeit von Purdy und Brown weichen zum Teil beträchtlich von denen früherer Arbeiten anderer Keramiker ab, besonders hinsichtlich der erzielten Farbtöne, was wohl entweder auf die verschiedene Herkunft und Reinheit des verwendeten Chromoxydes und Bleichromates oder auf die Verflüchtung von Chromverbindungen beim Glühen des Kaliumbichromates zurückzuführen ist. Auch enthielten, wie schon erwähnt, mehrere Farbkörper lösliche Chromsäure, die beim Auftragen der Glasurflüssigkeit sich schließlich an der Oberfläche der Glasurschicht anreichern konnte. Die beiden Forscher beabsichtigen diese interessanten Studien fortzusetzen.

Es lassen sich auch braune und andere Pinkfarben dadurch herstellen, daß man das Zinnoxyd durch chromsaures Eisenoxydul oder durch Titansäure ersetzt.

Die Pinkrosafarbe im Email.

Der Zusatz dieser Farbe zum Email geschieht auf der Naßmühle in Mengen von 6—10%, je nach der Qualität der Farbe und der gewünschten Nuance.

Dieses Rosa kann natürlich mit dem durch Goldsalze hergestellten Rosa an Feuerbeständigkeit nicht wetteifern. Die mit Pinkrosa gefärbten Emails erfordern mäßige Brenntemperatur, da die Farbe sonst verblaßt. Insbesondere muß vermieden werden, daß die mit Rosaemail aufgetragenen Geschirre vor dem Brennen mit schweißigen Händen berührt werden, da an diesen Stellen sonst nach dem Brande weiße Stellen entstehen, erzeugt durch die Reduktion des Farbkörpers infolge der verbrennenden organischen Substanz des Schweißes.

Gelbfärbende Farbkörper.

Dazu dienen folgende Verbindungen:

1. Saures antimonsaures Kali (fälschlich Antimonoxyd genannt) in Verbindung mit Zink- und Eisenoxyd gemischt. Man verbrennt Antimonmetall mit 6 Teilen Salpeter, glüht kräftig und mahlt. Wäscht behufs Entfernung des überflüssigen Salpeters mit kaltem Wasser aus und filtriert das zurückbleibende zweifach antimonsaure Kali von dem in Lösung gegangenen einfach antimonsauren Kali ab. Auch letzteres wird durch Einleiten von Kohlensäure in zweifach antimonsaures Kali umgewandelt.

2. Neapelgelb[1]). Diese vielfach insbesondere früher benutzte gelbe Farbe ist in chemischer Beziehung antimonsaures Bleioxyd ($PbO + Sb_2O_5$). Die Qualität des im Handel vorkommenden Neapelgelb ist verschieden. Zur Darstellung mengt man

[1]) Nach Hermann zit. Buch S. 25.

Brechweinstein	2	Teile
Bleinitrat	4	„
Kochsalz	8	„

schmilzt das Ganze, behandelt die Schmelze mit sehr verdünnter Salzsäure, und wäscht und trocknet. Nach der sogenannten Pariser Methode:

Man oxydiert metallisches Antimon durch Schmelzen bei Luftzutritt und nimmt auf je 12 Teile Antimon je 8 Teile Mennige und 4 Teile Zinnoxyd. Die Mischung wird bei gelinder Rotglut geschmolzen.

3. Chromsaures Baryt ($BaCrO_4$) wird seltener verwendet. Farbe kanariengelb. Chlorbaryum des Handels wird in Wasser gelöst, chromsaure Kalilösung zugesetzt, der Niederschlag filtriert und gewaschen.

4. Chromsaures Bleioxyd, Chromgelb genannt (Bleichromat $BbCrO_4$), meistens mit schwefelsaurem Blei oder auch Gips verunreinigt, welche zur Tönung der Farbe zugesetzt werden. Die Farbe ist sehr schwankend und unsicher. Zur Darstellung derselben wird eine Lösung von essigsaurem Blei (Bleizucker) mit Essigsäure angesäuert und mit gelöstem roten chromsaurem Kali versetzt, solange sich noch ein Niederschlag bildet. Man wäscht den Bodensatz aus und trocknet das erhaltene schöne dunkelgelbe Pulver. Man verwendet hierzu: 100 Teile Bleizuckerlösung, 40 Teile Kaliumbichromatlösung. In Verbindung mit Selen erzielt man das sogenannte „Korallrot".

5. Kadmiumgelb oder Schwefelkadmium. In dem Bestreben, bleihaltige Verbindungen aus der Emaillefabrikation möglichst auszuschließen, ist man zur Verwendung des prachtvoll gelb färbenden Schwefelkadmiums (CdS) übergegangen. In der Natur findet es sich in nur einem Zustande als Greenochit.

Künstlich und rein wird es dargestellt durch Einleiten von Schwefelwasserstoff (H_2S) in Kadmiumsalzlössungen (Chlorkadmium oder schwefelsaures Kadmium). In verdünnten Säuren ist das Schwefelkadmium unlöslich.

Die Färbekraft desselben für Emails ist bedeutend und genügt der Zusatz von 1% zur Naßmühle.

Auch kann es mit der Rohmischung im Schmelzofen mitverschmolzen werden. Dabei kann eine interessante Beobachtung gemacht werden. Kühlt man das so erhaltene geschmolzene, gelbe Email beim Auslaufen aus dem Wannen- oder Tiegelofen durch Einfließenlassen im kalten Wasser ab, so zeigt das geschmolzene Email eine weiße Farbe. Nach dem Mahlen, Auftragen und Einbrennen der Waren mit diesem Email erscheint jedoch wieder die gelbe Färbung. Diese Erscheinung hängt mit den physikalischen Vorgängen bei der raschen Abkühlung zusammen, indem dadurch, ähnlich wie beim Goldrubinglas, das Schwefelkadmium statt in feinverteiltem Zustande sich auszuscheiden, sich im Email auflöst, um erst nach dem Brande der aufgetragenen Waren wieder zu erscheinen.

XVII. Allgemeine Vorschriften über Emails.

Welche verschiedene Ansichten bezüglich der Herstellung von Emails teilweise in der Literatur bestehen, zeigt folgende Gegenüberstellung von Grenzwertmolekularformeln verschiedener Fachleute:

Vondracek gibt (Sprechsaalkalender 1910, S. 35) für Grundemail folgende Grenzwerte:

0,5—0,7 Na_2O		0,5—1,1 B_2O_3
0,2—0,3 K_2O	0,15—0,35 Al_2O_3	2,0—3,1 SiO_2
0,3—0,0 CaO		0,0—0,3 F_2

für Deckemail auf Blech:

0,45—0,7 Na_2O		0,15—0,7 B_2O_3
0,15—0,3 K_2O	0—0,55 Al_2O_3	2,0 —4,3 SiO_2
0,40—0,0 CaO		0,0 —0,8 F_2
		0,3 SnO_2

Nach Shaw sind die Grenzwerte für das Deckemail:

0,0—0,65 Na_2O		1,0—1,8 SiO_2
0,0—0,60 K_2O	0—0,5 Al_2O_3	0,2— ? B_2O_3
0,2—0,60 CaO		

Ein nicht näher genannter Verfasser gibt in der Keramischen Rundschau 1908, S. 98—100, S. 110—112, S. 136—137, wiederum folgende Grenzwerte an:

für Grundemail:

$$\left.\begin{array}{l} 0{,}54-0{,}85\ Na_2O \\ 0{,}27-0{,}23\ K_2O \\ 0{,}19\ CaO \end{array}\right\}\quad 0{,}31\ Al_2O_3 \quad\left\{\begin{array}{l} 2{,}78\ SiO_2 \\ 0{,}75-0{,}78\ B_2O_3 \\ 0{,}37-0{,}38\ F_2 \end{array}\right.$$

und für Deckemail:

$$\left.\begin{array}{l} 0{,}41-0{,}56\ Na_2O \\ 0{,}29-0{,}21\ K_2O \\ 0{,}30-0{,}23\ CaO \end{array}\right\}\quad 0{,}35-027,\ Al_2O_3 \quad\left\{\begin{array}{l} 2{,}54-1{,}54\ SiO_2 \\ 0{,}27-0{,}40\ B_2O_3 \\ 1{,}26-0{,}88\ F_2 \\ 0{,}21-0{,}37\ SnO_2 \end{array}\right.$$

Vielleicht gehen wir mit der Ansicht richtig, solchen Grenzwertsformeln nur eine untergeordnete Bedeutung beizulegen, weil die Versuche mit den einzelnen Kombinationen vielfach Laboratoriumsversuche oder Versuche in relativ kleinem Ausmaße darstellen. Der Praktiker jedoch weiß, daß erst in der Großfabrikation die Eigenschaften eines Emails praktisch zu Tage treten. Es fragt sich nun, ob es daher nicht richtiger wäre, aus einer Reihe von in verschiedenen Werken ausprobierten Emailvorschriften Beziehungen der Mengen der einzelnen Bestandteile gegeneinander abzuleiten, wie dies in den Tabellen des Verfassers versucht wird. Wenn in diesem Kapitel überhaupt eine Reihe von in der Literatur sich findenden Vorschriften gegeben wird, so geschieht dies mehr in der Absicht, dem denkenden und suchenden Praktiker eine Übersicht der wichtigsten diesbezüglichen Anschauungen zu verschaffen, denn es braucht nicht erst wiederholt zu werden, daß alle Vorschriften, von welcher Seite sie auch kommen mögen, nicht überall ohne weiteres verwendet werden können.

Amerikanische Geschirremails.

Aus einer umfangreichen Arbeit von J. Bradfield Shaw (Grand Rapids, Mich.), welche er der Ohio-Staatsuniversität eingereicht hat und die in den Trans. of the Amer. Cer. Soc. 1909, Bd. XI, S. 103—152 erschienen sind, entnehmen wir nach dem Referate im Sprechsaal 1910 (8), S. 108 folgende Mitteilungen, die gewisses Interesse haben, obwohl manches darin von uns europäischen Fachleuten skeptisch aufgefaßt werden dürfte, insbesondere der hohe Flußspatgehalt in den amerikanischen Emails, als auch seine Ansicht über die Rolle des Kalkes im Email.

Die in Tabellen von Shaw ausgedrückte Zusammensetzung der Emails in Äquivalenten der molekularen Mengen wurden vom Verfasser des besseren Verständnisses halber nebstbei in übliche gewichtsprozentische Tabellen berechnet.

Shaw gibt folgende Grenzwerte für Grundemails:

0,15—0,75 K_2O		
0,00—0,60 Na_2O		1,1—1,7 SiO_2
0,14—0,64 CaO	0,1—0,5 Al_2O_3	
0,00—0,06 CoO		0,2—0,5 B_2O_3
. . . . MnO		

Die Kunst und die Erfahrung des Fachmannes bestehen eben darin, Emailvorschriften auszuarbeiten, die sich den jeweiligen lokalen Fabrikations- und Rohmaterialsverhältnissen anpassen.

Wollen wir jedoch in der früher angegebenen Ideenreihe ein oder das Email in eine Molekularformel kleiden, so würden wir nachfolgenden den Vorzug geben: Deckweiß für Email-Küchengeräte:

		0,571 B_2O_3
0,195 K_2O		2,315 SiO_2
0,683 Na_2O	0,34 Al_2O_3	1,390 F_2
0,122 CaO		0,235 SnO_2

für Deckweiß auf Gußeisen:

0,19 K_2O		0,420 B_2O_3
0,80 Na_2O	0,36 Al_2O_3	0,516 SiO_2
0,01 MgO		0,160 SnO_2
		0,990 F_2

bleifreies Puderemail auf Gußeisen:

0,012 MgO		1,040 SiO_2
0,156 K_2O	0,273 Al_2O_3	0,572 B_2O_3
0,832 Na_2O		0,322 SnO_2
		0,819 F_2

Shaw gibt die äußersten bewährten Serienglieder empirisch in der nachfolgenden Tabelle I an, welche Zahlen der Leichtverständlichkeit halber vom Verfasser in prozentuale Gewichtsmengen umgerechnet wurden laut Tabelle II.

1. Grundemails nach Shaw.

Tabelle I.

Nummer der Vers.-Reihe	Feldspat	Flint	Borax, krist.	Entwässerte Soda	KNO_3	Flußspat	Kryolith	Kobaltoxyd Co_2O_3	Mangan-superoxyd	Kreide	Ton	B_2O_3, $3\,H_2O$
A 4	0,1	0,57	0,19	0,22	0,06	0,24	0,06	0,006	0,004	—	—	—
A 5	0,1	0,77	0,19	0,22	0,06	0,24	0,06	0,006	0,004	—	—	—
A 6	0,1	0,97	0,19	0,22	0,06	0,24	0,06	0,006	0,004	—	—	—
B 3	0,1	0,77	0,09	0,32	0,06	0,24	0,05	0,006	0,004	—	—	—
B 6	0,1	0,77	0,24	0,17	0,06	0,24	0,05	0,006	0,004	—	—	—
C 2	0,1	0,77	0,19	0,22	0,06	0,24	0,056	0,006	0,004	—	—	—
C 5	0,1	0,14	0, 9	0,22	0,06	0,24	0,056	0,006	0,004	—	—	—
D 2	0,1	0,77	0,19	0,22	0,06	0,24	0,05	0,01	0,004	—	—	—
D 7	0,1	0,77	0,19	0,17	0,06	0,24	0,05	0,06	0,004	—	—	—
E 2	0,1	0,77	0,19	0,32	0,06	0,14	0,05	0,006	0,004	—	—	—
E 7	0,1	0,70	—	0,10	0,02	0,64	0,02	0,006	0,004	—	0,03	0,18
F 2	0,1	0,77	0,19	0,22	0,06	0,24	0,05	0,006	0,004	—	—	—
G 3	0,08	0,90	0,19	0,388	0,082	0,24	0,08	0,006	0,004	—	—	—
H 1	0,1	0,77	0,19	0,22	0,06	0,24	0,05	0,006	0,004	—	—	—
H 5	0,1	0,77	0,19	0,22	0,06	—	0,05	0,006	0,004	0,24	—	—

SiO_2 (Versuchs-Reihe A): Ein hoher SiO_2-Gehalt verursacht Abblättern der Emailschicht, zu niedriger veranlaßt Rissigwerden. Mit steigendem SiO_2-Gehalt wird das Email strengflüssiger. Die zulässige Grenze nach unten ist 1,1 Äquivalent, auf die Molekularformel (s. o.) bezogen. Die Emails mit den höheren SiO_2-Gehalten haben einen größeren Ausdehnungskoeffizienten als Stahlblech, blättern daher ab und hätten sicherlich bei höherem Brennen bessere Resultate gegeben. Das gefundene zulässige Minimum von 1,7 Äquivalent muß daher als bedeutungslos angesehen werden.

B_2O_3 (V.-R. B): Hoher B_2O_3-Gehalt verursacht Abblättern, zu niedriger gibt matte Emails, und zwar wirkt B_2O_3 in beiden Fällen ziemlich intensiv. Die zulässigen Grenzen sind nach oben und unten 0,5 und 0,2 Äquivalent.

Al_2O_3 (V.-R. C): Es erhöht die Brillanz und das Adhäsionsvermögen des Emails, bis zu etwa 0,5 Äquivalent. Gleichzeitig wird dasselbe feuerbeständiger, aber auch zähflüssig, so daß es sich z. B. im geschmolzenen Zustand nur schwer aus dem Tiegel ausgießen läßt. Die zulässigen Werte schwanken zwischen 0,1 und 0,5 Äquivalent.

Tabelle II. Grundemails.

Nummer der Vers.-Reihe	Feldspat	Flint	Krist. Borax	Kalz. Soda	Kalisalpeter	Flußspat	Kryolith	Kobaltoxyd	Braunstein	Kreide	Ton	Borsäure
A 4	24,8	15,2	32,2	10,4	2,8	8,3	5,6	0,45	0,15	—	—	—
A 5	23,5	19,6	30,6	9,8	2,6	7,9	5,3	0,43	0,15	—	—	—
A 6	22,5	23,0	29,2	9,4	2,4	7,6	5,1	0,40	0,14	—	—	—
B 3	26,8	22,3	17,0	16,3	2,9	9,0	5,1	0,48	0,17	—	—	—
B 6	22,4	18,6	36,8	7,3	2,4	7,5	4,2	0,40	0,14	—	—	—
C 2	23,6	19,6	30,7	9,9	2,6	7,9	4,9	0,42	0,15	—	—	—
C 5	28,2	4,2	36,5	11,8	3,1	9,4	5,9	0,50	0,16	—	—	—
D 2	23,7	19,6	30,8	9,9	2,6	7,9	4,5	0,71	0,15	—	—	—
D 7	23,4	19,4	30,4	7,5	2,5	7,8	4,4	4,2	0,15	—	—	—
E 2	23,5	19,5	30,5	14,3	2,5	4,6	4,4	0,42	0,15	—	—	—
E 7	28,4	21,4	—	5,4	1,0	25,4	2,1	0,51	0,18	—	—	—
F 2	23,8	19,7	30,8	9,9	2,6	7,9	4,5	0,42	0,15	—	3.93	11,4
G 3	17,3	21,0	28,0	15,9	3,2	7,2	6,5	0,39	0,14	—	—	—
H 5	23,6	19,6	30,6	9,8	2,6	—	4,4	0,42	0,15	8,6	—	—

Co_2O_3 (V.-R. D): Es erhöht die Feuerbeständigkeit des Emails und macht es in einem größeren Temperaturintervall für das Aufschmelzen besser verwendbar, als ein Email ohne Kobaltoxyd. Auch verstärkt es die weiße Farbe einer weißen über der Grundschicht verwendeten Masse. Obgleich sein Zusatz zu einer Grundmasse nicht unbedingt nötig ist, so ist er immerhin wünschenswert. Die Grenze des Zusatzes nach oben wird nur gegeben durch den hohen Preis des Oxyds, und mehr als 0,06 Äquivalent sind in dieser Beziehung für eine billige Fabrikation schon zu kostspielig.

CaO (V.-R. E): Ein Email, das gar kein CaO, sondern nur Alkalien enthält, ist für den praktischen Gebrauch zu weich. Die untere Grenze ist 0,14 CaO; es wird sich ferner nicht empfehlen, unter entsprechender Herabsetzung des Alkaligehaltes über 0,64 Äquivalente hinauszugehen, da das Email dann schon ziemlich schwer schmelzbar wird.

Na_2O und K_2O (V.-R. F): Beide können einander in beliebigem Verhältnis ersetzen, ohne merkliche Wirkung. Nur verleiht ein höherer K_2O-Gehalt dem Email stärkeren Glanz.

Kryolith-Feldspat (V.-R. G): Ersatz von Feldspat durch Kryolith stimmt das Email bedeutend weicher und macht es opak. Hoher Kryolithgehalt und niedriger Feldspatgehalt veranlassen Rißbildung, was wahrscheinlich auf der Verflüchtigung eines Teiles der Kieselsäure als SiF_4 beruht. Die besten Ergebnisse wurden erhalten, wenn man den Mischungen beide Komponenten in gleichen Beträgen zusetzte. Gleichzeitig mußte bei dem Ersatz des Feldspates durch Kryolith noch Quarz zugegeben werden, um den SiO_2-Gehalt konstant zu halten.

Kreide-Flußspat (V.-R. H): Hier zeigt sich kein Unterschied in der Wirkung beider; die erzeugte Ware ist in beiden Fällen von gleicher Qualität. Die Anwendung des einen oder anderen Stoffes wird also nur von dem lokalen Preis abhängen.

Selbstverständlich können diese aus den Versuchen hergeleiteten Folgerungen streng genommen nur für die Email-Formel Geltung haben, welche oben als Basis der Untersuchungen hingestellt worden war. Allerdings sind die beiderseitigen Grenzwerte der Komponenten so scharf bestimmt, daß man auch für andere Fälle wichtige Schlüsse betreffs der gegenseitigen Beziehungen der Emailbestandteile ziehen kann.

2. Deckemails.

Shaw beschränkte sich hier auf weiße Massen, die genau so vorbereitet wurden wie die Grundemails. Sie wurden auf die bestbewährten der letzteren Massen aufgetragen. Als Ausgangsemail für die Untersuchungen diente hier ein solches von folgender Zusammensetzung:

$$\left.\begin{array}{l} 0{,}15\ K_2O \\ 0{,}50\ Na_2O \\ 0{,}35\ CaO \end{array}\right\} \quad 0{,}10\ Al_2O_3 \quad \left\{\begin{array}{l} 1{,}60\ SiO_2 \\ 0{,}30\ B_2O_3 \end{array}\right.$$

Hierzu wurden nach dem Fritten noch 10% SnO_2 und 2% Ton zugesetzt. Die empirische Zusammensetzung siehe Tabelle II, Nr. A4.

Die Deckemails, welche sich am besten bewährten, sind in dieser Tabelle II der empirischen Zusammensetzung nach angegeben, bzw. die äußersten zulässigen Glieder der Versuchs-Reihen.

Tabelle III.

Nummer der Vers.-Reihe	Feldspat	Flint	Borax	Soda	KNO_3	Flußspat	Kryolith	ZnO	Sb_2O_3	Kristallisierte Borsäure	Tonsubstanz	SnO_2	Ton, roh
A 3	0,091	0,8	0,15	0,34	0,07	0,35	—	—	—	—	—	0,13	0,014
A 4	0,091	1,0	0,15	0,34	0,07	0,35	—	—	—	—	—	0,13	0,014
B 3	0,091	1,0	0,10	0,44	0,07	0,35	—	—	—	—	—	0,13	0,014
B 5	0,091	1,0	0,20	0,24	0,07	0,35	—	—	—	—	—	0,13	0,014
C 2	0,091	1,0	0,15	0,35	0,07	0,35	—	—	—	—	—	0,13	0,014
C 4	0,091	0,58	0,15	0,35	0,07	0,35	—	—	—	—	0,2	0,13	0,014
D 3	0,091	1,0	0,15	0,28	0,07	0,4	—	—	—	—	—	0,13	0,014
D 4	0,091	1,0	0,15	0,08	0,07	0,6	—	—	—	—	—	0,13	0,014
E 1	—	1,6	0,15	0,20	—	0,35	0,1	—	—	—	—	0,13	0,014
E 5	0,091	1,0	0,15	0,04	0,52	0,35	—	—	—	0,30	—	0,13	0,014
F 3	0,091	1,0	0,15	0,26	0,07	0,35	—	0,04	0,04	—	—	0,05	0,014

Tabelle IV. Deckemails. Umrechnung der Tab. III in Gewichtsprozenten nach Grünwald:

Nummer der Vers.-Reihe	Feldspat	Flint	Borax	Soda	Flußspat	Kryolith	Zinkoxyd	Antimonoxyd	Kristallisierte Borsäure	Zinnoxyd	Ton, roh	Salpeter
A 3	20,3	19,2	23,0	14,4	10,8	—	—	—	—	7,8	1,5	2,8
A 4	19,3	22,9	21,8	13,7	10,4	—	—	—	—	7,4	1,3	2,7
B 3	19,9	23,7	18,2	18,4	10,8	—	—	—	—	7,7	1,4	2,7
B 5	18,8	22,3	28,2	9,4	10,1	—	—	—	—	7,2	1,3	2,6
C 2	16,0	19,1	18,1	11,8	8,6	—	—	—	—	6,2	17,5	2,2
C 4	17,4	12,0	19,6	12,8	9,4	—	—	—	—	6,6	19,1	2,4
D 3	19,5	23,2	22,0	11,4	12,0	—	—	—	—	7,5	1,4	2,7
D 4	19,9	23,7	22,5	3,3	18,5	—	—	—	—	7,3	1,4	2,8
E 1	—	39,0	23,1	8,7	11,1	8,5	—	—	—	7,9	1,4	—
E 5	16,1	19,2	18,2	1,3	8,7	—	—	—	11,9	6,2	1,1	16,8
F 3	19,7	23,4	22,2	10,8	10,6	—	1,3	4,5	—	3,9	1,5	2,8

Die Resultate betreffend die Wirkung der einzelnen Komponenten waren folgende, wobei sich die angegebenen Grenzzahlen auf die Äquivalentformel ohne SnO_2 und Ton beziehen.

SiO_2 (A): Erhöhung des SiO_2-Gehaltes macht das Email härter, aber auch säurefester. Die zulässigen Grenzen sind 1,0 — 1,8 Äquivalent.

B_2O_3 (B): Mit steigendem B_2O_3-Gehalt wächst auch der Glanz des Emails, aber der Schmelzpunkt wird erniedrigt. Die untere Grenze war 0,2 Äquivalent; die obere wurde nicht erreicht.

Al_2O_3 (C): Es erhöht die Undurchsichtigkeit, den Glanz und die Härte des Emails. Seine Anwesenheit ist wünschenswert, aber nicht durchaus nötig. Zu empfehlen ist ein Gehalt zwischen 0—0,4 Äquivalent.

CaO (D): Dieses Oxyd wirkt am intensivsten auf die Schmelzbarkeit. Wird alles CaO durch Na_2O ersetzt, so werden die Gläser zu weich für den praktischen Gebrauch. Der CaO-Gehalt soll nicht unter 0,2 Äquivalent sinken.

K_2O und Na_2O (E): Sie können ohne besondere Wirkung ausgetauscht werden. K_2O macht die Emails etwas brillanter als Na_2O.

Ersatz von SnO_2 durch ZnO und Sb_2O_3 (F): SnO_2 macht die Emails opak. Es kann ganz oder teilweise ausgetauscht werden gegen ZnO und Sb_2O_3, 0,13 Äquivalent ZnO + Sb_2O_3 oder SnO_2 genügt zur Erzielung guter Deckmassen, wenn man zwei Deckschichten übereinander anwendet. Dabei wurde SnO_2 noch zugesetzt, ZnO und Sb_2O_3 vorher gefrittet.

Die Brenntemperaturen schwankten meist zwischen 870—925°. Es soll hier nichts Näheres über sie, desgleichen nicht über die Brenndauer gesagt werden, da sich, wie der Verfasser selbst hervorhebt, diese im kleinen Maßstabe erhaltenen Daten doch nicht auf die Verhältnisse in der Praxis übertragen lassen und außerdem von der Mahlfeinheit, der Art des Frittens, der Dicke der aufgetragenen Schicht u. a. abhängen. Jedenfalls ist es nach Shaw nicht allzu schwierig, eine gute Deckmasse zu erhalten, wenn schon eine gute Grundmasse vorhanden ist.

Schlußergebnis: Die Endresultate, die er auf Grund seiner Versuche mit Grund- und Deckemails erhielt, sind nach Shaw kurz folgende:

Die Zusammensetzung der Grundemails schwankt zwischen folgenden Werten:

$$\left.\begin{array}{ll} 0{,}15-0{,}75 & K_2O \\ 0{,}00-0{,}60 & Na_2O \\ 0{,}14-0{,}64 & CaO \\ 0{,}00-0{,}06 & CoO \\ \ldots\ldots & MnO_2 \end{array}\right\} \quad 0{,}1-0{,}5\ Al_2O_3 \quad \left\{\begin{array}{ll} 1{,}1-1{,}7 & SiO_2 \\ 0{,}2-0{,}5 & B_2O_3 \end{array}\right.$$

desgleichen die der Deckemails:

$$\left.\begin{array}{ll} 0{,}0-0{,}60 & K_2O \\ 0{,}0-0{,}65 & Na_2O \\ 0{,}2-0{,}60 & CaO \end{array}\right\} \quad 0-0{,}5\ Al_2O_3 \quad \left\{\begin{array}{ll} 1{,}0-1{,}8 & SiO_2 \\ 0{,}2-\ ? & B_2O_3 \end{array}\right.$$

Gußeisenemails (nach Sprechsaal 1909 (15), S. 220 Vondracek):

1. Engl. Pat. 2539 A. D. 1856 (Salt).

Sand	10	—	—	30	—
Feuerstein	—	36	—	—	6
Mennige	33	—	—	45	—
Borsäure	20	24	7	—	—
Bruchglas	114	—	11	30	—
Soda	16	24	0,25	4	3
Salpeter	1,15	18	—	4,5	2
Knochenasche	—	—	3,5	—	3
Arsenige Säure	—	—	—	3	—
Antimonoxyd	—	—	0,15	—	—
Braunstein	0,60	—	—	—	—
Borax	—	—	—	—	12

Das gereinigte Gußeisen wird mit Gummiwasser überzogen und die Mischung a und b aufgestaubt. Das Ganze wird erhitzt, bis der Überzug schmilzt. Man erhält so einen grauen Emailüberzug. Falls ein weißes Email herzustellen ist, kommt auf den ersten Überzug wieder ein Gummianstrich, und eine der Mischungen c, d und e wird aufgestaubt und eingebrannt.

2. Engl. Pat. Nr. 1166 A. D. 1863 (Clark). 50 Teile Feldspat, 30 Teile Quarz, 10 Teile Kaolin, 25 Teile Soda, 20 Teile Spanisch Weiß und 10 Teile Borsäure werden zusammengefrittet und 60 Teile der Fritte mit 10 Teilen Feldspat und 20—40 Teilen Bleiweiß zusammengeschmolzen. 10—15 Teile der geschmolzenen Masse werden gemahlen und mit 1—10 Teilen fettem Alaunton versetzt. Die Glasur braucht keine Grundmasse.

3. Engl. Pat. Nr. 12554 A. D. 1906 (Atkinson und Smith).

Das Email wird hergestellt aus 130 Teilen Opalglasscherben, 25 Teilen Natriumbikarbonat und 13 Teilen Borsäure und braucht keine Grundmasse.

4. Am. Pat. Nr. 663618 (Toping).

Das Email wird zusammengeschmolzen aus 61 Teilen Borax, 71 Teilen Feldspat, 41 Teilen Quarz, 15 Teilen Flußspat, 14 Teilen Soda, 11 Teilen Salpeter und einer genügenden Menge Knochenasche oder eines anderen Trüb- oder Farbmittels. Es kann, falls es kein Zinn enthält, direkt auf das Metall aufgetragen werden.

5a. D. R. P. Nr. 34391 (Hörenz) betrifft eine Deckmasse, bestehend aus 40 Teilen Feldspat, 28 Teilen Borax, 8 Teilen Zinnoxyd, 1 Teil Salpeter und 10 Teilen Soda.

5b. Ein Email, welches direkt auf das Eisen aufgetragen werden kann, wird hergestellt nach engl. Pat. Nr. 9611 A. D. 1893 (Leuchs) durch teilweise Substitution der Kieselsäure durch Titansäure.

6. D. R. P. Nr. 9621 (Henzel u. Broz) beschreibt eine Reihe von Emails zum Emaillieren in der Gußform:

a) 28 Teile Quarz, 11 Teile Soda, 6 Teile Kreide;
b) 34 „ Quarz, 11 „ Soda, 12 „ Kreide;
c) 34 „ Quarz, 11 „ Soda, 12 „ Kreide, 5 Teile Ton;
d) 34 „ Quarz, 6 „ Soda, 12 „ Kreide.

7. Engl. Pat. Nr. 15129 A. D. 1899 (Herzog) beschreibt Emails, die sehr flüssig sein sollen und durch bloßes Eintauchen der zu emaillierenden Gegenstände in ihre Schmelzbäder ohne irgendeine Grundmasse aufgetragen werden können. Ein leicht schmelzbares Email wird zubereitet aus 12 Teilen Mennige, 4 Teilen Borax und 4 Teilen Feuerstein oder 12 Teilen Mennige, 8 Teilen Borax und 3 Teilen Feuerstein.

Ein feuerfestes Email bekommt man aus 12 Teilen Mennige, 4. Teilen Borax und 5 Teilen Feuerstein oder 10 Teilen Mennige, 6 Teilen Borax und 8 Teilen Feuerstein mit Zusatz von 3 Teilen Magnesia oder 3 Teilen Flußspat.

Ein widerstandsfähiges Email kann hergestellt werden aus der Mischung von 10 Teilen Mennige, 6 Teilen Sand, 5 Teilen Borax und 4 Teilen Glasscherben.

8. Wismuthaltige Emails, als Ersatz der bleihaltigen, können gemäß engl. Pat. Nr. 22345 A. D. 1899 (Peyrusson) hergestellt werden aus 10—30 Teilen Quarz, 10—60 Teilen Borsäure oder Borax, 5—40 Teilen Pottasche oder Salpeter, 20—80 Teilen Wismuthoxyd und 5—30 Teilen Lithiumverbindungen.

9. Eine sehr einfache Glasur wird hergestellt nach dem engl. Pat. Nr. 984 A. D. 1879 (Quinky u. Baldwin): 1 T. Borax und 1 T. Quarz werden zusammengeschmolzen und die Schmelze in Wasser gegossen. Das Produkt wird unter Zusatz von 1/10 seines Gewichtes Kaolin mit Wasser vermahlen und mit Magnesiumoxyd oder Magnesiumsulfat eingedickt.

Einige spezielle Vorschriften für Gußeisenemails nach Grünwald.

a) Ofenmassen:

1. 22 Quarz, 13 Borax, 4 Mennige } Schmelzverlust 15 %

Auf der Mühle:
20 kg Ofenmasse
12 kg Quarz
3 kg Ton

Berechnete chemische Zusammensetzung:

SiO_2	78,10 %
B_2O_3	8,48 „
Na_2O	3,70 „
PbO	6,88 „
Al_2O_3	2,74 „
K_2O	0,18 „

Molekularformel

$$\left.\begin{matrix} 0{,}327\ PbO \\ 0{,}654\ Na_2O \\ 0{,}022\ K_2O \end{matrix}\right\}\ 0{,}283\ Al_2O_3 \left\{\begin{matrix} 14{,}170\ SiO_2 \\ 1{,}308\ B_2O_3 \end{matrix}\right.$$

2. 14,0 Flintstein, 4,0 Borax, 0,5,0 Flußspat } Schmelzverlust 10,8 %

Auf der Mühle:
16,50 kg Ofenmasse
5,50 kg Quarz
2,06 kg Ton

Berechnete chemische Zusammensetzung:

SiO_2	80,80 %
B_2O_3	5,75 „
Na_2O	2,60 „
Al_2O_3	2,44 „
K_2O	0,16 „
CaO	1,86 „
F	6,39 „

Molekularformel

$$\left.\begin{matrix} 0{,}80\ Na_2O \\ 0{,}04\ K_2O \\ 0{,}16\ CaO \end{matrix}\right\}\ 0{,}48\ Al_2O_3 \left\{\begin{matrix} 26{,}8\ SiO_2 \\ 1{,}6\ B_2O_3 \\ 6{,}6\ F_2 \end{matrix}\right.$$

3. 30 Quarz, 30 Feldspat, 25 Borax } Schmelzverlust 14 %

Auf der Mühle:
10,75 Ton
6,00 Feldspat
0,80 Magnesia

Berechnete chemische Zusammensetzung:

SiO_2	65,72 %	K_2O	6,15 %
B_2O_3	10,36 „	MgO	1,05 „
Na_2O	4,59 „	CaO	0,13 „
Al_2O_3	12,00 „		

Molekularformel

$$\left.\begin{matrix} 0{,}46\ Na_2O \\ 0{,}34\ K_2O \\ 0{,}10\ CaO \\ 0{,}14\ MgO \end{matrix}\right\} 0{,}64\ Al_2O_3 \left\{\begin{matrix} 6{,}40\ SiO_2 \\ 0{,}86\ B_2O_3 \end{matrix}\right.$$

4. 30 Quarz, 16,5 Borax, 3 Bleikarbonat } Schmelzverlust 16,7 %

Auf der Mühle zusetzen:
9,00 hg Quarz
9,00 hg Ton
0,75 hg Magnesia

Berechnete chemische Zusammensetzung:

SiO_2	74,42 %	K_2O	0,32 %
B_2O_3	10,34 „	MgO	1,18 „
Na_2O	4,58 „	CaO	0,08 „
Al_2O_3	4,78 „	PbO	4,30 „

Molekularformel

$$\left.\begin{matrix} 0{,}156\ PbO \\ 0{,}577\ Na_2O \\ 0{,}024\ K_2O \\ 0{,}008\ CaO \\ 0{,}235\ MgO \end{matrix}\right\} 0{,}366\ Al_2O_3 \left\{\begin{matrix} 9{,}67\ SiO_2 \\ 1{,}17\ B_2O_3 \end{matrix}\right.$$

b) Deckemails für Gußeisen:

1. bleihaltig

Bleiglätte	2,00
Quarz	2,50
Borax	2,75
Soda	0,50
Salpeter	0,25
Borsäure	0,50
Kryolith	0,40

Auf der Mühle:
3 % Ton
8 „ Zinnoxyd

Berechnete chemische Zusammensetzung:

PbO	29,0 %
SiO_2	38,8 „
B_2O_3	10,54 „
Na_2O	9,93 „
SnO_2	7,26 „
F	29,0 „
Al_2O_3	2,55 „

Molekularformel

$$\left.\begin{matrix} 0{,}55\ NaO_2 \\ 0{,}45\ PbO \end{matrix}\right\} 0{,}075\ Al_2O_3 \left\{\begin{matrix} 9{,}51\ B_2O_3 \\ 2{,}12\ SiO_2 \\ 0{,}51\ F_2 \\ 0{,}16\ SnO_2 \end{matrix}\right.$$

2.

Borax	60,0
Feldspat	60,0
Soda	4,0
Kryolith	20,0
Salpeter	3,0
Ton	2,5
Zinnoxyd	5,0
Magnesia	0,2
Flußspat	1,0

Auf der Mühle:
7 % Ton
9 „ Zinnoxyd

Berechnete chemische Zusammensetzung:

SiO_2	30,65 %
B_2O_3	15,11 „
Na_2O	15,12 „
SnO_2	11,20 „
F	6,88 „
Al_2O_3	13,10 „
K_2O	7,16 „
MgO	0,12 „
CaO	0,66 „

Molekularformel

$$\left.\begin{array}{l}0{,}73\ Na_2O\\0{,}22\ K_2O\\0{,}04\ CaO\\0{,}02\ MgO\end{array}\right\}\ 0{,}4\ Al_2O_3\ \left\{\begin{array}{l}0{,}64\ B_2O_3\\1{,}55\ SiO_2\\1{,}02\ F_2\\0{,}23\ SnO_2\end{array}\right.$$

3.

Quarz	37,5
Borax	24,0
Zinnoxyd	25,0
Kohlens. Blei	15,0
Soda	11,0
Kohlens. Ammon	7,0
Kohlens. Magnesia	5,0

Schmelzverlust 24,6 %

Auf der Mühle:
7 % Ton
6 „ Zinnoxyd

Berechnete chemische Zusammensetzung:

PbO	11,15 %
SiO_2	36,57 „
B_2O_3	7,84 „
Na_2O	12,55 „
SnO_2	27,60 „
Al_2O_3	1,93 „
K_2O	0,10 „
MgO	2,27 „
CaO	0,02 „

Molekularformel

$$\left.\begin{array}{l}0{,}65\ Na_2O\\0{,}15\ SbO\\0{,}14\ CaO\\0{,}16\ MgO\end{array}\right\}\ 0{,}07\ Al_2O_3\ \left\{\begin{array}{l}0{,}34\ B_2O_3\\2{,}00\ SiO\\0{,}60\ SnO_2\end{array}\right.$$

4.

Borax	50
Quarz	50
Feldspat	75
Kryolith	20
Soda	10
Salpeter	6

Schmelzverlust 17 %

Auf der Mühle:
7 % Ton
12 „ Zinnoxyd

Berechnete chemische Zusammensetzung:

SiO_2	49,62 %
B_2O_3	8,60 „
Na_2O	11,78 „
SnO_2	9,93 „
F	3,42 „
Al_2O_3	10,47 „
K_2O	6,11 „
MgO	0,04 „
CaO	0,03 „

Molekularformel

$$\left.\begin{array}{l} 0{,}752\ Na_2O \\ 0{,}242\ K_2O \\ 0{,}002\ CaO \\ 0{,}004\ MgO \end{array}\right\}\ 0{,}4\quad Al_2O_3\ \left\{\begin{array}{l} 0{,}48\ B_2O_3 \\ 3{,}20\ SiO_2 \\ 0{,}72\ F_2 \\ 0{,}28\ SnO_2 \end{array}\right.$$

5. bleifreies Puderemail

Borax	200
Feldspat	120
Zinnoxyd	68
Ton	20
Soda	8
Salpeter	2
Kryolith	40
Kohlens. Ammon	3
Flußspat	2
Magnesia	2

Berechnete chemische Zusammensetzung:

B_2O_3	20,33 %
SiO_2	24,46 „
Na_2O	15,42 „
SnO_2	18,86 „
F	4,08 „
Al_2O_3	10,30 „
K_2O	5,66 „
MgO	0,28 „
CaO	0,52 „

Molekularformel

$$\left.\begin{array}{l} 0{,}74\ Na_2O \\ 0{,}19\ K_2O \\ 0{,}04\ CaO \\ 0{,}03\ MgO \end{array}\right\}\ 0{,}31\quad Al_2O_3\ \left\{\begin{array}{l} 0{,}90\ BO_3 \\ 1{,}30\ SO_2 \\ 0{,}70\ F_2 \\ 0{,}37\ SnO_2 \end{array}\right.$$

6. Amerikanisches Puderemail nach Riddle.

Riddle gibt hierfür folgende Molekularformel an:

$$\left.\begin{array}{l} 0{,}40\ PbO + BaO \\ 0{,}25\ Na_2O \\ 0{,}15\ K_2O \\ 0{,}10\ CaO \\ 0{,}05\ ZaO \end{array}\right\}\ 0{,}15\quad Al_2O_3\ \left\{\begin{array}{l} 0{,}2\ B_2O_3 \\ 1{,}0\ SiO_2 \\ 0{,}2\ SnO_2 \end{array}\right.$$

Wir würden mit nachfolgender Vorschrift zu diesem Email gelangen:

Borax	14,22 %
Bleiglätte	20,72 „
Zinkoxyd	1,49 „
Feldspat	30,48 „
Zinnoxyd	11,15 „
Soda	4,47 „
Salpeter	2,96 „
Kohlens. Baryt .	11,75 „
Kalkspat	3,35 „

Vondraceck gibt für Gußeisenemails folgende Grenzwerte an (Sprechsalkal. 1909, S. 34):

Glasur für Gußeisen

$$\left.\begin{array}{ll} 0{,}3-1{,}0 & Na_2O \\ 1{,}0-0{,}7 & CaO \end{array}\right\} \begin{array}{ll} 0{,}0-2{,}0 & B_2O_3 \\ 2{,}6-6{,}3 & SiO_2 \end{array}$$

Weiße Emails für Gußeisen:

$$\left.\begin{array}{ll} 0{,}5-0{,}7 & Na_2O \\ 0{,}1-0{,}3 & K_2O \\ 0{,}0-0{,}2 & CaO \\ 0{,}0-0{,}1 & SbO \\ 0{,}0-0{,}05 & ZaO,\ MgO \end{array}\right\} 0{,}15-0{,}4\ \ Al_2O_3 \left\{\begin{array}{ll} 0{,}3-0{,}6 & B_2O_3 \\ 1{,}6-2{,}0 & SiO_2 \\ 0{,}0-0{,}15 & F_2 \\ 0{,}2-0{,}3 & SnO_2 \end{array}\right.$$

Gußeisenemails.

Art der Emails	Weiß	Weiß	Weiß	Weiß	Blau	Blau	Blau
Borax	28	21	22,3	19	3	21	32
Borsäure	—	—	—	—	14,40	—	—
Feldspat	40	46	46	32	26,08	46	24
Quarz	—	—	—	—	13,04	—	16
Soda	10	15	12	6,5	4,7	15	12
Salpeter	1	2	0,75	2,5	4,34	2	2,5
Kryolith	—	—	—	1,5	11,04	—	2,5
Kieselfluornatrium	—	—	—	—	—	—	—
Zinnoxyd	8	10	15,5	8,5	—	—	4
Kobaltoxyd	—	—	—	—	—	1—2	2
Nickeloxyd	—	—	—	—	—	—	—
Braunstein	—	—	—	—	—	—	—
Kalkspat	—	—	—	—	2	—	—
Mennige	—	—	—	—	17,40	—	—
Kohlens. Magnesia	—	—	—	—	2	—	—
Glaspulver	—	—	—	—	—	—	—
Flußspat	—	5	1	3	0,2	5	—
Ton	—	—	—	—	—	—	—
Zinkoxyd	—	—	—	2,5	—	—	—
Knochenasche	—	—	—	1,5	—	—	—
Nach Angabe von	D.R.P. 34391	Vondracek		Vondracek	Eger	Vondracek	

Zahlentafel der prozentigen Zusammensetzung von 100 kg Grund Rohemail, gemischt nach Grünwald.

	1	2	3	4	5	6	7	8	9	Grenzwert
Borax	46,4	35,5	36,9	39,8	36,4	39,3	39,5	34,8	30,8	31—46
Borsäure	—	—	—	—	—	—	—	—	—	—
Quarz	15,4	20,3	17,9	3,2	8,3	21,4	17,1	15,1	—	0—22
Feldspat	27,8	30,4	25,4	40,8	39,5	25,00	30,5	28,7	25,6	26—41
Soda	2,5	6,1	8,8	2,7	2,1	—	4,6	7,5	7,7	0—9
Salpeter	3,00	3,04	3,8	4,2	4,2	3,5	3,00	5,7	5,1	3—6
Kryolith	—	—	—	—	—	—	—	—	—	—
Flußspat	4,1	4,00	6,3	8,6	8,3	3,5	—	8,3	7,7	0—9
Ton	—	—	—	—	—	—	—	—	—	—
Zinnoxyd	—	—	—	—	—	—	—	—	—	—
Ammoniumkarbonat	—	—	—	—	—	—	—	—	—	—
Braunstein	—	—	0,12	0,11	1,00	0,03	0,66	—	—	0—1
Kobaltoxyd	0,46	0,58	0,20	0,17	0,08	0,07	0,22	0,30	0,18	0,07—0,6
Nickeloxyd	—	—	0,25	0,21	—	0,10	—	—	—	0—0,3
Eisenoxyd	—	—	—	—	—	—	—	—	—	—
Magnesia	—	—	—	—	0,07	3,5	—	—	—	0—3

Die Zahlen beziehen sich auf 100 kg ungeschmolzenes, gemischtes Email ohne Mühlzusätze.

Ferner finden wir in der Fachliteratur noch folgende Vorschriften: Blechemails.

Art des Emails	Grund	Grund	Grund	Grund	Grund	Grund	Grund	Weiß	Glasur	Weiß	Weiß	Weiß	Weiß	Weiß	Glasur	Glanz	Weiß	Weiß	Weiß	Weiß	Email	Weiß	Blau	Schwarz	Blau	Blauhell	Schwarz
Borax	72	45	48	46	30	24	36	74	21	60	132	70	75	48	48	35	22	21	—	18	—	6,32	60	62	40	40	20
Borsäure	—	—	—	—	—	—	—	—	—	—	—	—	50	—	—	—	—	—	—	—	12	—	—	—	—	—	—
Feldspat	55,8	38	40	30	28	26	26	100	40	58	130	75	10	75	75	37	20	25	28	37,5	—	—	101	120	35	35	18
Quarz	31,2	20	36	17	18	8	14	115	60	34	152	60	8	43	50	20	28	16	10	10,5	—	57,4	—	—	32	32	16
Soda	8,4	10	12	2	9	8	10	20	8	36	26	16	25	14	10	8	8	8	8	—	20,5	24,08	6,2	14	12	12	6
Salpeter	5,4	7,5	8	2	5,6	4	6	10	4	—	6	10	—	8	8	4	3	3	3	0,7	—	1,15	3	—	5	4	3
Kryolith	—	—	—	—	—	—	—	47	12	11	78	40	—	—	—	—	10	8	10	12	—	—	24	—	—	15	—
Kieselfluorn.	—	—	—	3	—	—	—	—	—	—	—	—	—	25	—	—	—	—	—	—	—	—	—	—	—	—	—
Zinnoxyd	—	—	—	—	—	—	—	40	—	—	—	—	—	—	—	—	8	12	14	—	—	1,15	—	—	—	—	—
Kobaltoxyd	0,4	0,4	—	0,18	0,01	0,04	1,5	—	—	—	—	—	—	—	—	—	0,002	0,002	—	—	—	—	3	2	3	2	1,5
Nickeloxyd	—	—	0,28	0,42	—	—	—	—	—	—	—	—	—	—	—	—	—	—	—	—	—	—	—	—	—	—	—
Braunstein	1,2	—	—	—	—	—	—	—	—	—	—	—	—	—	—	—	—	—	—	—	—	—	0,3	16	2	—	3
Kohl. Magnesia	—	—	—	—	—	—	—	1	—	—	6	—	—	—	—	—	—	—	—	—	—	—	—	Sm.	—	—	—
Kalkspat	—	—	—	—	—	—	—	6	—	—	—	—	—	—	—	—	—	—	—	—	—	9,9	—	16	—	—	—
Glaspulver	—	—	—	—	—	—	—	53	—	—	—	—	—	—	—	—	—	—	—	—	130	—	40	—	—	—	—
Abfallemail	—	—	—	—	—	—	—	—	—	—	—	—	—	—	—	—	—	—	—	—	—	—	Eisenoxyd		—	—	—
Flußspat	7,2	11	12	—	7	—	—	6	6	—	3	20	—	—	10	—	—	—	—	—	—	—	0,1	8	10	10	5
Kupferoxyd	—	—	—	0,03	—	—	—	—	—	—	—	—	—	—	—	—	—	—	—	—	—	—	—	—	—	—	—
Ton	—	—	—	—	—	—	—	12	—	4	—	—	—	—	—	—	—	—	—	—	—	—	3,6	—	—	—	—
Nach Angabe von	Grünwald	Kitzig		Eyer	Vondracek			Grünwald säurefest	Grünwald	Grünwald für Korallrot	Grünwald	Kitzig					Vondracek			Eyer	D.R.P. 15 299 zum Pudern	D.R.P. 34 396 für Dachplatten	Grünwald		Kitzig		

Zahlentafel der prozentigen Zusammensetzung von 100 kg Weiß, Rohemail gemischt nach Grünwald.

	1	2	3	4	5	6	7[1])	8	9[1])	10[1])	11	12	13	14	15	16	Grenzwerte[2])
Borax	27,1	25,7	24,4	29,4	23,7	31,3	17,5	34,2	17,2	23,4	22,2	24	23,8	25,4	19,3	30	19—34
Borsäure	—	—	—	—	—	—	—	—	—	—	—	—	—	—	—	—	—
Quarz	8,1	18,9	24,3	14,6	19,1	—	13,1	8,8	27,1	52,4	23,1	20,5	24,8	29,6	16,9	28	8—29
Feldspat	30,0	25,7	36,5	29,4	33,8	39,1	3,51	25,3	23,7	—	34,7	25,6	37	15,2	42,4	20	15—39
Soda	6,8	0,8	—	5,8	3,3	5,0	2,8	4,4	4,9	3,5	4,5	5,4	4,9	5,0	5,8	5,5	0,8—6,8
Salpeter	4,1	1,3	2,4	1,4	14,6	1,0	0,6	0,8	2,7	4,4	3,7	3,3	3,9	3,3	1,9	3,3	1—4,4
Kryolith	1,3	16,3	12,1	14,6	0,6	6,2	17,4	5,4	10,8	14,4	11,5	13,6	—	16,9	10,6	13,3	5,4—16,9
Flußspat	9,5	—	—	2,9	—	—	—	—	1,4	0,6	—	6,8	4,9	—	—	—	0,6—9,5
Ton	—	—	—	—	—	4,6	—	4,1	1,2	—	—	—	—	—	—	—	0—6,8
Zinnoxyd	—	12,9	—	—	—	12,5	13,1	17,1	3,9	—	—	—	—	4,2	—	—	0—17
Ammoniumkarbonat	—	—	—	—	—	—	—	—	—	—	—	—	—	—	—	—	—
Braunstein	—	—	—	—	—	—	—	—	—	—	—	—	—	—	—	—	—
Kobaltoxyd	—	—	—	—	—	—	—	—	—	—	—	—	—	—	—	—	—
Nickeloxyd	—	—	—	—	—	—	—	—	—	—	—	—	—	—	—	—	—
Eisenoxyd	—	—	—	—	—	—	—	—	—	—	—	—	—	—	—	—	—
Magnesia	—	—	—	1,4	1,2	—	—	—	0,25	1,1	—	—	—	—	2,9	—	0—2,9
Glas	—	—	—	—	—	—	—	—	6,4	—	—	—	—	—	—	—	—

Die Zahlen beziehen sich auf 100 kg ungeschmolzenes gemischtes Email ohne Mühlzusatz.

[1]) Sind säurefeste Emails. [2]) Grenzwerte der säurefesten Emails sind nicht inbegriffen.

Tabelle der chemischen Zusammensetzung einiger Emails[1]).

Nr.	Art der Emails	Kieselsäure SiO_2	Tonerde Al_2O_3	Kalk CaO	Magnesia MgO	Natriumborat $Na_2B_4O_7$	Natron Na_2O	Kalium K_2O	Zinnoxyd SnO_2	Antimonoxyd Sb_2O_3	Phosphorsäure P_2O_5	Kobaltoxyd Co_2O_3	Eisenoxyd Fl_2O_3	Borsäure B_2O_3	Braunstein MnO_2
1	Weiß, leicht schmelzbar	39,38	10,32	0,75	—	21,83	7,81	8,11	11,80	—	—	—	—	—	—
2	Weiß, leicht schmelzbar	44,70	6,59	0,40	—	21,66	11,09	4,89	11,40	—	—	—	—	—	—
3	Weiß, leicht schmelzbar	34,33	8,97	0,63	3,41	23,70	9,73	10,90	8,30	—	—	—	—	—	—
4	Weiß, leicht schmelzbar	47,28	2,29	5,78	4,87	18,76	2,68	8,90	9,50	—	—	—	—	—	—
5	Weiß, leicht schmelzbar	36,72	11,00	2,69	5,72	20,51	0,65	11,23	12,20	—	—	—	—	—	—
6	Weiß, säurefest	60,90	5,51	5,58	0,26	—	12,65	2,64	2,60	—	0,36	—	—	9,83	—
7	Weiß	41,48	11,67	4,10	0,65	—	11,98	17,38	17,38	—	0,11	—	—	8,62	—
8	Weiß	35,00	15,00	3,50	0,22	—	16,30	—	—	9,80	—	—	—	17,32	—
9	Weiß . . . ,	41,56	10,70	0,93	0,47	—	13,28	14,28	14,28	—	0,15	0,08	—	10,70	—
10	Blau	53,16	15,89	0,55	0,22	—	13,92	0,34	0,34	—	0,17	1,26	2,23	5,60	0,25

[1]) Grünwald, Theorie und Praxis der Blech- und Gußemailindustrie S. 66.

Zahlentafel der prozentigen Zusammensetzung von 100 kg blaues Rohemail gemischt nach Grünwald.

	1	2	3	4	5	6	7	8	9	ungefähre Grenzwerte
Borax	27,7	25,4	24,2	29,5	21,7	27,9	28,9	23,6	26,6	22–30
Abfallemail	—	—	—	—	17,3	—	—	—	—	—
Quarz	19,6	22,8	17,1	17,6	—	19,3	23,2	30,00	21,1	1—30
Feldspat	30,8	38,00	32,8	29,5	34,9	32,2	25,3	21,5	23,3	21—44
Soda	—	—	5,00	5,9	2,7	—	8,6	8,6	8,00	0—9
Salpeter	2,00	2,5	4,00	2,9	2,7	2,1	2,9	3,2	2,6	2—4
Kryolith (natürliches)	16,4	8,8	1,00	7,7	8,7	15,00	—	10,7	10,00	0—15
Flußspat	—	—	4,00	4,4	—	—	7,2	—	6,6	0—7
Ton	—	—	—	—	1,5	—	—	—	—	0—2
Magnesia	—	—	—	0,4	—	—	—	—	—	0—0,5
Braunstein	1,7	1,9	0,28	1,3	—	1,6	1,4	—	—	0—2
Kobaltoxyd	1,3	1,06	1,15	0,6	1,5	1,08	2,2	2,1	1,3	0,6—2,2
Smalte	—	—	—	—	—	—	—	—	—	0—5
Eisenoxyd	—	—	—	—	—	0,5	—	—	—	0—0,5
Kohlensaurer Kalk	—	—	5,00	—	—	—	—	—	—	0—5

Die Zahlen beziehen sich auf 100 kg ungeschmolzenes, gemischtes Email ohne Mühlzusätze.

Beispiele der den obigen Analysen entsprechenden Mischungen:

Nr. 1 ist die Analyse eines leicht schmelzbaren weißen Deckemails, zusammengemischt aus:

	Feldspat	60	kg
	Borax	42	„
	Zinnoxyd	12	„
	Soda	15	„
	Salpeter	2	„
Nr. 2:	Feldspat	27,0	„
	Borax	35,0	„
	Quarz	20	„
	Zinnoxyd	17	„
	Soda	16	„
	Salpeter	2,5	„
Nr. 3:	Borax	47	„
	Feldspat	46	„
	Antimonoxyd	9,2	„
	Soda	1,4	„
	Ton	4,5	„
	Kryolith	16,2	„

Härteskala der Mineralien nach Moß:

Härtegrad 1 = Talk, fühlen sich fettig an,
„ 2 = Steinsalz oder Gips, lassen sich mit dem Fingernagel ritzen,
„ 3 = Kalkspat (Härte einer Kupfermünze),
„ 4 = Flußspat (läßt sich mit dem Messer ritzen),
„ 5 = Apatit (Härte von Fensterglas),
„ 6 = Orthoklas
„ 7 = Quarz (gibt mit Stahl geschlagen Funken),
„ 8 = Topas,
„ 9 = Korund,
„ 10 = Diamant.

Temperatur.

Anfangendes Glühen	525°
Dunkelrotglut	700°
Kirschrotglut	800—900°
Helles Glühen	1200°
Weißglühen	1300°
Starke Weißglut	1400°
Blendende Weißglut	1500—1600°

Segerkegel verglichen mit Celsius-Graden.

SK-Nummer	Geschätzte Temperatur C°	SK-Nummer	Geschätzte Temperatur C°	SK-Nummer	Geschätzte Temperatur C°
022	590	02	1110	19	1510
021	620	01	1130	20	1530
020	650	1	1150	26	1650
019	680	2	1170	27	1670
018	710	3	1190	28	1690
017	740	4	1210	29	1710
016	770	5	1230	30	1730
015	800	6	1250	31	1750
014	830	7	1270	32	1770
013	860	8	1290	33	1790
012	890	9	1310	34	1810
011	920	10	1330	35	1830
010	950	11	1350	36	1850
09	970	12	1370	37	1880
08	990	13	1390	38	1910
07	1010	14	1410	39	1940
06	1030	15	1430	40	1970
05	1050	16	1450	41.	2000
04	1070	17	1470	42	2030
03	1090	18	1490		

Physikalische Konstanten für Glas und Email.

Spezifisches Gewicht der Emails nach Grünwald:

für Deckweiß inkl. Zusätze auf der Mühle,	ohne	Wasser	2,8
„ „ „ „ „ „ „	+ 30 %	„	1,8
„ Grundemail „ „ „ „ „	ohne	„	2,04
„ „ „ „ „ „ „	+ 30 %	„	1,55

Kubische Ausdehnungskoeffizienten für Emails nach Meyer & Havas (Sprechsaal 1909, S. 497):

Grundemail	$271{,}45 \times 10^{-7}$
Deckemail	$337{,}35 \times 10^{-7}$
Eisenblech für Emailzwecke . . .	$397{,}06 \times 10^{-7}$

Spezifisch. Gewicht	von Glas[1])	2,2—6,3	gramm	Geolimetersystem
Zugfestigkeit	„ „	3,3—8,1	kg	qcm
Druckfestigkeit	„ „	60,6—126,4	„	„
Elastizitätskoeffiz.	„ „	4800—7970	„	„
Spezifische Wärme	„ „	0,08—0,23	g. cal. ° C	
Wärmeleitfähigkeit	„ „	0,00108—0,00227	„ „ „	cm/sec.
Kub. Ausdehnungskoeffiz.	(zwisch. 0—100° C)	0,0000110—0,0000337° C		
Mittlere Lichtbrechung	(D Linie)	1,465—1,963	Brechungsindex der Luft = 1	
Mittlere Dispersion	(F u. C Linie)	0,00708—0,04882		
Relative Brechung		19,7—70		
Die Elektrizitätskonstante		5,5—9,1	für Luft = 1	

Emailverbrauchstabelle.

Blechstärke in mm	Emailverbrauch in Prozenten auf Rohgewicht	Emailverbrauch in Prozenten auf Fertiggewicht
0,10	128	56
0,20	64	39
0,30	43	30
0,35	37	27
0,40	32	24
0,50	26	20
0,60	21	17,6
0,70	18	15,5
0,80	16	14
0,90	14,3	12,5
1,—	12,5	11
2,—	6,4	6
3,—	4,3	4

Rohgewichtstabelle.

Blechstärke in mm	1 qm Blech wiegt kg
0,10	0,78
0,20	1,56
0,30	2,34
0,35	2,73
0,40	3,12
0,50	3,90
0,60	4,68
0,70	5,46
0,80	6,24
0,90	7,02
1,—	7,8
2,—	15,6
3,—	23,4

[1]) Nach Dr. Zschimmer „Die Glasindustrie in Jena“, S. 104.

Tabelle der Gewichtszunahme der Bleche nach der Grundemaillierung[1]).

Durchmesser der Ronde in cm	Blechstärke in mm	Oberfläche in qcm	Rohgewicht gebeizt in g	Gewicht der grundierten Ronde in g	Verbrauch an Grundemail	
					mg	in %
20	0,25	628	52,25	62,35	10,1	18,3
„	0,30	„	63,25	73,35	„	15,3
„	0,35	„	74,25	84,35	„	13,1
„	0,40	„	85,25	95,35	„	11,5
„	0,45	„	96,25	106,35	„	10,2
„	0,50	„	107,25	117,35	„	9,2
„	0,55	„	118,26	128,35	„	9,3
„	0,60	„	129,25	139,35	„	7,6
„	0,65	„	140,25	150,35	„	7,1
„	0,70	„	151,25	161,35	„	6,5
„	0,75	„	162,25	172,25	„	6,1
„	0,80	„	173,25	183,35	„	5,7
„	0,85	„	184,25	194,35	„	5,4
„	0,90	„	195,25	205,35	„	5,1
„	0,95	„	206,25	216,35	„	4,8
„	1 mm	„	217,25	227,35	„	4,6

[1]) Diese Tabellen sind dem wiederholt zitierten Buche des Verfassers entnommen.

Ein- und Ausfuhr aus Österreich-Ungarn im Jahre 1909 von Emailwaren und Emailrohmaterialien.

(lt. offiz. Statistik des österreichischen Handelsministeriums.)

Warengattung	Einfuhr		Ausfuhr		Bemerkung
	Tonnen	Wert in Kronen	Tonnen	Wert in Kronen	
Flußspat	8 106	405 292	12	690	—
Aluminium	411	741 060	143	279 630	—
Zinnoxyd	28	60 270	59	143 910	—
Salzsäure	897	41 290	3 263	150 107	—
Schwefelsäure	27 233	1 634 004	10 938	601 585	—
Email-Blechgeschirr	61	91 050	422	320 948	Unwahrscheinlich
Borsäure roh	34	10 140	—	—	—
„ toskanisch	33	2	—	—	—
„ raffiniert	91	51 813	4	2 280	—
Borax „	139	52 668	3	1 400	—
Kalisalpeter	15	7 250	116	82 802	—
Chilisalpeter	80 533	19 327 992	187	44 550	—
Pottasche	189	70 309	5 668	1 550 717	—
Soda, roh	148	8 146	523	36 026	—
„ kalziniert	297	32 703	1 100	143 000	—
Feldspat	6 826	215 025	5 024	195 940	—
Natürl. Kryolith	555	343 852	—	—	—
Kaolin und Ton	56 351	1 548 931	354 980	11 246 945	—
Steinkohle	10 479 244	168 168 674	632 658	11 508 513	—
Koks	701 281	17 623 526	197 313	6 004 261	—
Briketts	48 640	1 118 729	110 748	1 949 163	—
Braunkohle	38 679	495 092	8 235 583	86 248 544	—
Feinbleche:					
Dekap. und dress. 1—6 mm	121	31 959	38	7 980	—
Dekap. und dress. 0,6—0,4 mm	523	141 102	5	1 103	—
Dekap. und dress. unter 0,4 mm	531	151 250	55	12 420	—
Schwarzbleche:					
unter 1—6 mm	65	11 646	162	49 799	—
0,6—0,4 mm	1 737	351 682	116	25 454	—
0,4—0,15 mm	394	84 696	12	2 760	—

Fachliteratur.

Adreßbuch Europas Emaille-Industrie. Adreßbuch der europäischen Stanz- und Emaillierwerke, mit genauer Bezeichnung der Erzeugnisse, des Betriebsumfanges, der Produktionsfähigkeit usw. 2. Aufl. 1921. Verlag: „Die Glashütte“ in Dresden 14.

Brause, Dipl.-Ing. Volkmar. Der Emailliermeister. 103 besterprobte Emailflüsse, nebst Anleitung zur Herstellung der Massen und Behandlung der Geschirre bis zur Vollendung. 2. erweiterte Aufl. 1910. Obiger Verlag.

Eyer, Philipp. Die Zusammensetzung der Emailleglasuren, in tabellarisch übersichtlicher Form. Grundglasuren für Blech, Gußgrundglasuren, Blechweißglasur, farbige Blechglasuren, die blaue Glasur für Blech, die braune Glasur, die graue Glasur, die Ofenglasur mit vorzüglichen Rezepten. 1. Aufl. 1908. Verlag der Ill. Ztg. f. Blechind., Leipzig-R.

—, Die Eisenemaillierung. Ein Nachschlagebuch und Ratgeber für jeden Fachmann der Emaillebranche. 1. Aufl. 1907. Obiger Verlag.

—, Anlagen und Einrichtungen eines Emaillierwerkes. 1. Aufl. 1913. Verlag der Keram. Rundschau, G. m. b. H. Berlin NW 21.

—, Emaille-Wissenschaft. 1. Aufl. 1913. Verlag: „Die Glashütte“, Dresden-A. 14.

Grünwald, Dr. Julius. Kalender für die Eisenemail-Industrie. Ein praktisches Nachschlage- und Hilfsbuch für alle Angehörigen der Emailindustrie. 1912—1922. Verlag der Ill. Zeitg. f. Blechind., Leipzig-R.

—, Abhandlungen aus der Eisenemail- und Verzinnungstechnik. Gesammelte technisch-historische Arbeiten. 1. Aufl. 1912. Obiger Verlag.

—, Theorie und Praxis der Blech- und Gußemailindustrie. Handbuch der modernen Emailliertechnik nebst Auszug aus der Geschichte der Kunstemaille und Emailmalerei. 1. Aufl. 1910. Obiger Verlag.

—, La Technique de l’Emaillerie Moderne. 2. Aufl. 1920. Verlag: H. Dunod et E. Pinat, Quai des Grands Augustins, Paris.

—, The Theory and Practice of Enameling on Iron and Steel. 2. Aufl. 1919. Verlag: Chas. Griffin & Co. Ltd. Exceter Street, Strand, London WC.

18*

Grünwald, Dr. Jul. Chemical Technologie of Enamel Raw-Materials. 1. Aufl. 1915. Verlag: Chas. Griffin & Co. Ltd. Exceter Street, Strand, London WC.

Kallenberg, Dr. O. Das Zuschneiden von gedrückten oder gezogenen Gegenständen. Verlag der Ill. Zeitg. f. Blechind., Leipzig-R.

Kannegießer, Robert. Das Pressen, Stanzen und Prägen der Metalle. Nach Oberlin Smith's „Press Working of Metalls". Deutsch bearbeitet. Mit zus. über 509 Textfiguren. Obiger Verlag.

Kitzig, Herm. Das Emaillieren von Blech- und Gußgeschirren nach modernem Verfahren nebst sämtlichen dazugehörigen Nebenzweigen, wie Schmelzmalerei und Druckerei, Massenschilderfabrikation. Herstellung reliefartig verzierter Emaillegeschirre (Porzellanemaille). Herstellung von einbrennbaren Emailleporträts, Landschaften usw. vermittels eigens dazu präparierter Emaillepastellstifte (Emaille-Pastellmalerei). 1. Aufl. 1908. Obiger Verlag.

Musiol, Karl. Rechnerische und zeichnerische Methoden der Zuschnittsermittlung in der Ziehpressentechnik für Metall- und Emaillierwerke usw. Obiger Verlag.

Randau, Paul. Die Fabrikation der Emaille und das Emaillieren. Anleitung zur Darstellung aller Arten Emaille für technische und künstlerische Zwecke und zur Vornahme des Emaillierens auf prakschem Wege. Mit 16 Abb. Chem. Techn. Bibl. Band 65. 3. Aufl. 1900. A. Hartlebens Verlag Wien u. Leipzig.

Wuppermann, Dr. Herm. Die Industrie emaillierter Blechgeschirre Deutschlands. Verlag der Ill. Zeitg. f. Blechind., Leipzig-R.

GPSR Compliance

The European Union's (EU) General Product Safety Regulation (GPSR) is a set of rules that requires consumer products to be safe and our obligations to ensure this.

If you have any concerns about our products, you can contact us on ProductSafety@springernature.com

In case Publisher is established outside the EU, the EU authorized representative is:

Springer Nature Customer Service Center GmbH
Europaplatz 3
69115 Heidelberg, Germany

Batch number: 10577915

Printed by Printforce, the Netherlands